二维片层填料/橡胶复合材料制备与性能

Preparation and Properties of Two-Dimensional Layered Filler/Rubber Composites

王林艳　著

化学工业出版社

·北京·

内容简介

本书共8章，全书围绕二维片层填料（氧化石墨烯、氮化硼、蒙脱土）/橡胶复合材料的制备、结构调控、性能表征及应用展开。首先，介绍了橡胶材料的基本特性、二维片层填料的种类及其物理化学性质，以及填料与橡胶基体的相互作用机制。其次，详细阐述了通过氧化石墨烯诱导橡胶自交联、自交联结合真空抽滤法、熔体插层法、胶乳共沉淀法、静态热压法和球磨法等多种方法将二维片层填料与橡胶基体复合，制备强界面相互作用、分散良好、性能优异的橡胶复合材料；探讨了界面相互作用对复合材料性能的影响机制的科学问题，深化了对复合材料“结构-性能”对应关系的理解。最后，总结了该类复合材料在高性能轮胎、橡胶密封件、柔性电子、智能传感等领域的应用现状，并展望了未来发展趋势。

本书具有较强的专业性和参考价值，可供橡胶行业从事材料研发、制备、应用等工作的工程技术人员、科研人员和管理人员参考，也可供高等学校材料科学与工程及相关专业师生参阅。

图书在版编目（CIP）数据

二维片层填料/橡胶复合材料制备与性能 / 王林艳著. 北京 : 化学工业出版社, 2025. 10. -- ISBN 978-7-122-49263-0

Ⅰ. TQ336

中国国家版本馆CIP数据核字第2025VD1281号

责任编辑：刘 婧 刘兴春　　文字编辑：丁海蓉
责任校对：边 涛　　装帧设计：孙 沁

出版发行：化学工业出版社
（北京市东城区青年湖南街13号 邮政编码100011）
印 装：北京天宇星印刷厂
710mm×1000mm 1/16 印张13¼ 彩插3 字数206千字
2025年12月北京第1版第1次印刷

购书咨询：010-64518888　　售后服务：010-64518899
网 址：http://www.cip.com.cn
凡购买本书，如有缺损质量问题，本社销售中心负责调换。

定 价：108.00元

前言

随着现代工业的快速发展，高性能复合材料在航空航天、汽车制造、电子封装、医疗器械等领域的需求日益增长。橡胶材料因其优异的弹性、耐磨性和阻尼性能被广泛应用，但其力学性能、热稳定性和功能性往往难以满足高端应用需求。为此，研究者们通过引入纳米或微米尺度的二维片层填料（如石墨烯、氮化硼、蒙脱土等）来增强橡胶基体的性能，形成二维片层填料/橡胶复合材料。这类复合材料不仅能够显著提升橡胶的力学强度、导热性、阻隔性和耐久性，还能赋予其特殊功能，如电磁屏蔽、自修复、传感等，成为当前材料科学领域的研究热点。

然而，二维片层填料在橡胶基体中的分散性、界面相互作用以及复合工艺的优化仍然是制约其性能提升的关键问题。如何通过合理的材料设计、制备方法和表征手段实现高性能复合材料的制备，是学术界和工业界共同关注的焦点。

本书围绕二维片层填料（氧化石墨烯、氮化硼、蒙脱土）/橡胶复合材料的制备、结构调控、性能表征及应用展开。首先，介绍了橡胶材料的基本特性、二维片层填料的种类及其物理化学性质，以及填料与橡胶基体的相互作用机制。其次，详细阐述了通过氧化石墨烯诱导橡胶自交联、自交联结合真空抽滤法、熔体插层法、胶乳共沉淀法、静态热压法和球磨法等多种方法将二维片层填料与橡胶基体复合，制备强界面相互作用、分散良好、性能优异的橡胶复合材料。探讨了界面相互作用对复合材料性能的影响机制的科学问题，深化了对复合材料“结构–性能”对应关系的理解。最后，总结了该类复合材料在高性能轮胎、橡胶密封件、柔性电子、智能传感等领域的应用现状，并展望了未来发展趋势。

本书不仅涵盖基础理论知识，还整合了近年来国内外的最新研究成果，特别是新型二维填料的开发、绿色制备工艺和多功能复合材料的创新应用；在阐述科学原理的同时还提供了具体的实验方案、工艺优化案例和性能测试方法，具有较强的实用价值；针对复合材料研究中的关键挑战（如填料分散、界面优化等），提出可行的解决方案，并探讨未来研究方向，可供从事橡胶复合材料研究的科研人员、工程技术人员以及相关专业的研究生参考，推动二维片层填料/橡胶复合材料的进一步发展和应用。

限于笔者水平及撰写时间，书中不足及疏漏之处在所难免，敬请读者批评指正。

王林艳
2025年6月

目录

第 1 章 概述

1.1 补强橡胶复合材料

1.1.1 橡胶补强的意义

橡胶补强是指通过添加填料或进行结构改性，提高橡胶材料的力学性能（如拉伸强度、撕裂强度、耐磨性等）以及延长其使用寿命的过程。天然橡胶和大多数合成橡胶（如丁苯橡胶、丁腈橡胶、顺丁橡胶）在未填充时力学性能较差，拉伸强度通常仅为2～5MPa，难以满足工业应用需求。补强的主要目的是在保持橡胶高弹性的同时，赋予其更高的强度、刚度和耐久性，从而适应轮胎、密封件、输送带等严苛工况下的使用要求。

1.1.2 橡胶补强的填料

（1）传统补强填料

1）炭黑

炭黑是目前应用最广泛的橡胶补强填料，占橡胶填料市场的70%以上。炭黑的补强效果取决于其粒径、结构度和表面活性。纳米级炭黑（如N220、N330）具有高比表面积，能与橡胶分子链形成强物理吸附和纠缠，显著提高其拉伸强度和耐磨性。此外，炭黑颗粒间可形成导电网络，适用于抗静电橡胶制品。

2）白炭黑（二氧化硅）

白炭黑主要用于绿色轮胎（低滚动阻力轮胎），其表面富含硅羟基，可通过硅烷偶联剂与橡胶形成化学键，增强界面结合。白炭黑的补强特点是能同时提高橡胶的力学性能和动态性能，降低生热，但分散难度较高，需配合特殊混炼工艺。

（2）纳米补强填料

1）层状硅酸盐（如蒙脱土）

层状硅酸盐通过插层或剥离形成纳米片层结构，能有效延长应力传递路径，提高橡胶的模量、气体阻隔性和耐热性。改性后的有机蒙脱土可与橡胶形成插层型或剥离型纳米复合材料，显著提升补强效率。

2）碳纳米材料［石墨烯（GE）、碳纳米管］

碳纳米材料具有极高的比强度和模量，少量添加即可大幅提升橡胶的力学和功能性（如导电性、导热性）。但需解决分散性和界面相容性问题，常用方法包括表面修饰和原位聚合。

3）纳米金属氧化物（如纳米 ZnO、纳米 TiO_2）

纳米金属氧化物除补强作用外，还能赋予橡胶抗菌、紫外屏蔽等特殊功能。

1.1.3　橡胶补强的应用领域及发展趋势

补强橡胶复合材料因其优异的综合性能，在交通运输（轮胎、减震件）、机械工程（密封件、输送带）、电子电器（导电橡胶、绝缘材料）等领域得到广泛应用。在轮胎行业，高补强、低滚阻的“绿色轮胎”用复合材料成为发展重点；在航空航天领域，耐极端环境的特种橡胶复合材料需求迫切；在柔性电子领域，兼具高弹性和功能性的复合材料应用前景广阔。

补强橡胶复合材料未来发展趋势包括多功能一体化（如自修复、传感、电磁屏蔽等功能）、绿色可持续发展（生物基填料、可回收设计）、智能化（响应性调控）以及计算模拟辅助的材料设计。随着纳米技术、智能制造等新兴技术的发展，补强橡胶复合材料正朝着高性能化、功能化和智能化的方向快速演进。

1.2
二维片层填料

1.2.1　氧化石墨烯（GO）

近年来，石墨烯由于在光、电、力、热以及气体阻隔性能上具有优异的性能而备受关注。将石墨烯作为高效填料填充至橡胶基体中制备得到的石墨烯/橡胶复合材料广泛应用于航空航天工业、可伸缩导体、密封垫环、电磁屏蔽橡胶、导热橡胶及传感器等制品领域[1-6]。然而石墨烯片层表面自聚能较大的缺点，导致其与聚合物的相容性较差，限制了石墨烯优异特性的发挥和广泛应用。氧化石墨烯（GO）作为石墨烯的含氧衍射物，表面的含氧官能团可为小分子化合物接枝提供良好的反应点，且与橡胶基体通过氢键或共价键可形成强有力的界面相互作用[7]，因此GO可作为高性能复合材料的优化选择[8,9]。

1.2.1.1 GO的制备

通常采用强氧化剂将含氧官能团插入层间，形成氧化石墨层间化合物，目前制备氧化石墨的方法主要有Staudenmaie方法[10]、Brodie方法[11]和Hummers方法[12]三种。其中，Staudenmaie方法和Brodie方法的优点是对石墨的氧化程度可控，但制备过程中释放有毒气体，污染环境，危害人身安全。改进的Hummers方法[13,14]使用强酸的混合液作为强氧化剂制备氧化石墨，操作相对安全，无有毒气体释放，且此方法制备的氧化石墨能够以胶体的形式均匀稳定地分散在水和各种有机溶剂中。分散液的形式较好地解决了石墨烯表观密度低，难以直接分散在聚合物基体中的缺点。

1.2.1.2 GO的结构

由于石墨本身存在较多的无定形区域，经强氧化剂氧化后，GO片层表面缺陷增多，GO片层结构的不确定性增多，但仍然有很多模型试图去构建GO的片层结构模型，如Hofmann模型、Ruess模型和Scholz-Boehm模型等[15-17]，但这些模型均存在一定的局限性，后续Tamás Szabó等研究者[18]又提出了如图1-1（a）所示的新模型，为波纹碳网结构，碳骨架由反式连接的环己烷椅式结构和波纹六边形缎带结构随机分布组成。而现在接受度比较高的是Lerf-Klinowski提出的非化学计量比的结构模型，如图1-1（b）所示，该模型认为经化学法强氧化剂氧化的GO片层表面和边缘上存在较多的含氧官能团，这些含氧官能团的引入，可为小分子化合物的接枝反应提供良好的反应点，且与极性的聚合物基体可形成强有力的界面相互作用[19]。

1.2.1.3 GO的性质

石墨烯本体具有优异的光学、电学、机械和热学等性能[17, 20]。而石墨烯卓越的气体阻隔性能是由于石墨烯上碳环的高纵横比和高电子云密度使其能够排斥原子和分子的渗透。碳环的几何孔径为0.064nm，可以阻碍各种小分子如He（0.26nm）、H_2（0.289nm）和O_2（0.346nm）等的透过[21]。因此，无缺陷的单晶石墨烯片在室温下可以作为优异的气体阻隔材料，而GO保留了石墨烯基础的二维蜂窝晶格结构，虽然含氧官能团的引入会破坏部分sp^2杂化碳碳键，但几片堆叠后同样可用作气体阻隔材料。

1.2.1.4 GO含氧自由基的释放

近年来，有文献报道，GO不仅可以作为增强填料，GO的含氧官能

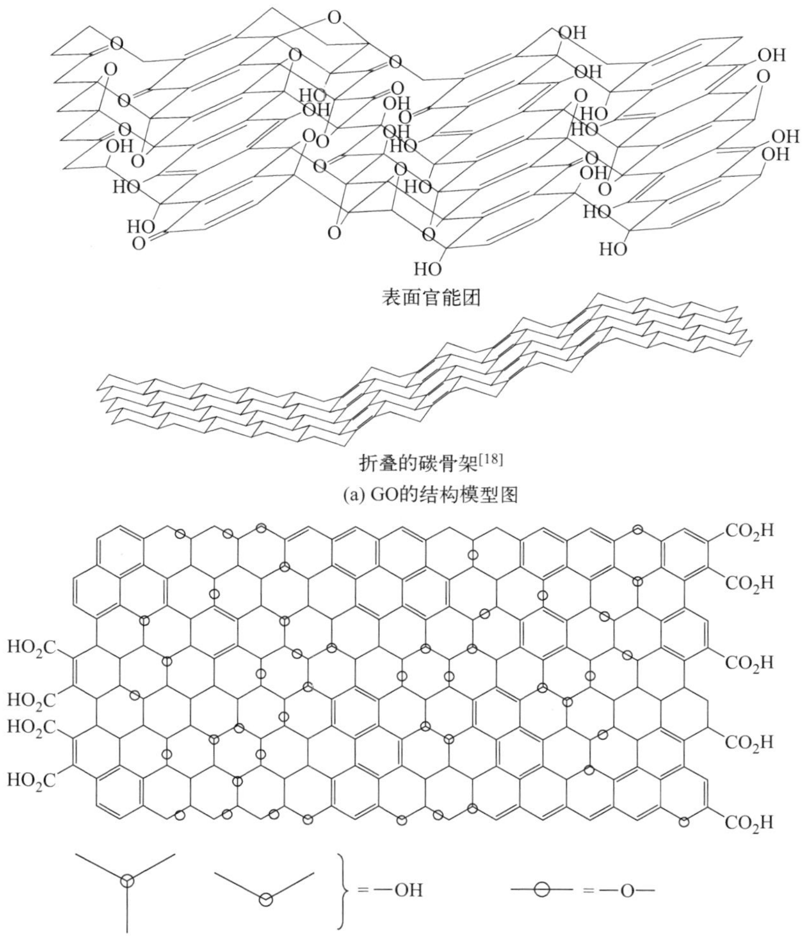

表面官能团

折叠的碳骨架[18]

(a) GO的结构模型图

(b) GO的Lerf-Klinowski 模型结构示意图[19]

图1-1　不同研究者提出的GO结构模型

团在高温或辐射下还可以裂解释放自由基，诱导聚合物基体在GO表面聚合[22,23]。已经证明，石墨和石墨烯由于具有大的长径比结构和内部结构性缺陷，是一种自由基的载体。石墨烯的刚性π共轭平面结构使其自由基很难发生相互反应，这就意味着石墨烯可以作为稳定自由基的载体。GO作为石墨烯的前驱体，有着更开放的表面和边缘，更多的缺陷，意味着GO是更优越的自由基载体。

Hou等[22]采用UVB（紫外线B）对GO的水溶液进行不同时间的辐照，电子顺磁共振（EPR）测试表明，自由基EPR信号的强度随着GO水溶液辐照时间的延长呈指数形式增长。并且由XPS（X射线光电子能谱）分析测试可知，随着UVB辐照时间的延长，C—O/C—C值降低，而C—COOH/C—C值几乎保持不变，具体机理示意图如图1-2所示（书后另见彩图，红色部分为能释放自由基的区域），即GO表面的羟基易断裂形成羟基自由基，GO表面的羧基相对比较稳定，而羧基酸性基团有助于GO在水溶液中的良好分散。

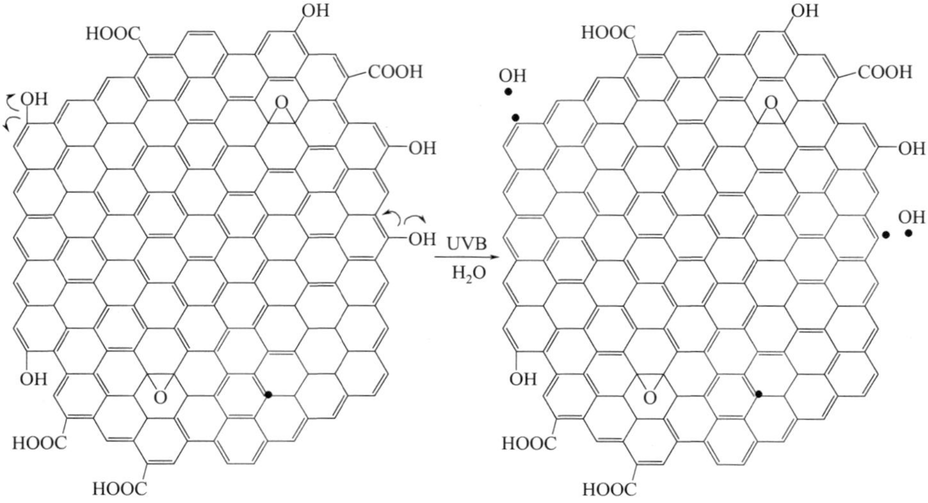

图1-2 利用UVB辐射制备可调谐的石墨烯自由基示意图[22]

1.2.1.5 GO的功能化

GO结构中含氧官能团的引入，破坏了石墨烯的高度共轭结构，削弱了石墨烯的优异特性，因此常将GO作为前驱体，利用GO良好的溶解性与聚合物结合后，然后再将GO还原，在对GO进行还原前，常利用GO的含氧官能团作为接枝反应的位点，对GO进行功能性修饰，以避免还原过程中片层的急剧团聚。

GO的功能化[24]：一是共价键的功能性修饰，主要是GO的含氧官能团与小分子或化合物发生共价键反应；二是非共价键的功能性修饰，主要是小分子或化合物通过氢键、范德瓦耳斯力等与GO的含氧官能团物理吸附在一起。共价键修饰结合更牢固，性能改变明显，但工艺复杂，会用到有机溶剂；非共价键的功能性修饰，反应简单，条件温和，但稳定度及性能改进稍逊色。

GO面内含有大量的羟基，且反应活性较高，Zhang等[25]采用三甲氧基甲硅烷KH-590对GO进行共价键修饰，先将KH-590溶于水的醇溶液中，将甲氧基水解为硅羟基，与GO的水溶液在95℃下强烈搅拌6h，利用硅羟基与GO片层表面和边缘的羟基及环氧基发生化学键合作用，如图1-3所示，GO进行共价键修饰后，水接触角由GO的35°增至134°，即GO表面含氧官能团减少，由亲水变为亲油特性。且KH-590另一端的巯基与橡胶基体形成硫醚键，促进硫化的同时，显著提高了复合材料的热氧老化性能。吴锦荣课题组[26]采用偶联剂Si69对GO进行共价键修饰，然后通过溶液法将功能化GO与天然橡胶（NR）混合，制备得到力学性能和气体阻隔性能良好的复合材料，对GO进行功能化改性后，增强了GO与非极性橡胶基体NR的两相界面相互作用，提高了GO在NR中的分散水平。另外，异氰酸酯与羟基的反应活性较高，研究者通常利用二苯基甲烷二异氰酸酯（MDI）和苯基二异氰酸酯（TDI）与GO上的羟基发生化学接枝反应，制备得到两亲性的可在多种有机溶剂中稳定分散的GO溶液[27]。

GO面内的环氧基也可以作为反应位点实现对GO的接枝改性[28,29]。Yang等[28]采用带氨基的离子液体对GO进行接枝改性，在温和的反应条件下，端氨基与环氧基开环聚合，如图1-4所示（书后另见彩图），制备得到了单分散的且能够在多种有机溶剂中良好分散的GO溶液。

羧基主要存在于GO片层的边缘上，同样可以作为反应位点对GO进行接枝改性。Veca等[30]将聚乙烯醇通过酯化反应接枝到GO边缘上，形成的功能性材料易溶于水和极性的有机溶剂，分散性良好。唐征海课题组[31]用羟基封端的生物基弹性体与羧基发生酯化反应，再用Vitamin C对产物进行还原，生物基弹性体的分子链将石墨烯片搭接在一起，所制备的复合材料具有非常低的导电渗逾阈值。Niyogi等[32]首先采用$SOCl_2$活化GO片层边缘的羧基，再与ODA（4,4′-二氨基二苯醚）中的氨基进行酰胺反应，所制备的GO可以稳定分散在四氢呋喃等多种有机溶剂中。

利用GO面内的非共轭双键作为反应活性点与自由基发生聚合反应也是常见的共价键修饰手段。硫黄作为橡胶硫黄硫化体系不可或缺的部分，对橡胶大分子链的交联起着至关重要的作用。郑龙课题组[33]通过在GO的水溶液中加入硫代硫酸钠和盐酸，GO提供成核点，在GO片层表面原位生成硫，然后与丁苯胶乳（SBR）混合均匀共沉淀，烘干后，在双辊开炼机上加入其他橡胶配合剂，并于160℃下热压制备硫化的橡胶复合材料。通过硫黄功能化GO的TEM（透射电子显微镜）图片可以观察到硫以直径28nm的球

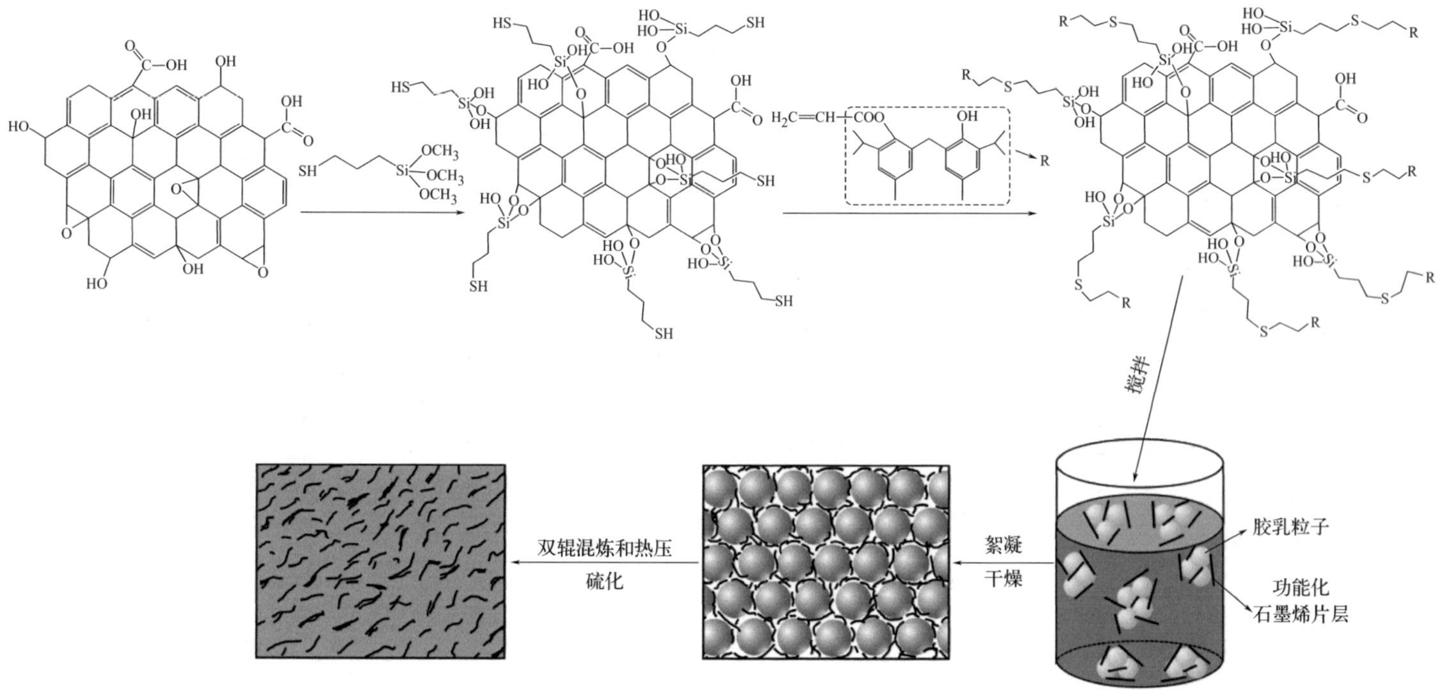

图1-3　功能化GO以及制备NR复合材料的示意图[25]

形粒子覆盖在GO片层上，而经过高温热压后，硫软化并释放硫自由基，与GO在高温下释放的自由基结合，形成了C—S共价键，如图1-5所示，即硫黄对GO进行了功能性修饰，提高了GO与橡胶基体的界面相互作用，使复合材料的拉伸强度和撕裂强度与传统硫黄硫化体系相比分别提高了66.2%和26.6%，气体渗透系数较纯SBR下降了50.7%，为多功能橡胶交联剂及高性能的橡胶复合材料提供了新思路。Gao等[34,35]将乙烯基单体在GO表面自由基聚合，最终在GO面上成功制备出聚合物分子链。

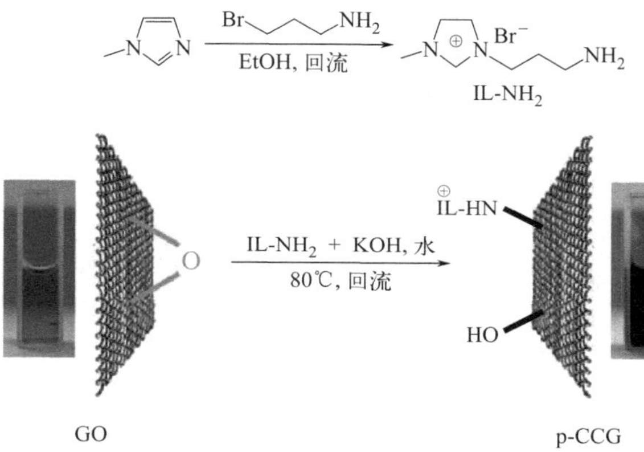

图1-4　含氨基的离子液体接枝改性GO示意图[28]

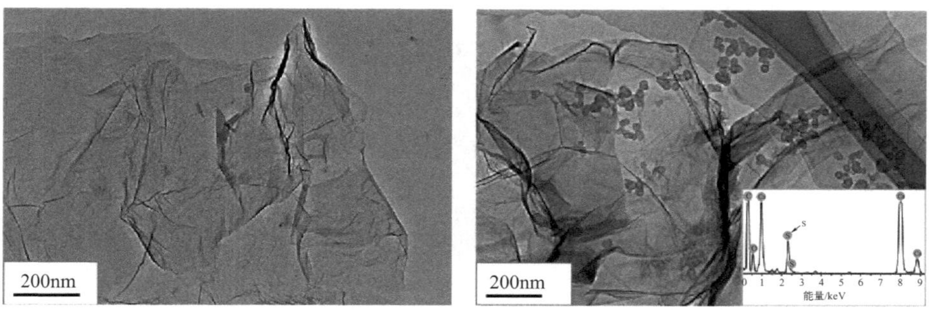

(a) GO　　(b) 硫黄功能化GO

图1-5　GO和硫黄功能化GO的TEM图片[33]

非共价键的功能性修饰主要是小分子或化合物通过氢键、范德瓦耳斯力等与GO的含氧官能团物理吸附在一起。Yin等[36]采用Hummers方法制备GO，采用离子液体AMICl对GO进行改性，咪唑环上的阳离子部分与碳环形成阳离子-π相互作用，离子液体的氯离子与含氧官能团上的氢形成氢键，改性的GO均匀分散在SBR中，制备得到的复合材料具有较好的机械性能、耐溶剂性和高的导热系数。Huang等[37]采用聚苯乙烯磺酸钠（PSS）对GO进行功能性修饰，PSS通过π-π相互作用吸附到GO片层上，阻止GO的团聚。工业用的染料[38]、荧光增白剂[39]和腐殖酸[40]等同样可以对GO进行非共价键的功能性修饰，制备得到分散状况良好、稳定高效的GO溶液。

1.2.2 氮化硼（BN）

1.2.2.1 BN的结构

BN的结构与石墨相似，它有两种常见的杂化方式，即sp^2杂化和sp^3杂化。sp^2杂化的BN主要包括六方相BN和三方相BN；sp^3杂化的BN主要包括立方相BN和纤锌矿结构BN[37]。

六方相BN是天然BN中仅有的一种，其晶体结构和晶体常数与石墨相似，因而被称作“白石墨”。每个六方相BN的表面为六角形晶格，其表面为B、N两个原子在C轴向上以ABABAB模式排列。在各层间，B原子与N原子间形成强烈的sp^2共价连接，且各层间存在着微弱的范德瓦耳斯力以及静电作用或极性-极性作用。

1.2.2.2 BN的性能

六方相BN的特性[38-40]如下:

① 六方相BN具有化学稳定性，在空气中具有良好的抗氧化性，并且可以抵抗强酸、强碱的侵蚀。

② 六方相BN抗热传导性好，抗氧化能力强，可在防护气体中作用于2000℃以上。

③ 六方相BN耐高温，耐氧性能好，在有氧的情况下耐热性能高达900℃，在无氧或有保护的情况下耐高温性能可高达2800℃。

④ 六方相BN还具有优异的润滑特性，它不但在普通情况下具有优异的润滑特性，在高温的情况下也具有优异的润滑效果，所以它被广泛地用作高温固体润滑剂。

1.2.2.3 BN纳米片的制备

氮化硼纳米片的制备方法通常包括剥离和合成两种方式。这两种方式各有优势，但也存在一些缺陷。虽然目前采用的剥离方法可以获得氮化硼纳米片的高度石墨化状态，但是材料的侧向尺寸受到六方相氮化硼晶粒的限制，且存在着很大的层间力，导致难以对单层BN进行高效的剥离。然而，传统的CVD（化学气相沉积）法虽然能够实现对BN工艺的调控，但是受工艺的限制，BN的结晶性明显低于剥离法制备得到的BN。

剥离BN常用的方法有透明胶带法、球磨法等。采用“薄膜包覆法”，通过“薄膜包覆—挤压”的循环过程可实现BN薄膜的单分子级分离，同时保留材料原来的微观结构，降低材料中缺陷浓度。相对于其他的脱色技术以及自下而上的合成技术，这种技术存在较大的局限性。当前已有研究表明，利用常规的球磨工艺可以实现对BN的大面积脱除。有别于磁带的直接剥落，这两种技术都是在机器切削时通过剪切来实现对BN的剥落[41-43]。

球磨法是指在机械力的作用下将尺寸较大的六方相氮化硼剥离与粉碎，得到横向与纵向尺寸都很小的氮化硼纳米片的方法。Li等[44]使用苯甲酸苄酯作为球磨助剂，使用低能球磨法，在200kPa的压力、150r/min的旋转速度下，在行星球磨机中进行15h的球磨，得到了纵向尺寸在100nm到数百纳米之间、厚度为2～4nm的氮化硼纳米片。Lee等[45]采用机械剪切作用和化学剥离协同的方法提高产率和分散性，具体步骤是以氢氧化物作为球磨助剂，采用球磨法制备氮化硼纳米片。另外，Lin等[46]以*N*-甲基-2-吡咯烷酮（NMP）为辅助材料，对其进行48h的球磨，然后对六方相氮化硼进行去壳处理，得到BN薄膜。采用球磨法制备氮化硼纳米片具有操作简便、价格低廉的优势，但是其不足之处在于：这种工艺获得的产物的纯度较差，而且极易出现缺陷，而且粒径分布不均匀。

Song等通过常压CVD法制备出了数平方厘米的具有可迁移性的氮化硼纳米片[47]。该试验采用提纯后的氨硼烷作原料，在1000℃的高温下，以铜基材料为衬底，在氩气、氢气等气体中进行。通过对所合成材料的微观形貌和电子性质的分析，发现所合成材料大多由2～5个层数组成，且其微观形貌、电学性质均符合所期望的六角形。在这个过程中，前驱体会在高温下反应生成氮化硼晶体。有时也可以利用气态氨来参与反应。

类似的方法也可用于制备不同厚度的氮化硼纳米片，在反应中控制反应条件可以控制所得纳米片的厚度。这种生产方法通常能够获得高质量且纯度相对较高的BN，适用于工业应用。例如，Nag等以不同比例的硼酸与尿素作原料，在900℃下，在氮气氛围中，通过直接加热，得到了具有

$927m^2/g$比表面积的氮化硼纳米片[48]。在此基础上，进一步研究了不同配比对BN片层厚度的影响。在硼酸量为1∶48的条件下，可制得1～4个层数的硼氮化物纳米片。在另外一项实验中，对B_2O_3与三聚氰胺的混合物在氮气氛围中于1200℃下进行热处理，能够生产出更厚的（厚度达到35nm）、直径达到1μm、更薄的、具有更多尺寸的、更细的氮化硼纳米片[49]。当温度提高到1200℃时，BN纳米片的厚度将会进一步减小至20nm左右。对硼酸、叠氮化钠、氯化铵和尿素的水溶液的淤浆进行焚烧，再将所获得的杂乱的BN产物在大于1200℃的温度下进行退火，由此获得了厚度约30nm、横向尺寸达数百纳米的氮化硼纳米片[50]。

1.2.3 蒙脱土（MMT）

1.2.3.1 MMT的概述

层状硅酸盐类矿物资源丰富而价廉，获得途径无需石油，人们采用其独特的片层结构制备了许多聚合物/黏土纳米复合材料[51-53]，这类材料均显示出优良的力学性能、耐热性能、阻燃性能以及优异的气液阻隔性能[54,55]。

MMT是一种典型的2∶1型层状硅酸盐矿物，属于蒙皂石族黏土。其基本结构单元由两层硅氧四面体（SiO_4）夹一层铝氧八面体（AlO_6）组成，形成“三明治”状结构。硅氧四面体中的部分Si^{4+}可被Al^{3+}取代，而铝氧八面体中的Al^{3+}可被Mg^{2+}、Fe^{2+}等低价阳离子取代，导致层间产生永久性负电荷。这些负电荷通过吸附Na^+、Ca^{2+}等可交换阳离子来平衡，使MMT具有良好的阳离子交换能力（CEC，通常为80～150mmol/100g）。

MMT的层间距（d_{001}）为1.2～1.5nm，但层间可吸附水分子或有机分子，使其膨胀并增大层间距。由于其层间作用力较弱（主要是范德瓦耳斯力和静电引力），MMT在外力或化学作用下容易发生层剥离，形成纳米级片层结构。这种独特的层状结构使其在聚合物复合材料中具有优异的增强、阻隔和吸附性能。此外，MMT的比表面积巨大（理论值约$750m^2/g$），表面富含羟基（—OH），使其易于进行化学改性，以适应不同的应用需求。

1.2.3.2 MMT的特性

MMT具有多种优异的物理化学特性，因此其在材料科学、环境工程、石油化工等领域具有广泛应用。

（1）高比表面积和吸附能力

MMT的纳米片层结构赋予其巨大的比表面积，因此其对水、有机分子、重金属离子等具有强吸附能力，可用于污水处理、催化剂载体等中。

（2）阳离子交换性

由于晶格取代效应，MMT层间存在可交换阳离子（如Na^+、Ca^{2+}），可通过离子交换反应引入有机改性剂，改善其与聚合物基体的相容性。

（3）膨胀性和分散性

MMT在水中可发生显著膨胀，层间距可增大至数纳米甚至完全剥离，形成胶体分散液。这一特性使其可用于制备纳米复合材料。

（4）热稳定性和阻隔性

MMT本身耐高温（分解温度＞500℃），且其纳米片层能有效延长气体和液体的扩散路径，提高复合材料的阻隔性能。

（5）流变调节性

MMT悬浮液具有触变性（剪切变稀），可用于钻井泥浆、涂料、化妆品等的增稠和稳定。

1.2.3.3 MMT的改性

由于天然MMT亲水性强，难以与有机聚合物相容，通常需进行物理或化学改性，以提高其在复合材料中的分散性和界面结合力。

（1）有机改性

1）阳离子交换法

利用MMT的阳离子交换能力，用有机铵盐（如十六烷基三甲基溴化铵，CTAB）或磷盐取代层间无机阳离子，增大层间距并增强疏水性。

2）硅烷偶联剂改性

在MMT表面接枝硅烷（如KH-550、KH-570），使其与聚合物形成化学键，提高界面结合强度。

（2）无机改性

1）柱撑改性

通过引入金属羟基阳离子（如Al_{13}^{7+}）或氧化物（如TiO_2、SiO_2）在层间形成“支柱”，提高热稳定性和比表面积，适用于催化材料。

2）酸活化改性

用酸处理，部分溶解八面体层，增加表面酸性位点，适用于吸附和催化。

（3）复合改性

结合有机和无机改性方法，如先进行阳离子交换扩大层间距，再通过原位聚合在层间引入聚合物链，制备高性能纳米复合材料。

（4）功能化改性

针对特定应用，可引入功能性基团，如抗菌改性，负载Ag^{+}、Zn^{2+}等抗菌离子；光催化改性，复合TiO_2、g-C_3N_4等光催化材料；导电改性，与石墨烯、碳纳米管复合，提高导电性。

改性后的MMT可广泛应用于橡胶、塑料、涂料、环保吸附、药物缓释等领域，显著提升材料的力学性能、阻隔性能和功能性。

1.3 二维片层填料/橡胶复合材料

1.3.1 GO/橡胶复合材料

1.3.1.1 GO/橡胶复合材料的制备

目前常规的制备（氧化）石墨烯及其他二维片层材料/橡胶纳米复合材料的方法均能制备出性能优异的二维填料/橡胶纳米复合材料，但同时存在一些不足，如溶液法[56-60]会使用大量有机溶剂，对环境造成危害，且溶剂分子吸附到石墨烯片层间，很难将其完全脱出，污染制品；有些橡胶基体没有胶乳形式，限制了胶乳共絮凝法[61-64]的应用；石墨烯等二维填料片层间强大的范德瓦耳斯力，使熔体共混法[65-67]很难制备得到均匀分散的片层材料/橡胶纳米复合材料。

夏和声课题组[68]采用胶乳静态热压法，首先将制备得到的GO分散液和NR胶乳混合均匀，然后原位还原得到石墨烯/NR胶乳混合物，将预分散的橡胶配合剂加入混合物中，直接高温静态热压，此方法不经开炼机的剪切作用，较好地避免了机械剪切对二维填料长径比的破坏，隔离网络结构保证了良好的导电性能和水蒸气阻隔性能。

张建明课题组[69]采用微孔滤膜抽滤，真空辅助自组装的方法制备多层的隔离网络结构的石墨烯/NR复合材料，通过调节溶液的pH值，使还原氧化石墨烯（rGO）溶液与NR乳液之间为静电斥力，从而提高混合液的稳定性，使rGO片层组装在胶乳粒子周围，形成了隔离网络结构，具有良好的导电性能，如图1-6所示（书后另见彩图）。但rGO含量较高时，阻断了橡胶配合剂的接触和反应，导致橡胶交联不完全，出现了相反转甚至力学性能下降的现象。

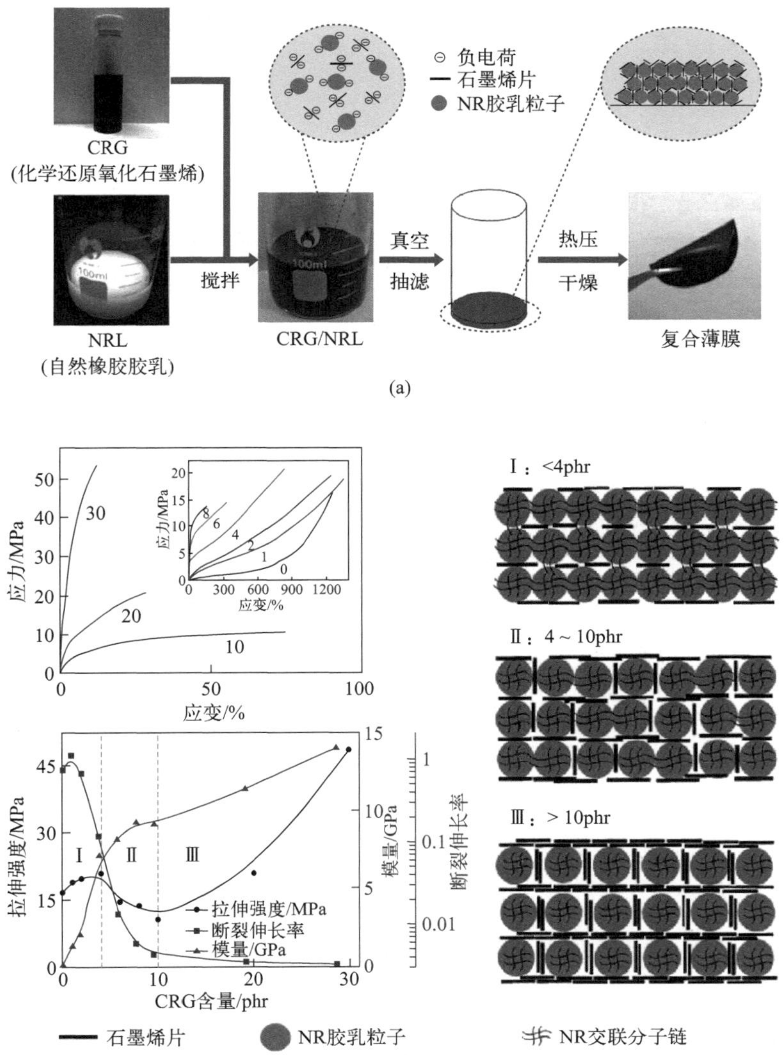

图1-6　CRG/NR纳米复合材料的制备流程图（a）以及不同含量的CRG制备的NR复合材料的机械性能及可能的结构示意图（b）[69]

张新星课题组[70]以生物磷酸酯作为界面修饰剂对GO进行接枝改性，再与环氧化天然橡胶（ENR）混合，不添加橡胶配合剂，由生物磷酸酯引起界面交联制备力学性能良好的复合材料，如图1-7所示（书后另见彩图）。GO含量低于4%（质量分数）时所制备的纳米结构的传感器不仅可以区分不同尺度的人体动作，还可以识别复杂的聋哑手势，且表现出较高的稳定性和耐久性。

1.3.1.2 GO/橡胶复合材料的性能

（1）硫化性能

橡胶复合材料因硫化交联而具有回弹性，赋予复合材料高弹性和可恢复变形的能力。石墨烯及GO作为填料填充至橡胶基体中，主要是影响复合材料的焦烧时间T_{10}和正硫化时间T_{90}，进而影响复合材料的交联密度。GO增强橡胶基体时，GO的含氧官能团可以吸附酸性的硫化促进剂，降低硫化效率，延长T_{10}和T_{90}[71,72]。石墨烯增强橡胶基体时，因石墨烯片层良好的阻隔性能，阻碍了硫化剂的渗透，降低了硫化效率，延长了T_{10}和T_{90}，但石墨烯含量较低时，因石墨烯本身的高导热性能，可使T_{10}和T_{90}缩短[73,74]。

（2）机械性能

石墨烯具有高达1TPa的理论杨氏模量，增强性能优于目前的炭黑、纤维和黏土类填料。石墨烯与橡胶基体的两相界面作用力是影响复合材料机械性能的关键因素。当基体承受外界作用力时，应力会通过界面区传递给填料，填料的优势得以发挥。界面附近的应力集中更容易引发微裂纹扩展和界面失效，导致最终的断裂破坏。由于石墨烯具有原子级的厚度以及超高的比表面积，对界面作用力更加敏感，其材料体系中的界面问题将更加显著，并且石墨烯和橡胶两相的模量严重不匹配，从而使得微观界面的力学行为对宏观性能的影响也将更为显著[75-78]。当石墨烯或GO在橡胶基体中的添加量较小时，良好的分散及填料网络会明显增强橡胶复合材料的拉伸强度、硬度和定伸应力等，但由于二维片层大的长径比会限制橡胶分子链的重排和滑移，从而导致断裂伸长率下降。

（3）导热性能

电子封装、集成电路和轮胎行业对橡胶复合材料的散热性能有很高的要求，以保证制品的速度、频率和可靠性。构建完善的导热填料网络以及

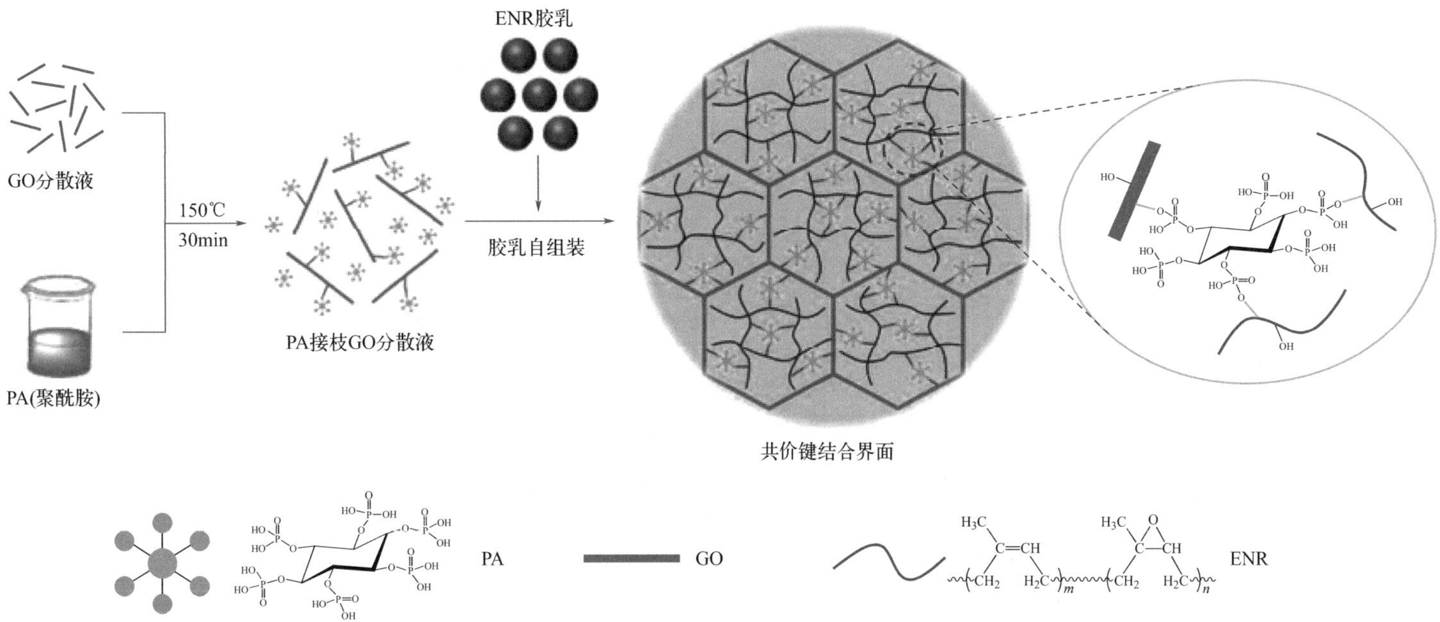

图1-7 制备具有共价键结合界面和良好组织的PA-co-GO/ENR纳米复合材料的机理示意图[70]

增强两相界面作用，降低界面热阻是制备高导热橡胶复合材料的关键。程慧明课题组[79]将平行排列的石墨烯纳米片和三维石墨烯泡沫网络填充至NR基体中，完善的导热填料网络的形成致使石墨烯含量为6.2%（体积分数）时，复合材料的最高导热系数可提高8100%，是目前文献报道提高幅度最大的，且复合材料可有效地应用于LED（发光二极管）灯的热耗散，如图1-8所示（书后另见彩图）。Ding等[62]研究证明GO的含氧官能团与极性的XNBR之间可以形成良好的界面结合，减小声子运动阻力，提高导热性能。

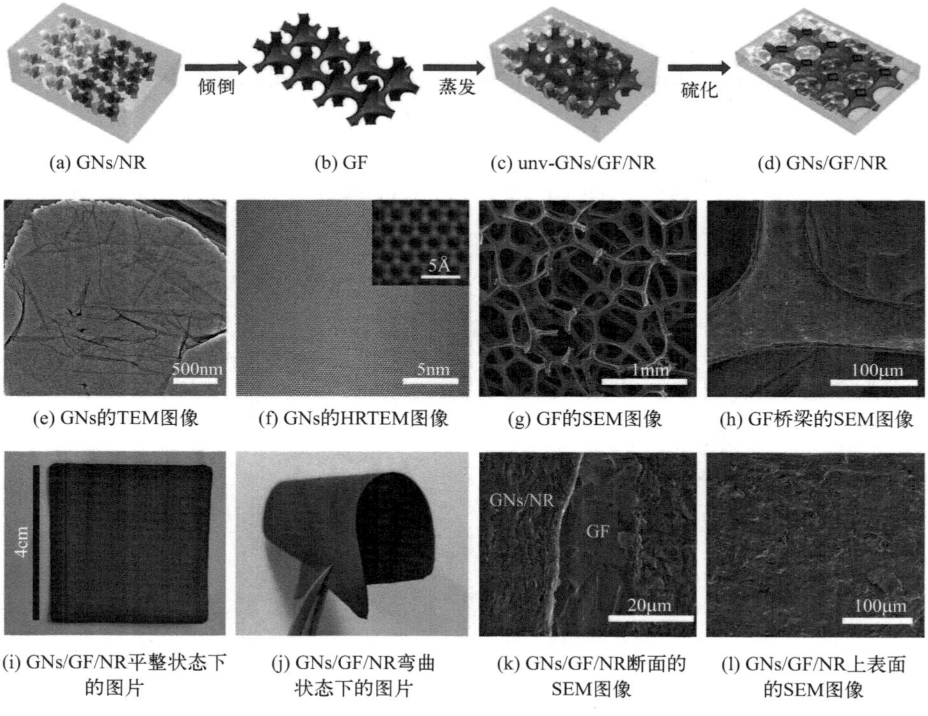

图1-8　GNs/GF/NR复合材料的制备流程与结构表征[79]

GNs—石墨烯纳米片；unv-GNs—未硫化的石墨烯纳米片；GF—石墨烯泡沫；NR—天然橡胶

（4）导电性能

石墨烯具有突出的导电特性，因此石墨烯/橡胶复合材料可广泛应用于制作抗静电和电磁屏蔽橡胶制品。构建完善的导电填料网络以及增强两相界面作用，同样是制备高导电橡胶复合材料的关键因素。采用溶液法和乳液法制备得到的复合材料中，较低含量的石墨烯填充量即可达到逾渗阈值[80-82]，这是由于溶液法和乳液法中石墨烯容易分散成单片层，在用量较少的情况下就可以实现完善的填料网络，而机械共混法中石墨烯片层容易聚集，需要较高含量才可以形成完善的填料网络，但同时也容易造成应力集中等问题。

（5）气体阻隔性能

橡胶密封材料广泛应用于航空航天、轮胎气密层、食品药品包装、个人防护器材等领域。虽然橡胶密封材料的用量不大，但却发挥着至关重要的作用，可以起到个人防护、密封、减震、隔热、传输和支撑等作用，是各系统功能实现和保障必需的关键材料。

为了有效地提高橡胶基体的气体阻隔性能，通常引入具有较大长径比的二维纳米填料，如有机黏土、水滑石、氮化硼、（氧化）石墨烯[83-85]等。石墨烯因本身卓越的气体阻隔性能，可以作为优异的气体阻隔材料，有缺陷的石墨烯片，几片堆叠后同样可用作阻隔材料。

文献报道，研究表明石墨烯/橡胶复合材料的气体阻隔性能强烈地依赖于填料用量[86]、长径比[87,88]、分散状态[89]以及石墨烯片层的取向和分布[90]。例如，对于GO/NR复合材料，将GO纳米片的掺量从0增至1.0%（质量分数）可以降低气体渗透系数55%[25]。GO掺量一定，GO纳米片的长径比由97增至226时，可将氧气渗透率降低38%[87]。GO纳米片的含氧官能团与氟橡胶之间通过氢键键接导致填料均匀分散在橡胶基体中，与同等掺量但分散程度较差的GO填料相比，可以降低32%的氧气渗透率[7]。GO掺量为1.66%（体积分数）时，隔离取向结构的GO纳米片与未隔离取向分散的结构相比，具有更优异的气体阻隔性能[90]，隔离网络结构示意图如图1-9（a）所示（书后另见彩图）。采用简便的溶剂热法制备了氧化锌纳米颗粒（ZnO）修饰的GO纳米片（NZG），然后采用机械共混法与NR复合，纳米复合材料的渗透率比纯NR降低了53%，具体渗透系数及结构示意如图1-9（b）所示[6]（书后另见彩图）。GO及还原GO制备各种橡胶基体复合材料的气体渗透系数下降率及长径比值如表1-1所列。

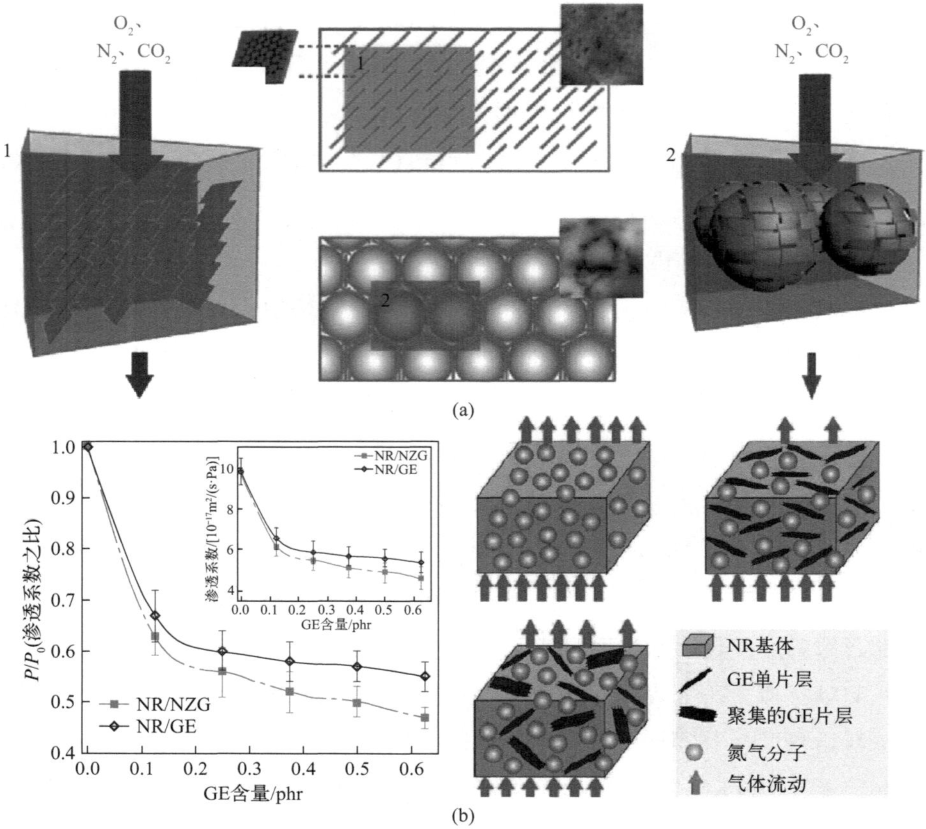

图1-9 隔离网络结构与非隔离网络结构气体阻隔性的结构示意图[86]（a）以及ZnO修饰GO纳米片制备的NR复合材料的氮气渗透系数与结构模型示意图[6]（b）

表1-1 GO或rGO橡胶复合材料的相对渗透系数值与长径比值

橡胶	填料	含量	加工方法	气体	相对下降率/%	长径比
NR[6]	ZnO@GE	0.625phr	熔体法	氮气	53	
NR[25]	Si69@GO	0.3%(质量分数)	溶液法	空气	48	
NRL(天然橡胶乳液)[86]	rGO	3.38%(体积分数)	胶乳法	二氧化碳	65	
NR[87]	TRG(热还原石墨烯片)	3%(质量分数)	熔体法	氧气	67	
ENR[89]	TRG	2%(质量分数)	熔体法	氧气	62	
XNBR(羧基丁腈橡胶)[91]	GO	1.9%(体积分数)	胶乳法	氮气	55	450

续表

橡胶	填料	含量	加工方法	气体	相对下降率/%	长径比
VPR(乙烯基聚酯树脂)[92]	GO	3.6%(体积分数)	胶乳法	氮气	40	—
ACM(丙烯酸酯橡胶)[93]	EG(膨胀石墨烯片)	9.1%(质量分数)	胶乳法	氮气	57	150
XNBR[94]	EG	9.1%(质量分数)	胶乳法	氮气	55	180
BIIR(溴化丁基橡胶)[95]	GE	4.0%(质量分数)	溶液法	氧气	44	—
NRL[96]	rGO	5.7%(质量分数)	胶乳法	氧气	60	—

（6）气体阻隔模型

无机填料粒子不能使气体小分子透过，因此气体小分子遇到填料粒子时会绕开，从而延长扩散路径，同时填料的加入降低了聚合物的体积分数，气体渗透系数也会降低。基于此，Nielsen[97]于1967年提出了片层填料/高聚物复合材料的气体阻隔模型，如式（1-1）所示：

$$\frac{P_f}{P_u}=\frac{1-\phi_f}{1+\dfrac{L}{2W}\times\phi_f} \tag{1-1}$$

式中　P_f——填充体系的渗透系数；

P_u——未填充体系纯聚合物的渗透系数；

ϕ_f——填料的体积分数；

L，W——片层填料的长度和厚度。

Nielsen模型中假设填料的取向方向全部平行于聚合物表面，而填料在聚合物中的真实取向方向却有多种情况，可以用取向度S表示，如式（1-2）所示。其中θ为取向角。对于平面取向，θ为0°，S=1；对于无规取向，S=0；对于垂直于平面的取向，则θ为90°，S=−0.5。具体如图1-10所示（书后另见彩图）。

$$S=\frac{1}{2}\times 3\cos^2\theta-1 \tag{1-2}$$

改进后的模型进一步探讨了填料的分散、用量、取向及长径比等对气体阻隔性能的影响，但该模型也是基于简单的假设提出的，存在诸多不足。后续又提出了多个模型，如Bharadwaj模型[98]、Cussler-Aris模型[99]、

Cussler-Lape模型[100]和Fredrickson and Bicerano模型[101]等适用模型。

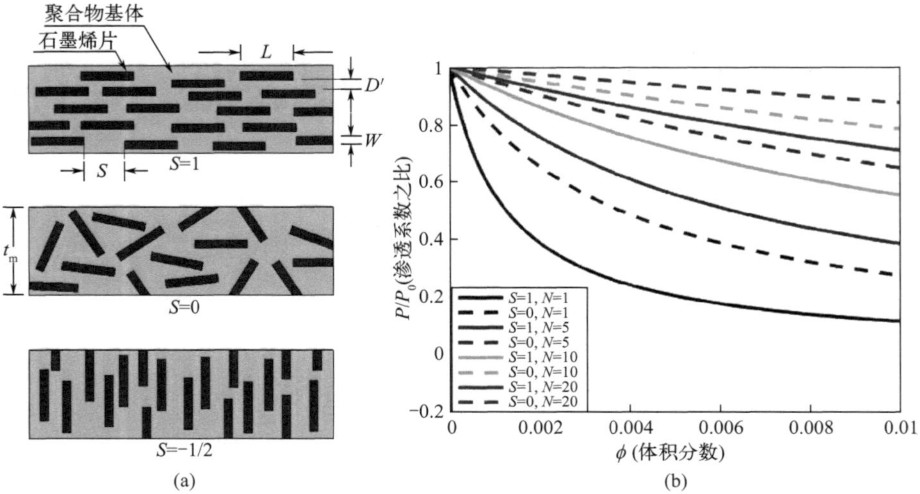

图1-10 石墨烯层在纳米复合膜中的不同取向（a）以及取向与石墨烯层数（N）对复合材料气体阻隔性能的影响（b）

1.3.2 BN/橡胶复合材料

氮化硼纳米薄层因特殊的物理性能而被广泛地用于诸多领域。氮化硼纳米片薄层是一种很好的填充材料。BN在力学、导热等方面表现出接近石墨烯的优良特性，但其在耐高温、抗氧化性等方面表现出了更高的优势。与普通碳基复合材料相比，加入氮化硼纳米片对高分子基材的绝热特性没有任何影响。另外，因为BN不能对可见光进行有效的吸收，所以BN的加入对高分子材料的光学透过率的影响小于碳基材料。虽然加入氮化硼纳米片层的高分子膜在较少的掺入量时一般都是透明的，但是当掺入量较大且其粒径较大时会产生强烈的分散作用，使高分子膜变成白色。

然而，对于BN在高分子复合体系中的应用，其相关的理论和应用还处在起步阶段。目前制约该技术发展的最大的问题是，如何在此基础上进行BN的合成。尽管液相法等可高效批量合成氮化硼纳米片层，但是其层数与层数间的相互制约仍然是一个尚未彻底解决的难题。目前广泛应用于高分子基复合材料中的BN，其形貌与石墨烯相似，但是BN的厚度却比石墨烯要大得多。在复合材料的制造中，分散性与界面黏接是两项十分关键的影响因素。

科尔曼的研究小组制造出了一种分散于一种溶液中的氮化硼纳米片。用液相剥离的氮化硼纳米片和PVA（聚乙烯醇）制成了复合材料，在填充剂的体积分数为0.12%时，与纯的聚合物比较，其模量和强度有40%的提高[102]。另外，在单向拉伸条件下，氮化硼纳米片/高分子复合材料的力学性能还能够得到进一步的提高，其原因可能是应力导致的剥落和解聚，以及氮化硼纳米片的定向排列[103]。Song等[104]将BN剥离，制成纳米级的薄层，将所得的氮化硼纳米片均匀分布于环氧树脂中，通过浇铸获得一层面内热导热系数较高的薄膜；当BN纳米片状结构的质量分数为50%时，其导热系数达到30W/（m·K）。

复合材料的热传导特性与其所使用的基质有很大关系。结果表明，在PVA基质中加入了Ni-Ni-N层状的纳米片层后，其热扩散率有轻微的降低。另外，高分子膜的拉伸还可以增强氮化硼纳米片层的定向排列，改善其平面内热输运特性。这是因为氮化硼纳米片具有高导热系数和低热膨胀系数的特性，可以提高复合材料的导热系数，并抑制热膨胀，从而实现更有效的热传输。

利用乳液絮凝法，分别对氮化硼纳米层与硅橡胶（氮化硼纳米层/SiR）及氮化硼纳米层与天然橡胶（氮化硼纳米层/NR）进行了研究[105]。利用双辊破碎机轧制过程中产生的剪切应力，使氮化硼纳米片晶有序排列于基质中。与非定向相比，定向的复合物具有更高的导热系数。

硅橡胶是一种优异的电绝缘材料，其在潮湿和污染环境下也表现出良好的性能，因而，作为电力传输线的绝缘体得到了越来越多的应用。但是，由于硅胶绝缘，在运行过程中存在着大量的放电现象，从而造成了硅胶绝缘层的电蚀。在此基础上，隔热层的导热性能与其耐电流腐蚀性能密切相关。添加BN改善了硅橡胶的导热性能，因此增强了硅橡胶的耐起痕性和耐蚀性[106]。当复合材料中添加氮化硼纳米片时，由于其高导热系数和良好的热稳定性，可以提高复合材料的热耗散能力。同时，氮化硼纳米片还具有较高的耐腐蚀和抗氧化性能，能够减少复合材料的腐蚀深度。

利用胶乳共混和共沉淀的方法制备的不同含量氮化硼纳米片/NR复合材料，可以显示出不同的分散状态，通过对该材料的应力-应变及DMA（动态热机械分析）曲线的分析，发现在该材料中掺入NaCl，其强度及弹性模量分别增加466%及130%，说明该材料的力学性能得到了明显改善。这主要是由于BN与基质间存在较大的交互作用，从而改善了复合材料的机械强度。另外，对该复合体系的导热系数进行了测定，发现该体系的导热系数随温度的增加而增加。与此同时，当BN含量增加时其导热系数也会随之增加，当BN加入量为5%（质量分数）时，橡胶的导热系数可达到0.183W/（m·K），显著高于纯样［0.152W/（m·K）］，这是由于BN片具有超高的导热系数，并且材料特有的网络结构为热量传输带来了更多的方式，因此增强了复合材料的热性能[107]。

1.3.3 MMT/橡胶复合材料

1.3.3.1 MMT/橡胶复合材料的制备

MMT/橡胶复合材料的制备主要包括熔融混炼法、溶液共混法和原位聚合法三大类工艺。熔融混炼法通过密炼机或开炼机的高剪切力使有机黏土分散在橡胶中，是最具工业化前景的方法；溶液共混法则先将橡胶溶解，与MMT悬浮液混合后挥发溶剂，可获得更好的分散效果，但成本较高；原位聚合法在MMT存在下进行橡胶单体聚合，能实现分子级别的界面结合。为提高MMT的分散性，通常需要预先进行有机化改性，常用季铵盐等插层剂扩大MMT层间距并增强其与橡胶的亲和性。近年来，超声波辅助分散、三辊研磨等新工艺的应用进一步提升了MMT的纳米分散效果。

1.3.3.2 MMT/橡胶复合材料的性能

MMT/橡胶复合材料展现出多方面的性能优势：在力学性能方面，少量［3%～5%（质量分数）］MMT即可使拉伸强度提高50%～200%，同时保持较好的弹性；在阻隔性能上，MMT纳米片层能延长气体扩散路径，使透气性降低40%～80%；热稳定性显著提升，初始分解温度可提高30～50℃。此外，通过MMT的特殊改性还可赋予复合材料阻燃、抗菌等功能性。值得注意的是，复合材料的动态力学性能（如tan δ）可通过MMT含量和分散状态进行调控，这对轮胎等动态使用场景尤为重要。但过度添加MMT可能导致加工困难并降低材料的柔韧性。

有机黏土/橡胶纳米复合材料的优异气体阻隔性能强烈地依赖于填料用量[108-110]、气体类型、分散状态[111]和制备方法[112,113]。溴化丁基橡胶（BIIR）/氢化丁腈橡胶（HNBR）/纳米黏土复合材料与BIIR/炭黑相比，气体渗透率可降低20%[114]。二氧化碳气体在天然橡胶（NR）/丁腈橡胶（NBR）/纳米黏土复合材料中的渗透率高于氧气，且渗透率随着纳米黏土掺入量的增加而降低[115]。有机黏土在丁腈橡胶（NBR）基体中的取向结构，使复合材料表现出更优异的气体阻隔性能[116]。

1.3.3.3 MMT/橡胶复合材料的应用

MMT/橡胶复合材料已成功应用于多个重要领域：在轮胎工业中，用于胎面胶可降低滚动阻力，用于气密层可提升阻隔性；在密封制品领域，可显著提高垫片、油封的耐热性和耐久性；在医用橡胶方面，抗菌改性MMT复合材料用于导管、手套等产品。此外，在阻燃电缆、防腐衬里、减震器件等领域也有广泛应用。随着研究的深入，功能性MMT/橡胶复合材料（如导热、电磁屏蔽）在新兴领域的应用不断拓展，但大规模产业化仍面临成本控制和工艺优化等挑战。未来发展方向包括绿色改性技术、多功能一体化设计以及智能制造工艺的开发。

参考文献

[1] Raju A T, Dash B, Dey P, et al. Evaluation of air permeability characteristics on the hybridization of carbon black with graphene nanoplatelets in bromobutyl rubber/epoxidized natural rubber composites for inner-liner applications[J]. Polym Adv Technol, 2020, 31(10): 2390-2402.

[2] Wu W L, Yu B W. Cornmeal graphene/natural rubber nanocomposites: Effect of modified graphene on mechanical and thermal properties[J]. ACS Omega, 2020, 5(15): 8551-8556.

[3] Cui Y B, Kundalwal S I, Kumar S. Gas barrier performance of graphene/polymer nanocomposites[J]. Carbon, 2016, 98: 313-333.

[4] 李京超 . 三维导热网络的构筑及其橡胶复合材料研究 [D]. 北京 : 北京化工大学 , 2020.

[5] Zhang W Q, Yin B, Wang J, et al. Ultrasensitive and wearable strain sensors based on natural rubber/graphene foam[J]. J Alloy Compd, 2019, 785: 1001-1008.

[6] Lin Y, Zeng Z K, Zhu J R, et al. Graphene nanosheets decorated with ZnO nanoparticles: Facile synthesis and promising application for enhancing mechanical and gas barrier properties of rubber nanocomposites[J]. RSC Adv, 2015, 5(71): 57771-57780.

[7] Wu Y H, Lin Y, Wei Y, et al. Constructing interconnected graphene network in fluoroelastomer composites by F-H polar interaction for enhanced mechanical and barrier properties[J]. Compos Sci Technol, 2017, 148: 35-42.

[8] Hao S, Wang J, Lavorgna M, et al. Constructing 3D graphene network in rubber nanocomposite via liquid-phase redispersion and self-assembly[J]. ACS Appl Mater Inter, 2020, 12(8): 9682-9692.

[9] Yang S Q, Wu H, Li C H, et al. Constructing oriented two-dimensional large-sized modified graphene oxide barrier walls in brominated butyl rubber to achieve excellent gas barrier properties[J]. ACS Appl Mater Inter, 2020, 12(3): 3976-3983.

[10] Staudenmaier L. Berichte der deutschen chemischen Gesellschaft[J]. European Journal of Inorganic Chemistry, 1898, 31(2): 1481-1487.

[11] Brodie B C. On the atomic weight of graphite[J]. Philosophical Transactions of the Royal Society of London, 1859, 149: 249-259.
[12] Hummers J W S, Offeman R E. Preparation of graphitic oxide [J]. Journal of the American Chemical Society, 1958, 80 (6): 1339.
[13] Gao W, Majumder M, Alenany L B, et al. Engineered graphite oxide materials for application in water purification[J]. ACS Appl Mater Inter, 2011, 3(6): 1821-1826.
[14] Sreeprasad T S, Maliyekkal S M, Lisha K P, et al. Reduced graphene oxide metal/ metal oxide composites: Facile synthesis and application in water purification[J]. J Hazard Mater, 2011, 186(1): 921-931.
[15] Zhu Y, Murali S, Cai W, et al. Graphene and graphene oxide: Synthesis, properties, and applications[J]. Adv Mater, 2010, 22(35): 3906-3924.
[16] Lerf A, He H Y, Forster M, et al. Structure of graphite oxide revisited[J]. J Phys Chem B, 1998, 102(23): 4477-4482.
[17] Novoselov K S, Geim A K, Morozov S V, et al. Electric field effect in atomically thin carbon films[J]. Science, 2004, 306(5696): 666-669.
[18] Szabó T, Berkesi O, Forgo P, et al. Evolution of surface functional groups in a series of progressively oxidized graphite oxides[J]. Chem Mater, 2006, 18(11): 2740-2749.
[19] Lee C, Wei X, Kysar J W, et al. Measurement of the elastic properties and intrinsic strength of monolayer graphene[J]. Science, 2008, 321(5887): 385-388.
[20] Geim A K, Novoselov K S. The rise of graphene[J]. Nat Mater, 2007, 6: 183-191.
[21] Berry V. Impermeability of graphene and its applications[J]. Carbon, 2013, 62: 1-10.
[22] Hou X L, Li J L, Drew S C, et al. Tuning radical species in graphene oxide in aqueous solution by photoirradiation[J]. J Phys Chem C, 2013, 117(13): 6788-6793.
[23] Feng R C, Zhou W, Guan G H, et al. Surface decoration of graphene by grafting polymerization using graphene oxide as the initiator[J]. J Mater Chem, 2012, 22(9): 3982-3989.
[24] 唐征海 . 石墨烯的修饰及聚合物 / 石墨烯复合材料 [D]. 广州 : 华南理工大学 , 2014.
[25] Zhang L, Li H Q, Lai X J, et al. Functionalized graphene as an effective antioxidant in natural rubber[J]. Composites Part A, 2018, 107: 47-54.
[26] Wu J R, Huang G S, Li H, et al. Enhanced mechanical and gas barrier properties of rubber composites with surface functionalized graphene oxide at low content[J]. Polymer, 2013, 54(7): 1930-1937.
[27] Xu C, Wu X D, Zhu J W, et al. Synthesis of amphiphilic graphite oxide[J]. Carbon, 2008, 46(2): 386-389.
[28] Yang H F, Shan C S, Li F H, et al. Covalent functionalization of polydisperse chemically-converted graphene sheets with amine-terminated ionic liquid[J]. Chem Commun, 2009, 26: 3880-3882.
[29] Salvio R, Krabbenborg S, Naber W, et al. The formation of large-area conducting graphene-like platelets[J]. Chem Eur J, 2009, 15(33): 8235-8240.
[30] Veca L, Lu F, Meziani M, et al. Polymer functionalization and solubilization of carbon nanosheets[J]. Chem Commun, 2009, 2009(18): 2565-2567.
[31] Tang Z H, Kang H, Shen Z, et al. Grafting of polyester onto graphene for electrically and thermally conductive composites[J]. Macromolecules, 2012, 45(8): 3444-3451.
[32] Niyogi S, Bekyarova E, Itkis M E, et al. Solution properties of graphite and graphene[J]. J Am Chem Soc, 2006, 128(24): 7720-7721.
[33] Zheng L, Jerrams S, Xu Z C, et al. Enhanced gas barrier properties of graphene oxide/ rubber composites with strong interfaces constructed by graphene oxide and sulfur[J]. Chem Eng J, 2020, 383: 123100.
[34] Kan L Y, Xu Z, Gao C. General avenue to individually dispersed graphene oxide-based two-dimensional molecular brushes by free radical polymerization[J]. Macromolecules, 2011, 44(3): 444-452.
[35] Shen J, Hu Y, Li C, et al. Synthesis of amphiphilic graphene nanoplatelets[J]. Small, 2009, 5(1): 82-85.
[36] Yin B, Zhang X M, Zhang X, et al. Ionic liquid functionalized graphene oxide for enhancement of styrene-butadiene rubber Nanocomposites[J]. Polym Adv Technol, 2017,

28(3): 293-302.
[37] Huang X M, Li Z S, Zhang X F, et al. Preparation of Pt/{PDDA-GN/PSS-GN}$_n$ multilayer films and their electrocatalytic activity regarding methanol oxidation[J]. J Colloid Interf Sci, 2013, 393: 300-305.
[38] 杨云帆 . 导热天然橡胶复合材料的制备及性能研究 [D]. 太原 : 中北大学 , 2020.
[39] 杨新亚 , 张勇 . 氮化硼 / 碳纳米管 / 溴化丁基橡胶复合材料的力学和导热性能研究 [J]. 化工新型材料 , 2018, 46(3): 70-74.
[40] 韩美胜 . 球磨法制备六方氮化硼纳米片的研究 [D]. 哈尔滨 : 哈尔滨工业大学 , 2015.
[41] Rao C N R, Nag A. Inorganic analogues of graphene[J]. European Journal of Inorganic Chemistry , 2010, 2010(27): 4244-4250.
[42] Novoselov K S, Jiang D, Schedin F, et al. Two-dimensional atomic crystals[J]. Proceedings of the National Academy of Sciences of the United States of America, 2005, 102(30): 10451-10453.
[43] 庞高龙 . 官能化氮化硼纳米片的制备及其过滤性能的研究 [D]. 镇江 : 江苏大学 , 2022.
[44] Li L H, Chen Y, Behan G, et al. Large-scale mechanical peeling of boron nitride nanosheets by low-energy ball milling[J]. Journal of Materials Chemistry, 2011, 21(32): 11862-11866.
[45] Lee D, Lee B, Park K H, et al. Scalable exfoliation process for highly soluble boron nitride nanoplatelets by hydroxide-assisted ball milling[J]. Nano Letters, 2015, 15(2): 1238-1244.
[46] Lin Z, Mcnamara A, Liu Y, et al. Exfoliated hexagonal boron nitride-based polymer nanocomposite with enhanced thermal conductivity for electronic encapsulation[J]. Composites Science and Technology, 2014, 90: 123-128.
[47] Song L, Ci L, Lu H, et al. Large scale growth and characterization of atomic hexagonal boron nitride layers[J]. Nano Letters, 2010, 10(8): 3209-3215.
[48] Nag A, Raidongia K, Hembram K P S S, et al. Graphene analogues of boron nitride: Novel synthesis and properties[J]. ACS Nano, 2010, 4(3): 1539-1544.
[49] Gao R, Yin L, Wang C, et al. High-yield synthesis of boron nitride nanosheets with strong ultraviolet cathodoluminescence emission[J]. The Journal of Physical Chemistry C, 2009, 113(34): 15160-15165.
[50] Zhao Z, Yang Z,Wen Y, et al. Facile synthesis and characterization of hexagonal boron nitride nanoplates by two-step route[J]. Journal of the American Ceramic Society, 2011, 94(12): 4496-4501.
[51] 赖登旺 , 李笃信 , 杨金 , 等 . 有机蒙脱土改性超支化聚酰胺 6 的制备与表征 [J]. 复合材料学报 , 2016, 33(8): 1663-1670.
[52] Ray S S, Okamoto K. Polymer/layered silicate nanocomposites: A review from preparation to processing[J]. Progress in Polymer Science, 2003, 28(11): 1539-1641.
[53] 王君 , 周松 , 王博 , 等 . 纳米蒙脱土对交联聚丙烯酸钠 / 丁腈橡胶吸水膨胀橡胶性能的影响 [J]. 合成橡胶工业 , 2017, 40(2): 147-151.
[54] Li P Y, Wang L, Song G J, et al. Characterization of high-performance exfoliated natural rubber/organoclay nanocomposites[J]. Journal of Applied Polymer Science, 2008, 109(6): 3831-3838.
[55] He S J, Wang Y Q, Wu Y P, et al. Preparation, structure, performance, industrialization and application of advanced rubber/clay nanocomposites based on latex compounding method[J]. Plastics, Rubber and Composites, 2013, 39(1): 33-42.
[56] Kim Y M, Jeong J H, Park E J, et al. Enhanced dispersion and mechanical properties of hydrophobized graphene oxide/butyl rubber nanocomposites via solution process[J]. J Polym Res, 2021, 28:391.
[57] Zhang Y, Mark J E, Zhu Y W, et al. Mechanical properties of polybutadiene reinforced with octadecylamine modified graphene oxide[J]. Polymer, 2014, 55 (21): 5389-5395.
[58] Girase B, Shah J S, Misrarn D K. Cellular mechanics of modulated osteoblasts functions in graphene oxide reinforced elastomers[J]. Adv Eng Mater, 2012, 14(4): B101-B111.
[59] Liu S T, Tian M, Yan B Y, et al. High performance dielectric elastomers by partially reduced graphene oxide and disruption of hydrogen bonding of polyurethanes[J]. Polymer, 2015, 56: 375-384.
[60] Singh V K, Shukla A, Patra M K, et al. Microwave absorbing properties of a thermally reduced graphene oxide/nitrile butadiene rubber composite[J]. Carbon, 2012, 50(6): 2202-

2208.
[61] Kang H L, Zuo K H, Wang Z, et al. Using a green method to develop graphene oxide /elastomers nanocomposites with combination of high barrier and mechanical performance[J]. Compos Sci Technol, 2014, 92: 1-8.
[62] Wang J Y, Jia H B, Tang Y Y, et al. Enhancements of the mechanical properties and thermal conductivity of carboxylated acrylonitrile butadiene rubber with the addition of graphene oxide[J]. J Mater Sci, 2013, 48(4): 1571-1577.
[63] Xing W, Tang M Z, Wu J R, et al. Multifunctional properties of graphene/rubber nanocomposites fabricated by a modified latex compounding method[J]. Compos Sci Technol, 2014, 99: 67-74.
[64] Mao Y Y, Wen S P, Chen Y L, et al. High performance graphene oxide based rubber composites[J]. Sci Rep, 2013, 3: 2508.
[65] Pradhan B, Srivastava S K. Synergistic effect of three-dimensional multi-walled carbon nanotube-graphene nanofiller in enhancing the mechanical and thermal properties of high-performance silicone rubber[J]. Polym Int, 2014, 63(7): 1219-1228.
[66] Yang G W, Liao Z F, Yang Z J, et al. Effects of substitution for carbon black with graphene oxide or graphene on the morphology and performance of natural rubber /carbon black composites[J]. J Appl Polym Sci, 2015, 132(15): 41832.
[67] 许宗超 . 高强度、抗疲劳石墨烯 / 橡胶纳米复合材料的设计与制备 [D]. 北京 : 北京化工大学 , 2020.
[68] Zhan Y H, Lavorgna M, Buonocore G, et al. Enhancing electrical conductivity of rubber composites by constructing interconnected network of self-assembled graphene with latex mixing[J]. J Mater Sci, 2012, 22(21): 10464-10468.
[69] Yang H S, Liu P, Zhang T P, et al. Fabrication of natural rubber nanocomposites with high graphene contents via vacuum-assisted selfassembly[J]. RSC Adv, 2014, 4(53): 27687-27690.
[70] Guo Q Q, Luo Y Y, Liu J Z, et al. A well-organized graphene nanostructure for versatile strain-sensing application constructed by covalently bonded graphene/rubber interface[J]. J Mater Chem C, 2018, 6(8): 2139-2147.
[71] Allahbakhsh A, Mazinani S. Influences of sodium dodecyl sulfate on vulcanization kinetics and mechanical performance of EPDM /graphene oxide nanocomposites[J]. RSC Adv, 2015, 5(58): 46694-46704.
[72] Varghese T V, Kumar H A, Anitha S, et al. Reinforcement of acrylonitrile butadiene rubber using pristine few layer graphene and its hybrid fillers[J]. Carbon, 2013, 61: 476-486.
[73] Liu X, Kuang W Y, Guo B C. Preparation of rubber/graphene oxide composites with in-situ interfacial design[J]. Polymer, 2015, 56: 553-562.
[74] Wu J R, Xing W, Huang G S, et al. Vulcanization kinetics of graphene/natural rubber nanocomposites[J]. Polymer, 2013, 54(13): 3314-3323.
[75] Nawaz K, Khan U, Ul-Haq N, et al. Observation of mechanical percolation in functionalized graphene oxide/elastomer composites[J]. Carbon, 2012, 50(12): 4489-4494.
[76] 汪国睿 . 石墨烯界面力学行为的表征与调控研究 [D]. 合肥 : 中国科学技术大学 , 2017.
[77] Dong B, Liu C, Zhang L Q, et al. Preparation, fracture, and fatigue of exfoliated graphene oxide / natural rubber composites[J]. RSC Adv, 2015, 5(22):17140-17148.
[78] Yan N, Xia H S, Zhan Y H, et al. New insights into fatigue crack growth in graphene-filled natural rubber composites by microfocus hard-X-ray beamline radiation[J]. Macromol Mater Eng, 2013, 298 (1): 38-44.
[79] Wu Z H, Xu C, Ma C Q, et al. Synergistic effect of aligned graphene nanosheets in graphene, foam for high-performance thermally conductive composites[J]. Adv Mater, 2019, 31(19): 1900199.
[80] Hu H Q, Zhao L, Liu J Q, et al. Enhanced dispersion of carbon nanotube in silicone rubber assisted by graphene[J]. Polymer, 2012, 53(15): 3378-3385.
[81] Yang H S, Liu P, Zhang T P, et al. Fabrication of natural rubber nanocomposites with high graphene contents via vacuum-assisted self-assembly[J]. RSC Adv, 2014, 4(53): 27687 - 27690.
[82] Potts J R, Shankar O, Du L, et al. Processing-morphology-property relationships and composite theory analysis of reduced graphene oxide/natural rubber nanocomposites[J].

Macromolecules, 2012, 45(15): 6045–6055.
[83] 舒代桂．氧化石墨烯／溴化丁基橡胶隔离结构复合材料制备及阻氢性能研究 [D]. 绵阳：西南科技大学，2020.
[84] Kwon O S, Lee D, Lee S P, et al. Enhancing the mechanical and thermal properties of boron nitride nanoplatelets/elastomer nanocomposites by latex mixing[J]. RSC Adv, 2016, 6(65): 59970–59975.
[85] Aswathy T R, Dash D, Dey P, et al. Synergistic effect of graphene with graphene oxide, nanoclay, and nanosilica in enhancing the mechanical and barrier properties of bromobutyl rubber/epoxidized natural rubber composites[J]. J Appl Polym Sci, 2021, 138(31): 50746.
[86] Scherillo G, Lavorgna M, Buonocore G G, et al. Tailoring assembly of reduced graphene oxide nanosheets to control gas barrier properties of natural nanocomposites[J]. ACS Appl Mater Interfaces, 2014, 6(4): 2230–2234.
[87] Yaragalla S, Meera A P, Kalarikkal N, et al. Chemistry associated with natural rubber–graphene nanocomposites and its effect on physical and structural properties[J]. Ind Crop Prod, 2015, 74: 792–802.
[88] Ozbas B, O'Neill C D, Register R A, et al. Multifunctional elastomer nanocomposites with functionalized graphene single sheets[J]. Polym Sci, Part B: Polym Phys, 2012, 50(13): 910–916.
[89] Paduvilan J L, Velayudhan P, Amanulla A, et al. Assessment of graphene oxide and nanoclay based hybrid filler in chlorobutyl–natural rubber blend for advanced gas barrier applications[J]. Nanomaterials, 2021, 11(5): 1098.
[90] Lin Y, Liu S Q, Liu L. A new approach to construct three–dimensional segregated graphene structures in rubber composites for enhanced conductive, mechanical and barrier properties[J]. J Mater Chem C, 2016, 4(12): 2353–2358.
[91] Kang H L, Zuo K H, Wang Z, et al. Using a green method to develop graphene oxide/elastomers nanocomposites with combination of high barrier and mechanical performance[J]. Compos Sci Technol, 2014, 92: 1–8.
[92] Tang Z H, Wu X H, Guo B C, et al. Preparation of butadiene–styrene–vinyl pyridine rubber–graphene oxide hybrids through co–coagulation process and in situ interface tailoring[J]. J Mater Chem, 2012, 22(15): 7492–7501.
[93] Quan Y N, Lu M, Tian M, et al. Functional and mechanical properties of acrylate elastomer/expanded graphite nanocomposites[J]. J Appl Polym Sci, 2013, 130(1): 680–686.
[94] Yang J, Zhang L Q, Shi J H, et al. Mechanical and functional properties of composites based on graphite and carboxylated acrylonitrile butadiene rubber[J]. J Appl Polym Sci, 2010, 116(5): 2706–2713.
[95] Kotal M, Banerjee S S, Bhowmick A K. Functionalized graphene with polymer as unique strategy in tailoring the properties of bromobutyl rubber nanocomposites[J]. Polymer, 2016, 82: 121–132.
[96] Yan N, Buonocore G, Lavorgna M, et al. The role of reduced graphene oxide on chemical, mechanical and barrier properties of nature rubber composites[J]. Compos Sci Technol, 2014, 102: 74–81.
[97] Nielsen L E. Models for the permeability of fifilled polymer systems[J]. J Macromol Sci Part A–Chem, 1967, 1 (5): 929–942.
[98] Bharadwaj R K. Modeling the barrier properties of polymer–layered silicate nanocomposites[J]. Macromolecules, 2001, 34 (2): 9189–9192.
[99] Cussler E L, Hughes S E, Ward W G, et al. Barrier membranes[J]. J Memb Sci, 1988, 38(2): 161–174.
[100] Lape N K, Nuxoll E E, Cussler E L. Polydisperse flakes in barrier films[J]. J Memb Sci, 2004, 236(1–2): 29–37.
[101] Fredrickson G H, Bicerano J. Barrier properties of oriented disk composites[J]. J Chem Phys, 1999, 110(4): 2181.
[102] 彭政，钟杰平，廖双泉．橡胶改性研究进展 [J]. 高分子通报，2014(5): 41–48.
[103] Cheng J, Zhao S, et al. Influence of PCF surface modification and blending with nanofillers on mechanical properties of Natural Rubber[J]. Acta Materiae Compositae Sinica, 2017, 34(3): 684–690.

[104] Song W L, Wang P, Cao L, et al. Polymer/boron nitride nanocomposite materials for superior thermal transport performance[J]. Angew Chem Int Ed Engl, 2012, 51 (26): 6498–6501.
[105] Bottier C. Biochemical composition of Hevea brasiliensis latex:A focus on the protein, lipid, carbohydrate and mineral contents[M]. America:Advances in Botanical Research, 2019, 91: 205–228.
[106] Khan U, May P, O'Neill A, et al. Polymer reinforcement using liquid-exfoliated boron nitride nanosheets[J]. Nanoscale, 2013, 5(2): 581–587.
[107] Jan R, May P, Bell A P, et al. Enhancing the mechanical properties of boron nitride nanosheet-polymer composites by uniaxial drawing[J]. Nanoscale, 2014, 6(9): 4889–4895.
[108] 王林艳，梁玉蓉，杨岚，等．烷基铵盐改性蒙脱土制备高气体阻隔性天然胶乳纳米复合材料 [J]. 化工新型材料，2022, 50(3): 152–156.
[109] 王林艳，张保卫，张涛．有机黏土 / 溴化丁基橡胶纳米复合材料的动态加工性能与气体阻隔性能研究 [J]. 化工新型材料，2020, 48(6): 130–133.
[110] 王林艳，梁玉蓉，张涛，等．有机黏土 I.30P/ 溴化丁基橡胶纳米复合材料的结构与性能 [J]. 合成橡胶工业，2019, 42(1): 12–16.
[111] 王林艳，梁玉蓉，赵鹏艳．MDI 接枝改性 MMT/ 丁腈胶乳纳米复合材料的结构与性能 [J]. 中国胶黏剂，2019, 28(7): 8–12.
[112] 王林艳，郭科，梁玉蓉，等．球磨法制备高气体阻隔性有机黏土 / 溴化丁基橡胶纳米复合材料 [J]. 弹性体，2021, 31(5): 12–16.
[113] 王林艳，梁玉蓉，张一铎，等．用静态热压法制备高气体阻隔性有机黏土 / 天然橡胶纳米复合材料 [J]. 合成橡胶工业，2025, 48(2): 118–122.
[114] Aswathy T R, Bhattacharya A B, Dash B, et al. Assessment of various nano-clays in bromobutyl rubber hydrogenated acrylonitrile butadiene rubber blend for improved gas barrier applications[J]. Journal of Applied Polymer Science, 2021, 138(13): 50086.
[115] Hanna J M, Martin G T, Marco Morreale, et al. Gas barrier, rheological and mechanical properties of immiscible natural rubber/acrylonitrile butadiene rubber/organoclay (NR/NBR/organoclay) blend nanocomposites[J]. Materials, 2020, 13(11): 2654.
[116] Wu Y P, Jia Q X, Yu D S, et al. Structure and properties of nitrile rubber(NBR)-clay nanocomposites by co-coagulating NBR latex and clay aqueous suspension[J]. Journal of Applied Polymer Science, 2003, 89(14): 3855–3858.

第 2 章 GO 诱导天然橡胶（NR）物理交联复合材料

基于天然橡胶（NR）的高弹性和石墨烯良好的气体阻隔性能，石墨烯/NR复合材料在气体阻隔和气体密封领域受到广泛关注。对于石墨烯/NR复合材料的制备[1,2]及气体阻隔性能已有大量文献报道。众所周知，与石墨烯相比，氧化石墨烯（GO）因含有大量含氧官能团与NR具有更好的热力学相容性和界面相互作用，因此有大量文献报道GO/NR复合材料的制备和性能[3-5]。然而，对于GO/NR复合材料的气体阻隔性能鲜有报道，且这些制备过程大多需要对GO进行表面接枝改性[6,7]，需要消耗大量的有机溶剂，需要采用橡胶配合剂化学硫化，配合剂大多是致毒致癌的，且会影响到填料的分散及填料网络的形成。

GO纳米片与NR胶乳通过静电排斥作用，可以形成稳定均一的分散体，本章采用自组装同时GO诱导NR自交联的方法制备复合材料。首先采用聚乙烯吡咯烷酮（PVP）对GO进行表面修饰，然后将PVP@GO溶液与NR胶乳以一定比例混合进行自组装，机械搅拌得到均匀的混合液，最后将混合液静置烘干至恒重，即得到GO/NR复合材料。本章研究了不同含量的GO对复合材料自交联和隔离网络结构的影响，实验结果表明，NR粒子周围的蛋白质和磷脂与GO的含氧官能团之间通过氢键或范德瓦耳斯力形成了物理交联，增强了两相界面相互作用，实现了应力从NR基体到GO纳米片的有效转移。本章采取的绿色环保、简单高效的实验方法，可为高气体阻隔性能GO/NR复合材料的应用提供理论指导和科学依据。

2.1 复合材料的制备

2.1.1 原料与设备

实验用原料如表2-1所列，实验用设备如表2-2所列。

表2-1 实验用原料

材料名称	缩写	材料规格	生产厂家
天然胶乳	NR	工业级，63.5%	深圳吉田化工
氧化石墨烯溶液	GO	工业级，2%	唐山建华
聚乙烯吡咯烷酮	PVP	分析纯，M_w=10000，K=13～18	阿拉丁试剂

注：M_w为重均分子量；K为平均分子量范围。

表2-2 实验用设备

名称	型号	生产厂家
超声波清洗机	SB-3200DTDN	宁波新芝生物
高速离心机	HC-3018	安徽中科中佳
磁力搅拌器	RCT digital	IKA（广州）仪器设备
电热鼓风干燥箱	DHG-9240	上海一恒科学仪器
万能试验机	GOTECH AI-7000M	高铁检测仪器
X射线衍射仪	Rigaku Smartlab	日本理学
显微共聚焦拉曼光谱仪	IRKT46	英国瑞尼索
电子天平	JE3002	上海浦春计量仪器
扫描电子显微镜	JSM-7200F	日本电子株式会社
冷冻切片机	EM UC6	德国莱卡
透射电子显微镜	Tecnai 12	荷兰飞利浦
傅里叶变频红外光谱仪	TENSOR27	德国布鲁克
X射线光电子能谱仪	ESCALAB 250Xi	美国赛默飞
核磁共振交联密度分析仪	VTMR20-010V-1	苏州纽迈分析仪器
动态热机械分析仪	Q800	美国TA
橡胶加工分析仪	RPE2-0026	美国TA
气密性测试仪	GPT200	北京瑞达宇辰仪器
气密性测试仪	VAC-V2	济南兰光机电技术

2.1.2 制备步骤

（1）PVP@GO分散液的制备

将GO分散液配制成2mg/mL的溶液，超声分散均匀，高速离心机处理15min以除去未剥离的GO片层。按PVP与GO质量比为1∶1，将PVP投入GO的分散液中，继续超声分散5h，得到稳定均匀的PVP@GO分散液。

（2）GO/NR复合膜的制备

将一定体积的PVP@GO分散液置于NR乳液中，室温下磁力搅拌1h混合均匀，置于一定直径的培养皿中于鼓风干燥箱中60℃下烘干至恒重，即得到GO/NR复合膜。随着水分的蒸发，GO/NR复合粒子做布朗运动，并相互接触，聚集在一起，形成具有隔离网络结构的复合膜。GO分别为NR质量的0、0.3%、0.5%、1.0%、2.0%、3.0%、5.0%和10.0%，不同质量分数的复合材料缩写为x% GO/NR。

2.1.3 结构表征与性能测试

（1）红外光谱测试（FTIR）

对GO、NR及GO/NR复合材料进行红外光谱测试，波数范围为$400 \sim 4000cm^{-1}$。

（2）广角X射线衍射测试（WAXD）

对GO、NR及GO/NR复合材料进行X射线衍射测试，扫描角度3°～60°，连续扫描速度5°/min。

（3）拉曼光谱测试（Raman）

扫描范围$100 \sim 4000cm^{-1}$，激光波长为532.0nm。

（4）X射线光电子能谱测试（XPS）

对GO及GO/NR复合材料表面的化学元素组成进行分析，Al Kα 辐射，电子能1486.6eV。

（5）扫描电子显微镜测试（SEM）

对GO/NR复合材料的断面进行喷金处理，然后观察其断面微观形貌，加速电压10.0kV。

（6）透射电子显微镜测试（TEM）

将GO/NR复合材料在−60℃下冷冻超薄切片，然后观察复合材料的微观形态。

（7）核磁共振交联密度仪测试（NMR）

将装有2cm高度GO/NR样品的试管置于仪器中，测试温度为90℃，预热5min以上待测试温度稳定后，测试3次以上，直到得到稳定的弛豫时间T_2和交联密度值。传感器使用频率为200kHz，核磁共振线为^1H，CPMG序列，90°脉宽为3.72μm，等待时间为0.8s，累积次数为32次，反演方式为XLD2。

（8）溶胀平衡测试（ESR）

将尺寸大约为10mm×10mm的GO/NR复合材料样品置于甲苯溶液中，静置浸泡24h，然后机械搅拌。

（9）动态热机械性能测试（DMA）

拉伸模式，测试频率1Hz，测试温度范围−80～40℃，升温速率3℃/min。

（10）橡胶加工性能测试（RPA）

测试温度60℃，频率0.1Hz，振幅测试范围为1%～1200%。

（11）静态力学性能测试

拉伸速率500mm/min，室温，样条为哑铃形样条，按GB/T 528—2009进行。

（12）质谱法测试复合材料的气体渗透系数

对GO/NR复合材料进行气体阻隔性能的测试，样片直径为70mm，测试温度分别为23℃和40℃。

（13）压差法测试复合材料的气体渗透系数

对直径为20mm的GO/NR复合样片进行气体阻隔性能的测试，测试温度为23℃，用氧气和氮气测试。

2.2 复合材料性能分析

2.2.1 GO诱导NR物理交联机理

2.2.1.1 GO/NR复合膜的制备机理

GO/NR复合膜的制备过程，无橡胶配合剂加入，工艺简单，绿色环保，具体制备工艺机理及微观结构示意如图2-1所示（书后另见彩图）。在水分蒸发阶段，GO/NR复合颗粒做布朗运动，不影响水分蒸发速率。因此，这一阶段的水分蒸发速率应与纯水或乳化剂稀溶液相同。在此阶段，由于包覆在NR胶乳颗粒上的蛋白质的静电斥力和PVP改性GO表面的水溶性，很少有聚集物或沉淀物出现。聚集阶段以GO/NR复合粒子不可避免的接触开始，以GO/NR复合粒子合并形成连续的膜结束。在这个阶段，水分蒸发速率会降低，即使单位面积蒸发速率保持不变[8,9]，但水-空气的界面面积在减小，残留在GO/NR复合膜上的少量水通过毛细管通道或聚合物本身扩散流出。由于GO/NR复合膜内的水量和水-空气界面面积都很小，总的蒸发速率比第一阶段要小得多。当间隙毛细管系统中存在负曲率的水面所产生的毛细管压力大于球体对变形的阻力时，GO/NR复合颗粒在失水期间发生变形并形成膜。在相互扩散阶段，NR大分子穿过GO及蛋白质的外壳，然后相互扩散、渗透和缠结，形成物理交联[10,11]。此外，由于GO与蛋白质和磷脂具有很强的相互作用，因此，包裹蛋白质的NR粒子与GO的混合会产生更多的交联，即在此过程中GO与NR粒子通过自交联形成了隔离网络结构。

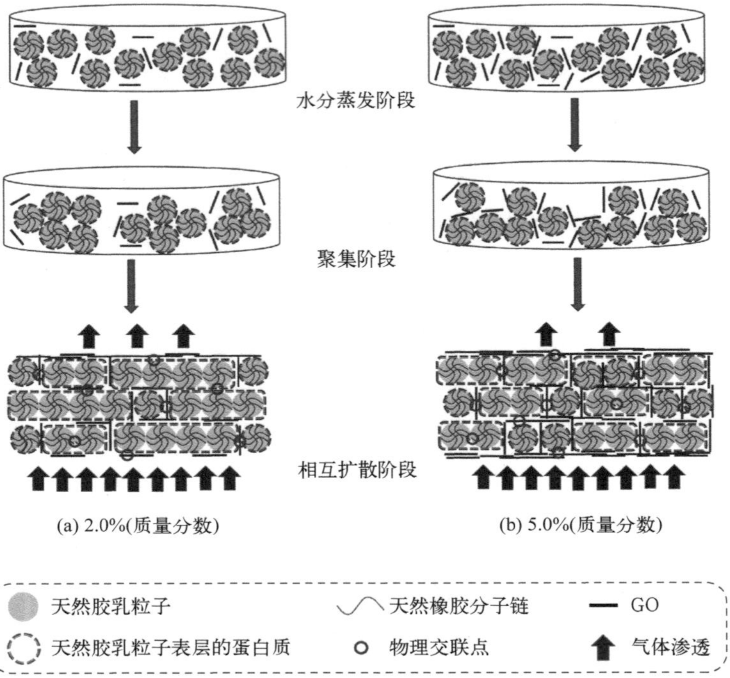

图2-1　GO/NR复合膜的制备机理及微观结构示意图

2.2.1.2　GO/NR分散液的稳定性

GO/NR复合粒子良好的分散性和稳定性是制备高性能的GO/NR复合膜的关键，图2-2为各分散液及静置后的光学图片（书后另见彩图）。由图2-2（a）可以观察到，采用PVP表面修饰GO后呈现出均一的分散溶液，将PVP@GO溶液与NR乳液复合后，混合溶液均匀稳定，说明PVP@GO/NR复合粒子在水中的分散性和稳定性良好。GO未用PVP修饰，而是直接与NR乳液复合，静置24h后，明显出现了GO片层的沉降现象，如图2-2（b）所示，说明GO直接与NR粒子复合的稳定性较差，这是由于GO直接与NR粒子作用后，GO的含氧官能团减少，在溶液中的分散性和稳定性降低，由此可见，PVP表面修饰GO，再与NR粒子复合，是形成稳定均匀的GO/NR复合溶液的关键所在。

(a) 静置前

(b) 静置24h后

图2-2　各分散液静置前及静置24h后的光学图片

2.2.1.3　GO/NR复合材料的红外光谱表征

GO、NR及GO/NR复合粒子的FTIR光谱如图2-3所示。对于纯GO样品，3432cm^{-1}、1739cm^{-1}、1628cm^{-1}、1171cm^{-1}和1097cm^{-1}处的峰分别对应羟基振动、C═O伸缩振动、C═C伸缩振动、C—OH伸缩振动和C—O—C振动[12]。对于纯NR样品，2900cm^{-1}附近的峰认为是橡胶链的C—H伸缩振动，在1659cm^{-1}、1590cm^{-1}和1256cm^{-1}处出现了新的峰，分别对应于C═O伸缩振动、N—H弯曲振动和O—P—O伸缩振动。以上结果表明，NR颗粒被蛋白质和磷脂类包裹，蛋白质［约1.5%（质量分数）］吸附在NR胶体颗粒表面形成保护层，水解形成的氨基酸对硫化有促进作用，吸附在NR胶体

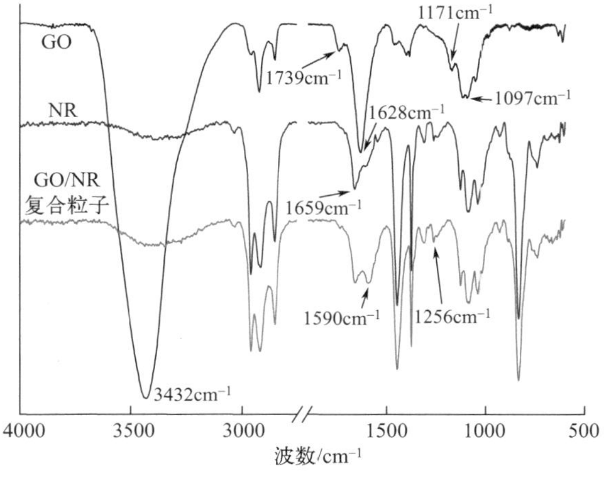

图2-3　GO、NR及GO/NR复合粒子的FTIR谱图

颗粒表面的磷脂可以提高胶乳的稳定性，水解形成的脂肪酸可以提高胶乳的机械稳定性[13]。对于GO/NR复合粒子，GO的含氧官能团发生了移动但并未消失，表明GO的C═O和C—O—C与NR粒子蛋白质的N—H通过氢键或范德瓦耳斯力形成了物理交联，如图2-4所示。

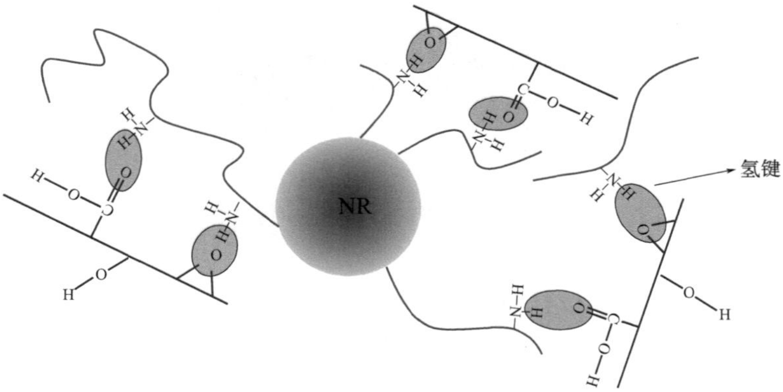

图2-4　GO/NR复合膜自交联机理示意图

2.2.1.4　GO/NR复合材料的光电子能谱表征

GO、NR和GO/NR复合膜的XPS谱图如图2-5所示。由拟合的C1s和N1s谱计算出的原子分数和官能团的比例列在表2-3～表2-6中。为了消除N元素的影响，XPS试验中用到的GO未用PVP修饰。由图2-5（a）和表2-3可知，所有样品均含有C和O元素。GO、NR和3.0%（质量分数）GO/NR复合膜的碳氧比分别为2.45、11.55和6.80。此外，在GO/NR复合膜中也观察到了N元素的存在。众所周知，NR分子链中没有O和N元素，因此分析认为XPS测试中的O和N元素来源于NR胶乳粒子表面包裹的蛋白质成分。如图2-5（b）所示，所有样品在284.5eV处都有一个较强的峰，该峰归属于GO和NR分子链中的C—C/C═C。此外，GO和GO/NR复合膜在287.0eV附近也出现了一个峰，该峰归属于GO表面的C—O基团，且与纯GO相比，GO/NR复合膜中C—O基团的峰发生蓝移。以上实验结果表明，GO纳米片与NR胶乳粒子均匀地复合在一起。

如图2-5（c）和（d）所示，分别对GO及GO/NR复合膜的C1s吸收峰进行拟合，结合能分别为284.8eV、286.5eV、287.0eV和288.5eV的峰，分别对应C—C/C═C、C—O、C═O和O—C═O官能团[14,15]，GO/NR复合膜中C—O和C═O的峰值强度显著降低（表2-4），且在285.5eV处出现了一个新的峰，对应于C—N官能团，进一步证明了在NR乳胶颗粒表面蛋白质的吸附[16]。

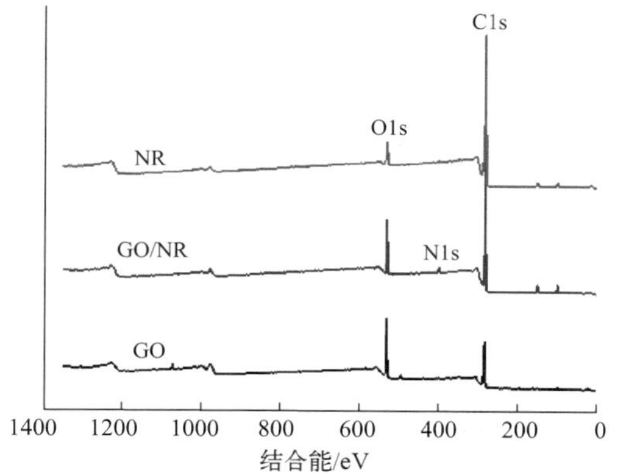

(a) XPS全谱图

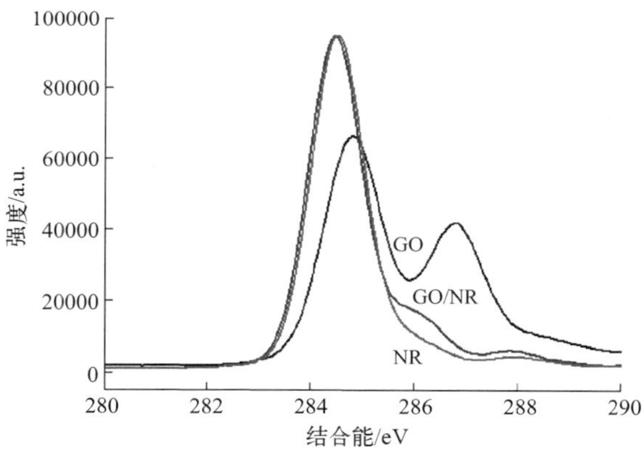

(b) C1s谱图

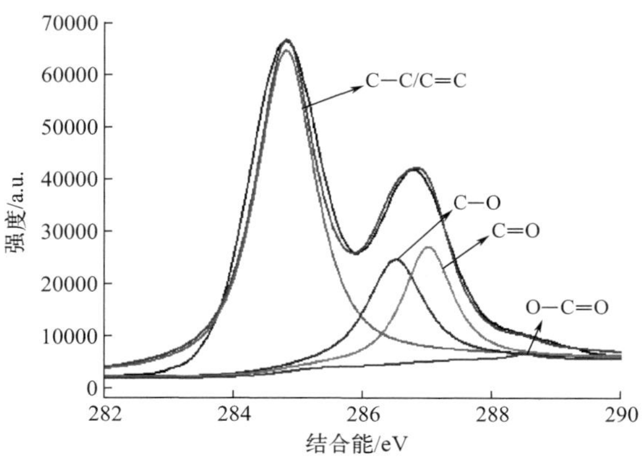

(c) GO的C1s分峰

图2-5

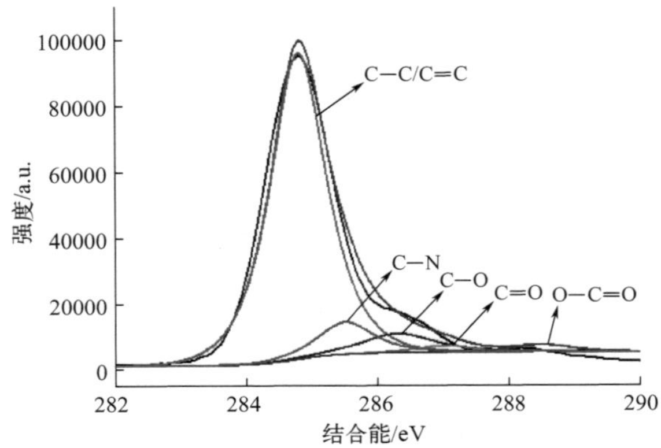

(d) GO/NR的C1s分峰

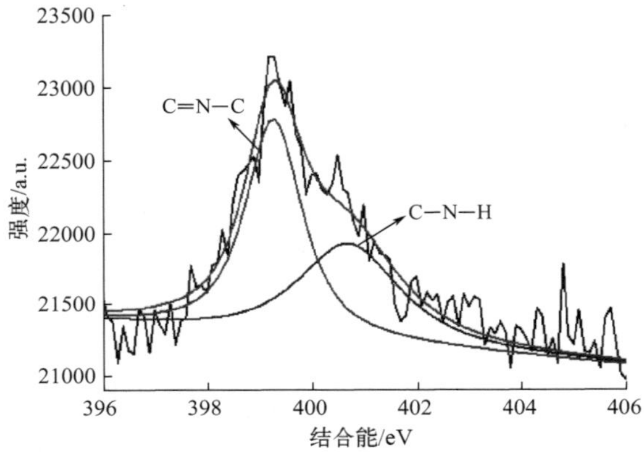

(e) NR的N1s分峰

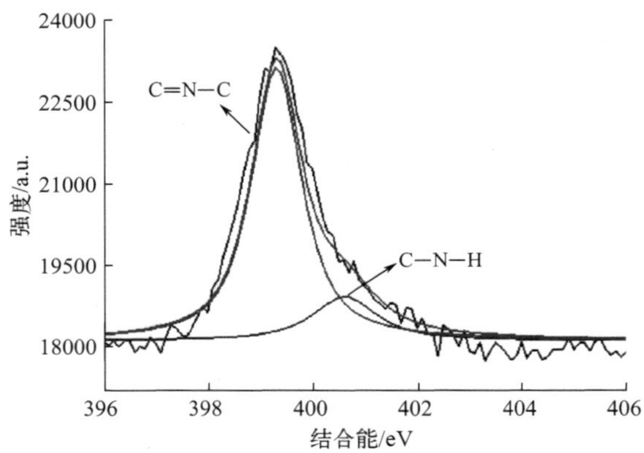

(f) GO/NR的N1s分峰

图2-5　GO、NR和GO/NR复合膜的XPS谱图

图2-5（e）和（f）分别为NR和GO/NR复合膜的N1s分峰图谱，结合

能分别为399.3eV和400.7eV的峰，分别对应C═N—C和C—N—H官能团，相较NR，GO/NR复合膜中的C—N—H官能团的强度降低（表2-5）。

表2-3　XPS表面化学成分的原子分数

样品	原子分数/%			
	C1s	O1s	N1s	C1s/O1s
GO	71.05	28.95	—	2.45
NR	90.89	7.87	1.24	11.55
3.0%(质量分数)	85.14	12.52	2.34	6.80
5.0%(质量分数)	82.89	13.47	3.64	6.15

表2-4　NR膜和3.0%（质量分数）GO/NR复合膜的C1s谱峰拟合中两种含C组分的比例

样品	共价键	峰位/eV	峰宽	强度	占比/%
GO	C—C/C═C	284.8	1.1	99837	61.8
GO	C—O	286.5	1.03	30447	18.9
GO	C═O	287.0	0.91	29435	18.2
GO	O—C═O	288.5	0.5	1727	1.1
3.0%(质量分数)	C—C/C═C	284.8	1	111106	81.5
3.0%(质量分数)	C—O	286.3	1.28	8847	6.5
3.0%(质量分数)	C═O	287.0	0.9	2158	1.6
3.0%(质量分数)	O—C═O	288.5	1	2354	1.7
3.0%(质量分数)	C—N	285.5	1	11832	8.7

表2-5　NR膜和3.0%（质量分数）GO/NR复合膜的N1s谱峰拟合中两种含N组分的比例

样品	共价键	峰位/eV	峰宽	强度	占比/%
NR	C═N—C	399.3	1.32	2929	55.5
NR	C—N—H	400.7	2.28	2349	44.5
3.0%(质量分数)	C═N—C	399.3	1.15	8481	82.9
3.0%(质量分数)	C—N—H	400.7	1.47	1751	17.1

对5.0%（质量分数）GO/NR复合膜的C1s和N1s进行了分峰拟合，如图2-6所示。官能团比例如表2-6所列。随GO含量由3.0%（质量分数）增至5.0%（质量分数），286.3eV处对应的C—O官能团和400.7eV处对应的

C—N—H官能团的比例下降，但285.5eV处对应的C—N官能团的比例增加。以上实验结果进一步表明，GO表面的C—O官能团和NR分子链表面蛋白质的N—H官能团通过氢键或范德瓦耳斯力键合在一起，致使GO纳米片覆盖在NR胶乳颗粒表面，且随GO含量的增加，这种相互作用增强。

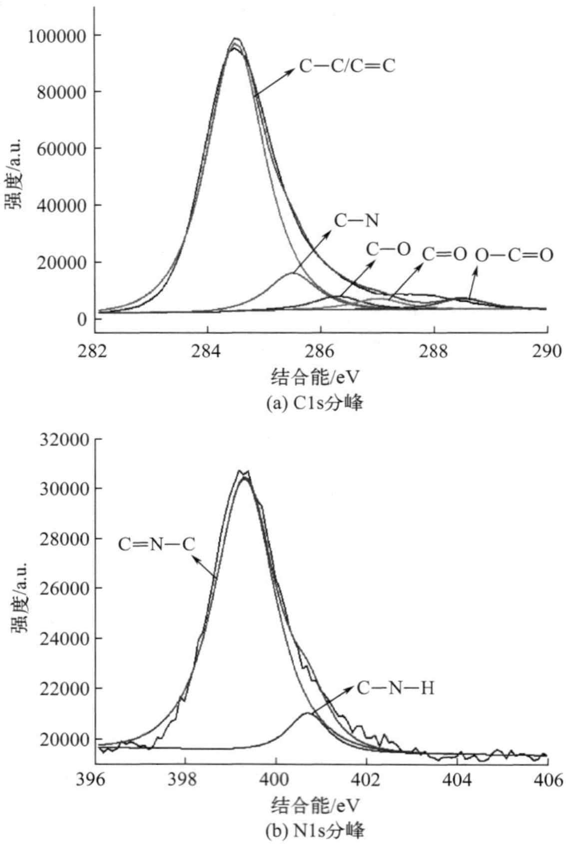

图2-6 5.0%（质量分数）GO/NR复合膜的C1s分峰和N1s分峰

表2-6 5.0%（质量分数）GO/NR复合膜的C1s和N1s谱峰拟合中含C和N组分的比例

共价键	峰位/eV	峰宽	强度	占比/%
C—C/C=C	284.7	1.2	133511	81.9
C—O	286.3	1	5511	3.3
C=O	287.0	1	4511	2.7

续表

共价键	峰位/eV	峰宽	强度	占比/%
O—C═O	288.5	1	4511	2.7
C—N	285.5	1	15511	9.4
C═N—C	399.3	1.55	20000	91.7
C—N—H	400.7	1	1800	8.3

2.2.1.5 GO/NR复合材料的交联密度

采用核磁交联密度仪测试复合材料的交联密度和弛豫时间，如图2-7（a）（书后另见彩图）所示。弛豫时间（T_2）为横向弛豫时间，T_2小表明横向磁化强度M_{xy}衰减快。随着交联密度的增加，弛豫时间缩短[17,18]。GO/NR复合膜的T_2随GO含量的增加而降低，表明随GO含量的增加，GO/NR复合膜的交联密度增加。具体来看，当GO含量（质量分数）在1.0%～3.0%之间时，GO/NR复合膜的物理交联密度呈线性上升趋势；当GO含量在5.0%左右时，物理交联密度趋于稳定。物理交联主要是由于蛋白质辅助下NR大分子链之间的缠结。此外，GO与蛋白质之间的强相互作用进一步提高了物理交联密度。而当GO含量约为5.0%时，GO片层的隔离效果大于约束和交联效果，因此复合膜的交联密度变化不大。采用溶胀平衡法进一步表征GO诱导NR交联复合膜，将GO/NR复合膜浸泡在甲苯溶液中24h后，再机械搅拌，发现GO/NR复合膜能溶解在甲苯溶剂中，说明GO诱导NR交联制备的复合材料为物理交联［图2-7（b），书后另见彩图］。

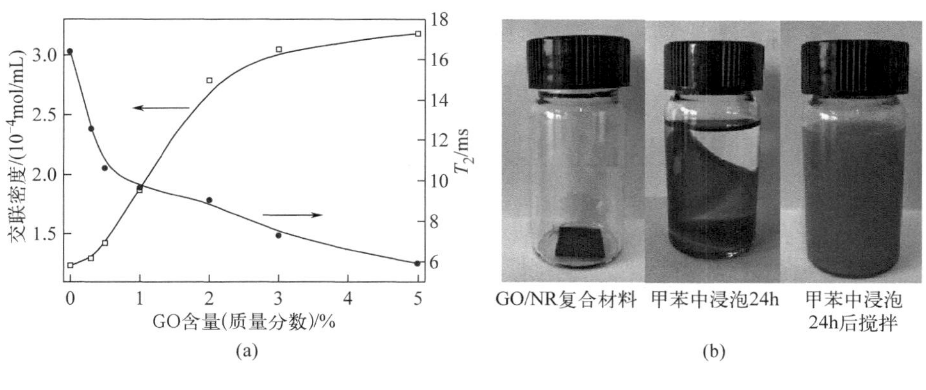

图2-7 GO/NR复合膜的物理交联密度和弛豫时间T_2（a）以及光学照片（b）

2.2.2 微观结构与相态

2.2.2.1 GO/NR复合材料的微观结构

GO、NR及不同含量GO制备的GO/NR复合膜的XRD图谱如图2-8（a）所示。纯GO在2θ为11.4°出现了一个明显的尖峰，归属于GO的特征峰。对于NR和所有不同含量（质量分数）GO制备的GO/NR复合材料，在2θ=10.5°和18.6°处出现了两个隆峰，归属于NR的无定形衍射峰。在GO/NR复合膜中，并未观察到GO的衍射峰，表明GO纳米片均匀分散在NR基体中，未出现填料聚集的情况。

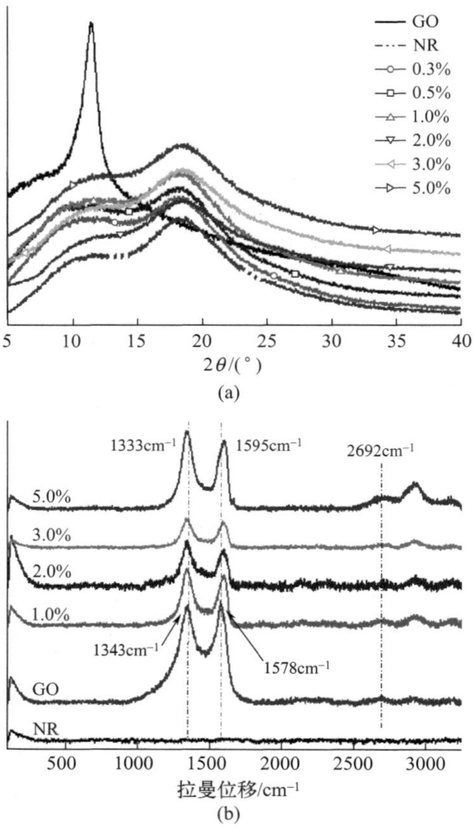

图2-8 XRD图谱（a）和拉曼图谱（b）

采用拉曼光谱进一步证实GO/NR复合膜的形成和分散情况，GO、NR及不同含量GO制备的GO/NR复合膜的拉曼图谱如图2-8（b）所示。对于

NR，在测试范围内，未发现有效出峰。对于GO，在1343cm^{-1}和1578cm^{-1}附近出现的特征峰，分别对应GO的D带和G带，D带是由杂化碳的sp^3结构和无序结构带来的，G带归因于GO片层的sp^2结构[19]。对于GO/NR复合膜，在1333cm^{-1}和1595cm^{-1}处有两个相似的峰，分别对应GO的D带和G带，相比GO，GO/NR复合膜的D带和G带分别发生蓝移和红移，具体来说，随GO含量增加，D带向较低的波数移动，G带向较高的波数移动，这一结果与文献中报道的一致[20,21]，归因于GO与NR分子链的强界面相互作用。另外，GO和GO/NR复合膜的D带和G带的强度比值（I_D/I_G）分别约为0.95和1.20，通常采用I_D/I_G来估计石墨烯的缺陷，监测石墨烯与杂化粒子的相互作用[22]。GO/NR复合膜中D带强度增加，是由于GO表面接枝了NR大分子链，防止了GO纳米片的团聚。2692cm^{-1}处的出峰为GO的第二个有序峰，与石墨烯片层的堆积有关，然而，对于所有含量的GO/NR复合膜，2D峰的变化微弱，说明GO纳米片均匀分散在了NR基体中，未有明显的片层堆积的现象。以上实验结果不仅证实了GO/NR复合膜良好的分散，而且证实了GO与NR形成了强有力的界面相互作用。

2.2.2.2 GO/NR复合材料的分散相态

利用SEM和TEM对GO/NR纳米复合膜的分散形态进行了表征，如图2-9所示。纯NR膜的断口表面明显呈现起皱和紧实的纹理结构［图2-9（a）］，具有明显的塑性变形特征。当GO含量（质量分数，下同）低于1.0%时，GO/NR复合膜的表面形态与纯NR的断面形态相似［图2-9（b）和（c）］，观察不到GO的团聚和明显的两相界面，即当GO含量较低时，GO纳米片在NR基体中分散良好，对NR薄膜的形成影响较小。2.0% GO/NR复合膜断面明显呈现出粗糙的隔离岛状结构［图2-9（d）］。3.0%和5.0% GO/NR复合膜断面呈现出一定的多孔结构和缺陷，这是因为GO吸附在NR颗粒表面，限制了NR颗粒的变形，产生多孔结构和缺陷［图2-9（e）和（f）］。通过高分辨率SEM图像对5.0% GO/NR纳米复合膜进行进一步表征，如图2-9（g）所示，结果表明，胶乳颗粒呈球形，粒径为0.3～0.5μm，部分胶乳颗粒粒径达到1.0μm，主要是由于胶乳颗粒相互扩散、渗透和纠缠。此外，由于GO纳米片与NR基体之间的强界面相互作用，两相界面模糊，不明显。采用TEM图像进一步表征以上实验结果，如图2-9（h）和（i）所示，可以清楚地看到，单层或几片层叠加的GO纳米片均匀地分散在NR基体中，并呈现出隔离的网络结构，其中GO纳米片通过自组装均匀地覆盖在亚微米级别的NR胶乳颗粒周围形成隔离网络结构。

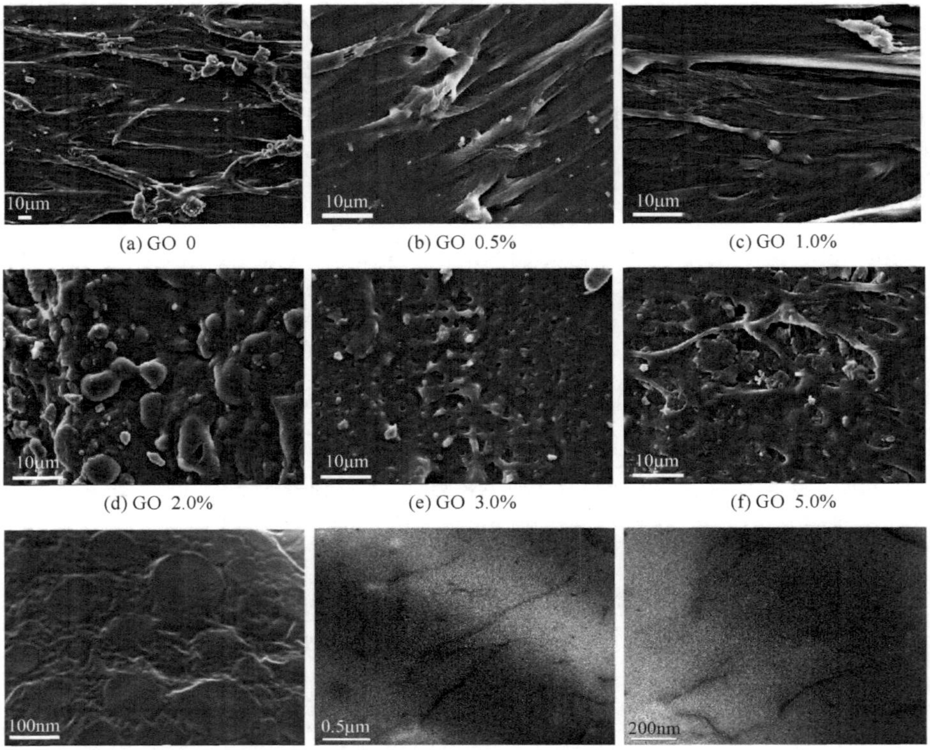

(a) GO 0　(b) GO 0.5%　(c) GO 1.0%

(d) GO 2.0%　(e) GO 3.0%　(f) GO 5.0%

(g) 高放大倍数SEM图片　(h) 0.5μm　(i) 200nm

图2-9　GO/NR复合膜的SEM图片[(a)～(g)]以及GO/NR复合膜的TEM图片[(h)和(i)]

2.2.3　力学性能

2.2.3.1　GO/NR复合材料的动态热机械性能

DMA可用来表征GO与NR分子链之间的界面相互作用，NR及不同GO含量的GO/NR复合膜的储能模量和损耗正切角分别如图2-10（a）和（b）所示。由图可知，随GO含量（质量分数）的增加，在NR的高弹态，GO/NR复合膜的储能模量依次上升，而GO/NR复合膜的损耗正切角峰值依次下降，即GO纳米片接枝在NR分子链上，限制了橡胶大分子的滑移，同时在NR颗粒周围蛋白质的辅助下，实现了应力从NR分子链到GO纳米片的有效转移[23]。由于GO的掺量相对较低，不同含量的GO/NR复合膜的玻璃化转变温度（T_g）差别不大。

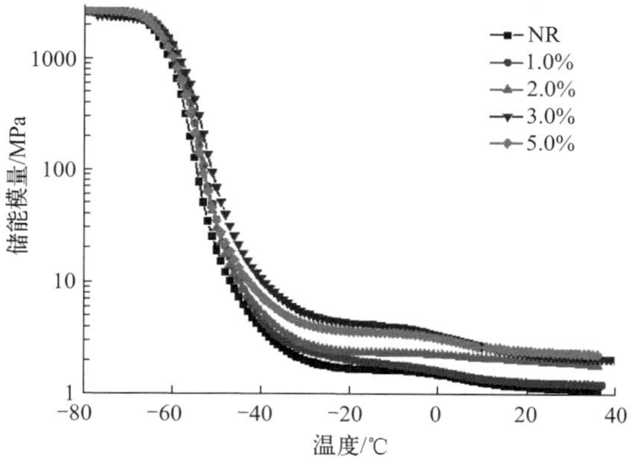

(a) 储能模量

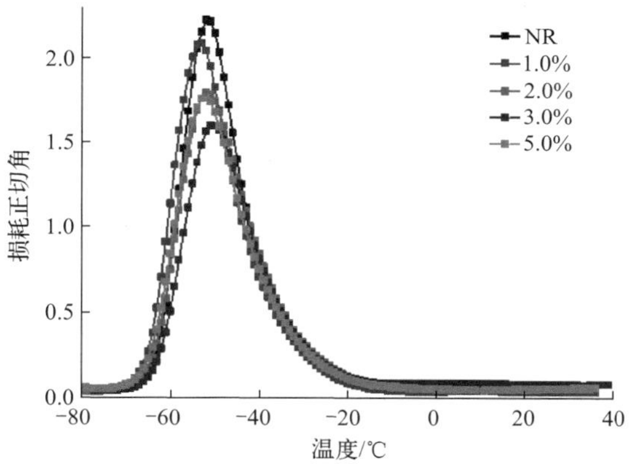

(b) 损耗正切角

图2-10 NR及不同GO含量的GO/NR复合膜的动态热机械性能

2.2.3.2 GO/NR复合材料的加工性能

GO/NR复合材料的振幅扫描曲线如图2-11所示。在应变小于20%时所有样品的储能模量G'几乎不变；当应变超过20%时G'迅速下降，这一结果归因于Payne效应[24]。Payne效应是指在振荡剪切下，GO-NR相互作用和NR-NR相互作用所引起的物理交联点的破坏。在低应变区域，随GO含量（质量分数）的增加，G'增加，表明GO纳米片与NR分子链形成了界面相互作用[25]。另外，可以观察到，随GO含量的增加，GO/NR复合膜的储能模量对应变的依赖性越来越明显，即Payne效应越明显，粒子间越容易聚集，填料与橡胶基体的相互作用越强，网络的形成和破坏越明显，同时说明高GO含量的GO/NR复合膜形成了隔离网络结构。

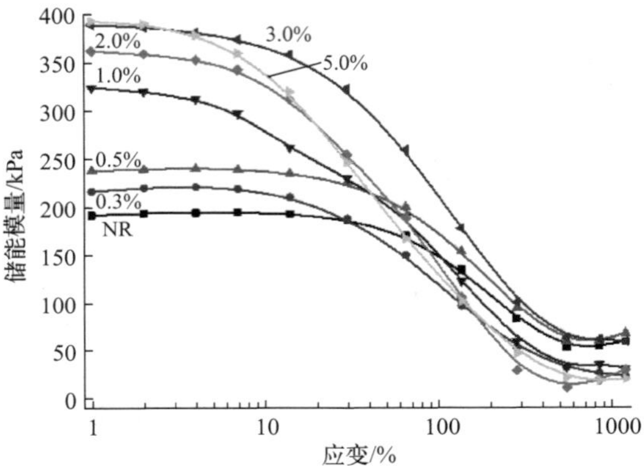

图2-11　GO/NR复合材料的振幅扫描曲线

2.2.3.3　GO/NR复合材料的拉伸性能

不同GO含量的GO/NR复合材料的拉伸性能如图2-12所示。

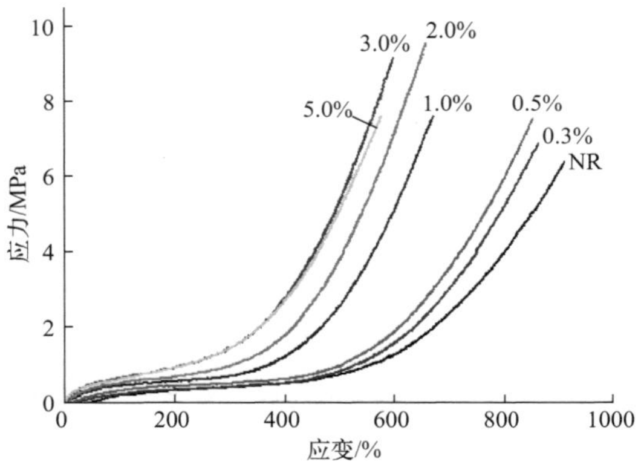

图2-12　不同GO含量的GO/NR复合材料的应力－应变曲线

由图2-12可以观察到，随GO含量（质量分数）的增加，GO/NR复合膜的拉伸强度先升高后降低，2.0% GO/NR复合膜的拉伸强度最高为9.5MPa，较纯NR膜的6.0MPa提高了58%。虽然这一拉伸强度数值低于化学交联的rGO/NR复合膜的拉伸强度，但仍然远高于未经化学和物理交联的rGO/NR复合膜的2.0MPa[26]，且9.5MPa的拉伸强度值满足对制品的实际使用需求。当GO的含量增至3.0%和5.0%时，复合材料的拉伸强度由于表面存在缺陷等而下降。以上实验结果表明，不加入硫化体系的情况下，本实验制备得到了物理交联的力学性能优异的GO/NR复合膜。

2.2.4 气体阻隔性能

2.2.4.1 GO/NR复合材料的气体渗透系数

GO/NR复合膜的气体阻隔性能如图2-13所示。由图2-13（a）可知，质谱法测试复合材料的气体渗透系数，随GO含量（质量分数）的增加，气体渗透系数逐渐降低，纯NR膜的渗透系数约为$18.3 \times 10^{-17} m^2/(s \cdot Pa)$，而5.0%［2.15%（体积分数）］GO/NR复合膜的渗透系数大幅降低至$3.6 \times 10^{-17} m^2/(s \cdot Pa)$。众所周知，低渗透率意味着更好的气体阻隔性能。虽然由SEM可以观察到，5.0% GO/NR复合膜的断面上存在气孔或缺陷，但由于GO纳米片的堆叠，复合材料仍然表现出优异的气体阻隔性能。

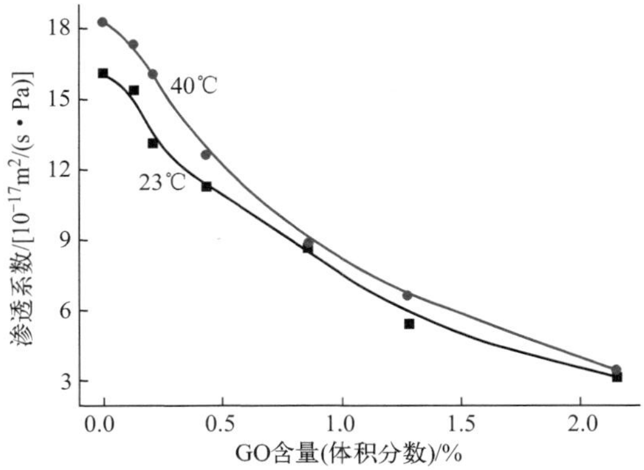

(a) 质谱法测定GO/NR复合膜的渗透系数

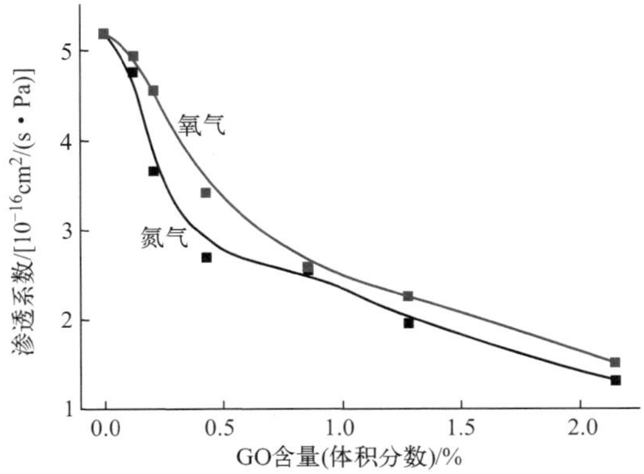

(b) 压差法在23℃下测定GO/NR复合膜的渗透系数

图2-13

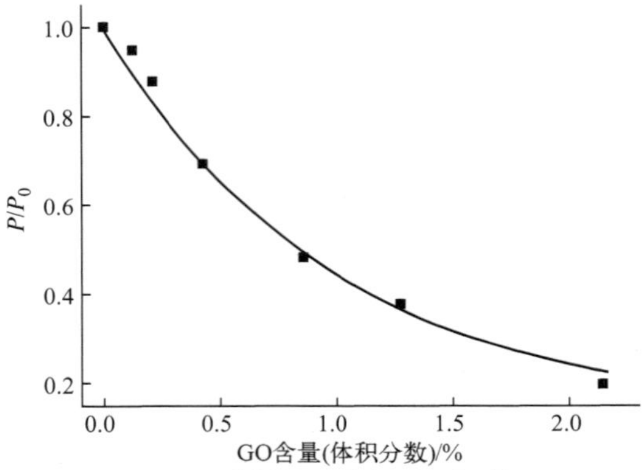

(c) 质谱法测试的相对渗透系数

图2-13　GO/NR复合膜的气体阻隔性能

由图2-13（b）可知，压差法测得的复合材料的气体渗透系数同样随GO含量的增加而下降。GO纳米片在橡胶基体中形成的隔离网络结构延长了气体分子的扩散路径，形成了良好的屏障。众所周知，温度会影响气体的渗透性，通常温度升高时，气体扩散系数和材料自由体积都增大，导致气体渗透率增大[27,28]。然而在本研究中，我们观察到GO/NR纳米复合膜在40℃时的渗透系数与23℃时非常接近，尤其是在GO含量较高时［图2-13（a）］。这是由于GO纳米片本身具有良好的气体阻隔性能，GO的隔离网络结构对气体的屏障，以及GO与NR基体两相强界面相互作用，从而抑制了温度升高引起的自由体积增加的现象。

改进的Nielson模型[29]模拟了相对渗透率与GO体积分数（ϕ_f）及其长径比（$2r/d$）的关系。

$$\frac{P}{P_0}=\frac{1-\phi_f}{1+\frac{r}{d}\times\frac{\phi_f}{3}} \tag{2-1}$$

式中　P，P_0——GO/NR复合材料和纯NR的渗透系数。

由图2-13（c）可以观察到，随GO含量的增加，P/P_0迅速下降。由曲线拟合公式（2-1）可计算得到r/d值约为298，即GO纳米片的长径比（$2r/d$）约为596。这一数值优于文献报道的相关数值，如GO/XNBR的450[30]、EG/ACM的150[31]、石墨/XNBR的180[32]。在40℃下，5.0%［2.15%（体积分数）］GO/NR复合膜的渗透系数较纯NR下降了80%，如此高的气体渗透系数下降率和长径比值表明GO纳米片均匀分散在NR基体中，GO形成的均匀稳定的隔离网络结构及GO纳米片与NR基体之间强有力的界面相互作用，延长了气体分子的扩散路径，抑制了界面区域的自由体积[33]，气体阻隔性能得以提升。

2.2.4.2　GO/NR复合材料优良气体阻隔性能探究

NR胶乳具有良好的成膜性能，NR胶乳胶束表面蛋白质的极性有利于胶体粒子相互接触和吸引。此外，天然胶乳大分子链具有良好的柔韧性和活动性，有利于聚合物分子链界面的扩散、渗透和缠绕，形成具有一定机械性能的薄膜。当GO的含量（质量分数，下同）低于2.0%时，在水分蒸发初期，上表面的GO/NR悬浮液首先发生颗粒聚集，自由体积减小，GO纳米片组装在NR胶乳粒子的表层，形成致密和重叠的GO层，GO垂直的层状结构有利于复合材料气体阻隔性能的提升。水分蒸发中期，GO/NR悬浮液内部的颗粒变形并积累，形成了隔离网络结构。当GO的含量为3.0%和5.0%时，除了在上表面形成的致密的GO片层外，由于悬浮液中水分增多，干燥时间延长，胶乳粒子的沉降，在复合材料的下表面也形成了一个致密的GO重叠片层，进一步提高了复合材料的气体阻隔性能。不同GO含量的GO/NR复合材料的结构及气体分子渗透示意分别如图2-14（a）和（b）所示。

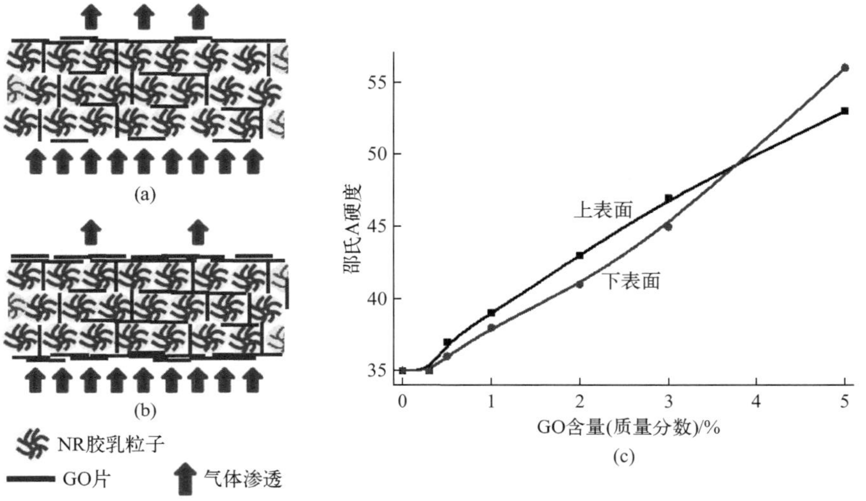

图2-14

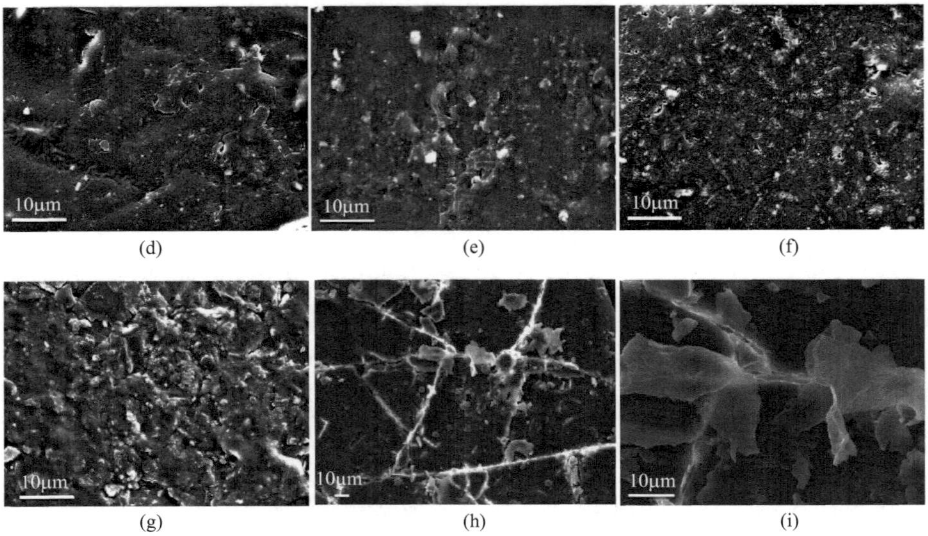

图2-14　2.0%和5.0% GO/NR复合材料的结构及气体分子渗透示意图（a）和（b），GO/NR复合材料的上表面和下表面的邵氏硬度示意图（c），2.0%和5.0% GO/NR复合材料上表面的SEM图片（d）和（f），2.0%和5.0% GO/NR复合材料下表面的SEM图片（e）和（g），以及复合材料在甲苯中浸泡后上表面SEM图片（h）和（i）

图2-14（c）为不同GO含量的GO/NR复合膜上下表面的邵氏A硬度。由图可知，随GO含量的增加，复合膜上下表面的邵氏A硬度均直线上升，这是由于石墨烯具有较高的理论模量，远远高于NR的模量。当GO含量低于3.0%时，复合膜上表面的硬度稍高于下表面的硬度，而当GO含量高至5.0%时，复合膜下表面的硬度稍高于上表面的硬度，这一结论同GO/NR复合材料结构示意图2-14（a）和（b）一致。

对不同GO含量GO/NR复合膜的上下表面进行了SEM观察，图2-14（d）和（f）分别为2.0%和5.0% GO/NR复合材料的上表面形态，上表面光滑平整，同时可以观察到一些重叠的GO片层结构。将复合膜浸泡在甲苯溶剂中2h，然后烘干，溶解掉部分橡胶粒子，复合膜上表面的形貌如图2-14（h）和（i）所示，可以观察到上表面覆盖着大量的GO纳米片，构成了重叠的GO片层结构。图2-14（e）和（g）分别为2.0%和5.0% GO/NR复合材料的下表面形态，可以观察到复合膜的下表面形态与拉伸断面形态相似，GO纳米片包裹着亚微米级的橡胶粒子，形成了隔离网络结构，且两相界面模糊，说明两相界面结合作用较强。且同时可以观察到，5.0% GO/NR复合材料在较长的干燥过程中，由于GO的部分沉降和聚集，复合膜底部的GO纳米片更加致密。

对2.0%和5.0% GO/NR复合材料的断口进行了C和O元素影像扫描，如图2-15所示（书后另见彩图）。在复合膜的内部，C元素含量较高；在复合膜的上表面（图片右侧），O元素含量较高。说明在复合膜的表层GO含量较高，进一步证实了上表面致密重叠的GO片层显著提高了复合材料的气体阻隔性能。

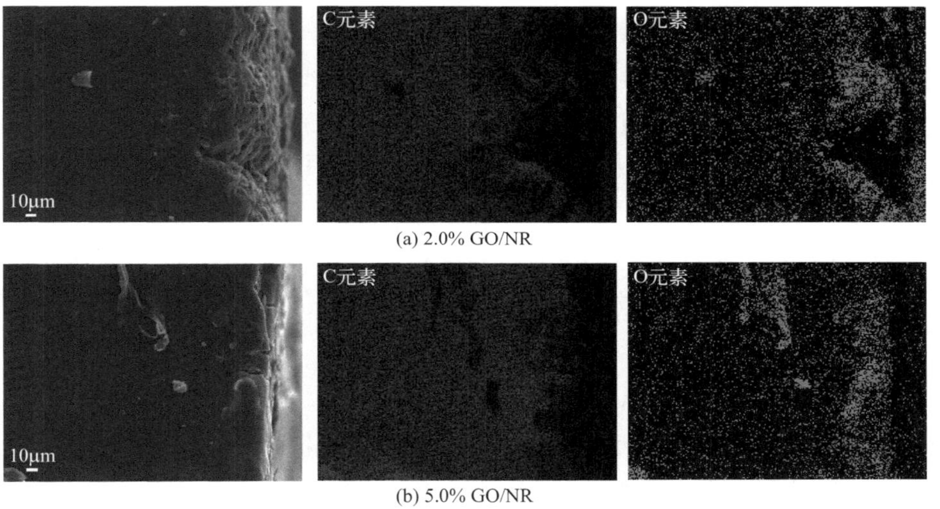

(a) 2.0% GO/NR

(b) 5.0% GO/NR

图2-15　2.0%和5.0% GO/NR复合材料的SEM映像图

综上，本章研究工作采用GO诱导NR物理自交联的方法制备了GO/NR复合材料。首先将GO分散液与NR乳液自组装混合均匀制备混合物，然后利用NR良好的成膜性能和NR颗粒表面的蛋白质与GO的含氧官能团之间的强相互作用力形成了物理交联的复合膜，所制备的复合膜具有良好的机械性能和气体阻隔性能，具体结论如下：

① FTIR表征证实了NR胶乳颗粒周围蛋白质的存在，表明GO的C═O和C—O—C与NR粒子周围蛋白质的N—H通过氢键或范德瓦耳斯力形成了物理交联，XPS结果进一步证实，随GO含量（质量分数）的增加，这种物理相互作用增强。核磁交联密度法测定结果显示，GO/NR复合材料的物理

交联密度随GO含量的增加先上升后趋于稳定。将复合材料置于甲苯溶剂中搅拌后溶解证实了复合材料的交联为物理交联。

② GO/NR复合材料微观结构与相态的表征结果表明，GO纳米片均匀分散在NR基体中，增强了两相界面相互作用。2.0% GO/NR复合膜断面呈现出明显的隔离网状结构，即GO纳米片通过自组装均匀地覆盖在亚微米级别的NR胶乳颗粒周围形成隔离网络结构。

③ DMA实验结果表明，GO与NR胶乳在蛋白质的辅助下，两相界面相互作用加强，实现了应力从NR分子链到GO纳米片的有效转移。随GO含量的增加，Payne效应变明显。2.0% GO/NR复合膜的拉伸强度最高为9.5MPa，不加入配合剂的情况下满足对制品的强度使用要求。

④ 采用不同的测试方法、气体和温度对复合材料进行了气体渗透系数测试，气体渗透系数均随GO含量的增加而下降。5.0%［2.15%（体积分数）］GO/NR复合膜的渗透系数较NR下降了约80%，且由改进的Nielson模型可预测GO纳米片的平均长径比约为596。这一优越的长径比和气体阻隔性能，归因于GO纳米片在NR基体中的均匀分散，GO与NR两相强有力的界面相互作用，均匀稳定的隔离网络结构，以及复合膜上下表面致密的GO片层重叠结构。

⑤ 该实验方法基于GO的水溶液和橡胶胶乳混合，不添加橡胶配合剂，工艺简单，环境友好，所制备的GO/NR复合膜材料具有优异的力学性能和气体阻隔性能，因此可将该方法制备的石墨烯/橡胶基复合材料推广应用至各类高气体阻隔性橡胶密封材料中。

参考文献

[1] Yang Z J, Liu H, Wu S W, et al. A green method for preparing conductive elastomer composites with inter-connected graphene network via pickering emulsion templating[J]. Chem Engi J, 2018, 342: 112-119.

[2] Huang S S, Hou J R, Yin J, et al. Anti-blooming effect of graphene oxide on natural rubber latex composite films[J]. Compos Sci Technol, 2019, 174: 142-148.

[3] Moghaddam S Z, Sabury S, Sharif F. Dispersion of rGO in polymeric matrices by thermodynamically favorable self-assembly of GO at oil-water interfaces[J]. RSC ADV, 2014, 4: 8711-8719.

[4] Wang N, Zhang M, Kang P, et al. Synergistic effect of graphene oxide and mesoporous structure on flame retardancy of nature rubber/IFR composites[J]. Materials, 2018, 11(6): 1005.

[5] Li C Q, Wang J, Chen X, et al. Structure and properties of reduced graphene oxide/natural rubber latex nanocomposites[J]. J Nanosci Nanotechnol, 2017, 17(2): 1133-1139.

[6] Zhong B C, Luo Y Y, Chen W J, et al. Immobilization of rubber additive on graphene for high-performance rubber composites[J]. J Colloid Interf Sci, 2019, 550: 190-198.
[7] Guo Q Q, Luo Y Y, Liu J Z, et al. A well-organized graphene nanostructure for versatile strain-sensing application constructed by a covalently bonded graphene/rubber interface[J]. J Mater Chem C, 2018, 6(8): 2139-2147.
[8] Bénet J C, Ouoba S, Ouedraogo F, et al. Experimental study of water evaporation rate, at the surface of aqueous solution, under the effect of a discontinuity of chemical potential—Effect of water activity and air pressure[J]. Exp Therm Fluid Sci, 2021, 121: 110233.
[9] Gallero F J G, Maestre I R, Blázquez J L F, et al. Enhanced CFD-based approach to calculate the evaporation rate in swimming pools[J]. Sci Technol Built En, 2021, 27(4): 524-532.
[10] Vanderhoff J W, Bradford E B, Carrington W K. The transport of water through latex films[J]. J Polym Sci Polym Symp, 1973, 41(1): 155-174.
[11] Konko L, Guriyanova S, Boyko V, et al. Role of the hydrophilic latex particle surface in water diffusion into films from waterborne polymer colloids[J]. Langmuir, 2019, 35(18): 6075-6088.
[12] Raef M, Razzaghi-Kashani M. The role of interface in gas barrier properties of styrene butadiene rubber-reduced graphene oxide composites[J]. Polymer, 2019, 182: 121816.
[13] Kawahara S, Chaikumpollert O, Akabori K, et al. Morphology and properties of natural rubber with nanomatrix of non-rubber components[J]. Polym Advan Technol, 2011, 22(12): 2665-2667.
[14] Guan Y D, Meyers K P, Mendon S K, et al. Ecofriendly fabrication of modified graphene oxide latex nanocomposites with high oxygen barrier performance[J]. ACS Appl Mater Interfaces, 2016, 8(48): 33210-33220.
[15] Zheng L, Jerrams S, Su T, et al. Enhanced covalent interface, crosslinked network and gas barrier property of functionalized graphene oxide/styrene-butadiene rubber composites triggered by thiolene click reaction[J]. Composites Part B, 2020, 197: 108186.
[16] Yin B, Zhang X M, Zhang X, et al. Ionic liquid functionalized graphene oxide for enhancement of styrene-butadiene rubber nanocomposites[J]. Polym Adv Technol, 2016, 28(3): 293-302.
[17] Bornstein D, Pazur R J. The sulfur reversion process in natural rubber in terms of crosslink density and crosslink density distribution[J]. Polym Test, 2020, 88: 106524.
[18] Saito T, Nakayama K, Kawahara S. Quantitative analysis of crosslinking junctions of vulcanized natural rubber through rubber-state NMR spectroscopy[J]. Polym Test, 2021, 96: 107130.
[19] Yan H, Li H, Li W, et al. Probing the damping property of three-dimensional graphene aerogels in carboxylated nitrile butadiene rubber/polyurethane blend[J]. Polym Eng Sci, 2020, 60(1): 61-70.
[20] Lim L P, Juan J C, Huang N M, et al. Enhanced tensile strength and thermal conductivity of natural rubber graphene composite properties via rubber-graphene interaction[J]. Mater Sci Eng B, 2019, 246: 112-119.
[21] Xu Z C, Zheng L, Wen S P, et al. Graphene oxide-supported zinc oxide nanoparticles for chloroprene rubber with improved crosslinking network and mechanical propertie[J]. Composites: Part A, 2019, 124: 105492.
[22] Shen M X, Dong F, Ma Y, et al. Fretting wear behaviors of acrylonitrile-butadiene rubber (NBR) against diamond-like carbon and graphene coatings[J]. Int J Adv Manuf Technol, 2018, 96: 1749-1759.
[23] Songsaeng S, Thamyongkit P, Poompradub S. Natural rubber/reduced-graphene oxide composite materials:Morphological and oil adsorption properties for treatment of oil spills[J]. J Adv Res, 2019, 20: 79-89.
[24] Payne A R. The dynamic properties of carbon black-loaded natural rubber vulcanizates[J]. Part I. J Appl Polym Sci, 1962, 6(19): 57-53.
[25] Zheng L, Wang D Y, Xu Z C, et al. High barrier properties against sulfur mustard of graphene oxide/butyl rubber composites[J]. Compos Sci Technol, 2019, 170: 141-147.
[26] Rahman M A, Tong G B, Kamaruddin N H, et al. Effect of graphene infusion on morphology

and performance of natural rubber latex/graphene composites[J]. J Mater Sci-Mater El, 2019, 30: 12888-12894.
[27] Cai F, You G H, Zhao X Y, et al. The relationship between specific structure and gas permeability of bromobutyl rubber: A combination of experiments and molecular simulations[J]. Macromol Theory Simul, 2019, 28(6): 1900025.
[28] Liao K H, Kobayashi S, Kim H, et al. Influence of functionalized graphene sheets on modulus and glass transition of PMMA[J]. Macromolecules, 2014, 47(21): 7674-7676.
[29] Bharadwaj R K. Modeling the barrier properties of polymer-layered silicate nanocomposites[J]. Macromolecules, 2001, 34 (2): 9189-9192.
[30] Kang H L, Zuo K H, Wang Z, et al. Using a green method to develop graphene oxide/elastomers nanocomposites with combination of high barrier and mechanical performance[J]. Compos Sci Technol, 2014, 92: 1-8.
[31] Quan Y N, Lu M, Tian M, et al. Functional and mechanical properties of acrylate elastomer/expanded graphite nanocomposites[J]. J Appl Polym Sci, 2013, 130(1): 680-686.
[32] Yang J, Zhang L Q, Shi J H, et al. Mechanical and functional properties of composites based on graphite and carboxylated acrylonitrile butadiene rubber[J]. J Appl Polym Sci, 2010, 116(5): 2706-2713.
[33] Wang LY, Zhang J T, Yang G Y, et al. Self-crosslinking of graphene oxide/natural rubber nanocomposite film under assistance of protein for enhancing gas barrier performance[J]. Surfaces and Interfaces, 2021, 26: 101359.

第3章 GO诱导丁腈橡胶（NBR）化学交联复合材料

橡胶密封材料由于具有高弹性、质轻、多功能性和压缩后恢复变形的能力，广泛应用于航空航天、轮胎气密层、食品药品包装和个人防护器材等领域。GO的几何孔径小于各种气体分子的动力学直径，表现出良好的气体阻隔性能，因此常将二维填料GO用作橡胶密封材料。通常将偶联剂二（三乙氧基硅丙基）-四硫化物、硫黄等通过化学反应接枝到GO表面[1,2]，增强GO与橡胶基体的界面相互作用，降低自由体积，提高复合材料的力学性能和气体阻隔性能。但是化学接枝反应需要用到有机溶剂且工艺复杂，橡胶硫化所需配合剂多是制毒、致癌的，限制了这类方法的实际应用。

近年来，有文献报道，GO不仅可以作为增强填料，而且其含氧官能团在高温下可以裂解释放自由基，诱导聚合物基体在GO表面聚合[3]。因此，本章提出一种GO/NBR复合材料的新型制备方法，即先将GO分散液与NBR自组装分散均匀，烘干成型后，利用GO高温分解释放自由基，引发NBR高温自交联制备隔离网络结构的复合材料。该新型制备方法不加入橡胶配合剂，环境友好，减少制品使用人员的迟发性过敏皮炎，所制备的材料还具有高分散、高气体阻隔的特性。GO诱导NBR交联后的橡胶粒子作为黏结点，有助于增强GO和NBR两相界面相互作用，提高复合材料的综合性能。简易的制备工艺及环境友好的特性，对GO/NBR密封材料的工业化应用产生较大的推动作用。

3.1 复合材料的制备

3.1.1 原料与设备

实验用原料如表3-1所列，实验用设备如表3-2所列。

表3-1 实验用原料

材料名称	缩写	材料规格	生产厂家
丁腈胶乳	NBR	工业级，43.5%	深圳市劳氏化工
氧化石墨烯溶液	GO	工业级，2%	唐山建华科技
聚乙烯吡咯烷酮	PVP	分析纯，M_w=10000，K=13～18	阿拉丁试剂

表3-2 实验用设备

名称	型号	生产厂家
超声波清洗机	SB-3200DTDN	宁波新芝生物
高速离心机	HC-3018	安徽中科中佳科学仪器
磁力搅拌器	RCT digital	IKA（广州）仪器设备
电热鼓风干燥箱	DHG-9240	上海一恒科学仪器
无转子硫化仪	M3000-A	高铁检测仪器
万能试验机	GOTECH AI-7000M	高铁检测仪器
邵氏硬度计	GS-701N	高铁检测仪器
X射线衍射仪	Rigaku Smartlab	日本理学
显微共聚焦拉曼光谱仪	IRKT46	英国瑞尼索
电子天平	JE3002	上海浦春计量仪器
冷冻切片机	EM UC6	德国莱卡
透射电子显微镜	Tecnai 12	荷兰飞利浦
傅里叶变频红外光谱仪	TENSOR27	德国布鲁克
X射线光电子能谱仪	ESCALAB 250Xi	美国赛默飞
顺磁共振波谱仪	EMXplus	德国布鲁克
核磁共振交联密度分析仪	VTMR20-010V-1	苏州纽迈分析仪器
动态热机械分析仪	Q800	美国TA
橡胶加工分析仪	RPE2-0026	美国TA
气密性测试仪	GPT200	北京瑞达宇辰仪器
扫描电子显微镜	JSM-7200F	日本电子株式会社
热重分析仪	TG209F3	德国耐驰

3.1.2 制备步骤

（1）PVP@GO分散液的制备

将GO分散液配制成2mg/mL的溶液，超声分散均匀，高速离心机处理15min以除去未剥离的GO片层。按PVP与GO质量比为1：1，将PVP投入GO的分散液中，继续超声分散5h，以得到稳定均匀的PVP@GO分散液。

（2）GO/NBR复合膜的制备

将一定体积的PVP@GO分散液置于NBR乳液中，室温下磁力搅拌1h混合均匀，置于一定直径的培养皿中于鼓风干燥箱中60℃下烘干至恒重，即得到GO/NBR复合膜。

（3）GO/NBR交联复合材料的制备

将GO/NBR复合膜置于鼓风干燥箱中，在高温（160℃、170℃、180℃、190℃和200℃）下加热105min，以制备不同交联程度的GO/NBR复合材料。GO分别为NBR质量的0、0.5%、1.0%、2.0%、3.0%和5.0%，不同质量分数的复合材料缩写为*x*% GO/NBR。具体制备过程和交联结构示意如图3-1所示。

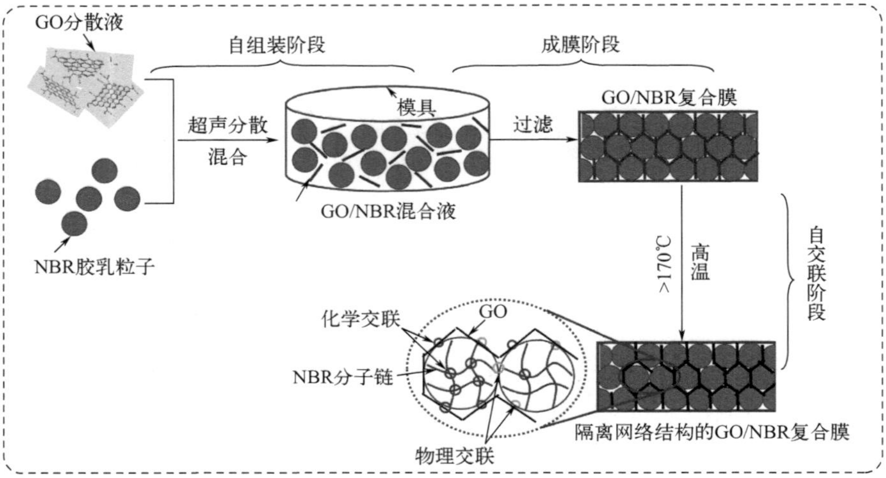

图3-1　GO/NBR复合材料制备过程和交联结构

3.1.3　结构表征与性能测试

（1）硫化特性测试（ODR）

采用无转子硫化仪测试复合材料的硫化特性，将4g左右GO/NBR的混炼胶预热后，置于上下转子之间。设置温度分别为160℃、170℃、180℃、190℃和200℃，设置时间均为180min。

（2）红外光谱测试（FTIR）

对GO、NBR及GO/NBR复合材料进行红外光谱测试，测试波数范围为400～4000cm^{-1}。

（3）X射线光电子能谱测试（XPS）

对GO表面的化学元素组成及化学态变化进行XPS分析，Al Kα辐射，电子能1486.6eV。

（4）顺磁共振波谱分析（ESR）

将GO置于180℃下，分别在4min、8min、12min和20min 收集·OH的

强度，微波辐射功率为 1.0mW，辐射频率为 9.4GHz。

（5）溶胀平衡测试（ESR）

将尺寸大约为 10 mm×5mm 的 GO/NBR 复合材料样品置于甲苯溶液中，静置浸泡一个星期以除去溶胶的组分，在此期间，每天更换新的甲苯溶液。

溶胀平衡度按式（3-1）计算：

$$\mathrm{ESR} = \frac{w_1}{w_2} \tag{3-1}$$

式中 w_1——溶胀后橡胶样品的质量；

w_2——凝胶干燥后橡胶的质量。

交联密度方程为 Flory-Rehner 方程[4,5]，按式（3-2）计算：

$$V_e = -\frac{\ln(1-V_r)+V_r+\chi V_r^2}{V_s\left(V_r^{\frac{1}{3}}-\frac{V_r}{2}\right)} \tag{3-2}$$

式中 V_r——交联聚合物溶胀平衡时的体积分数；

V_s——甲苯溶液的摩尔体积，取 106.2cm^3/mol；

χ——NBR 与甲苯的相互作用参数，取 0.435。

V_r按式（3-3）计算：

$$V_r = \frac{\frac{w_4}{\rho_2}}{\frac{w_4}{\rho_2}+\frac{w_3-w_4}{\rho_1}} \tag{3-3}$$

式中 w_3——溶胀后凝胶样品的质量；

w_4——凝胶干燥后的质量；

ρ_1，ρ_2——甲苯溶剂和 NBR 的密度，分别取为 0.866g/mL 和 1.0g/cm^3。

（6）核磁交联密度测试（NMR）

将装有 2cm 高度 GO/NBR 样品的试管置于仪器中，测试温度为 90℃，预热 5min 以上待测试温度稳定后，测试 3 次以上，直到得到稳定的 T_2 和交联密度值。传感器使用频率为 200kHz，核磁共振线为 ^{1}H，CPMG 序列，90° 脉宽为 3.72μm，等待时间为 0.8s，累积次数为 32 次，反演方式为 XLD2。

（7）广角 X 射线衍射测试（WAXD）

对 GO、NBR 及 GO/NBR 复合材料进行 X 射线衍射测试，扫描角度

3° ～ 60°，连续扫描速率5°/min。

（8）拉曼光谱测试（Raman）

扫描范围100 ～ 4000cm^{-1}，激光波长为532.0nm。

（9）透射电子显微镜测试（TEM）

将GO/NBR复合材料在−60℃下冷冻超薄切片，然后观察复合材料的微观形态。

（10）扫描电子显微镜测试（SEM）

对GO/NBR复合材料的断面进行喷金处理，然后观察其断面微观形貌，加速电压10.0kV。

（11）动态热机械性能测试（DMA）

拉伸模式，测试频率1 Hz，测试温度范围−60 ～ 40℃，升温速率3℃/min。

（12）力学性能测试

拉伸速率500mm/min，室温，样条为哑铃形样条，按GB/T 528—2009进行。邵氏A硬度按GB/T 531—2008测试。

（13）橡胶加工性能测试（RPA）

测试温度60℃，频率0.1Hz，振幅测试范围为1% ～ 1200%。

（14）气体阻隔性能测试

对GO/NBR复合材料进行气体阻隔性能的测试，样片直径为70mm，测试温度分别为23℃和40℃。

（15）热稳定性测试（TG）

对GO、NBR及GO/NBR复合材料进行热稳定性能的测试，测试温度范围为30 ～ 800℃，升温速率10℃/min，氩气氛围。

3.2 复合材料性能分析

3.2.1 GO诱导NBR化学交联机理

3.2.1.1 GO/NBR复合材料的硫化特性

首先对GO/NBR复合材料的硫化特性进行了研究，GO的质量分数分别为0、0.5%、1.0%、2.0%和3.0%时，复合材料于160 ～ 200℃环境下的硫化特性曲线如图3-2所示。对应的硫化特性参数最小扭矩（M_L）、最大扭矩（M_H）和扭矩差值（ΔS）如图3-3所示。

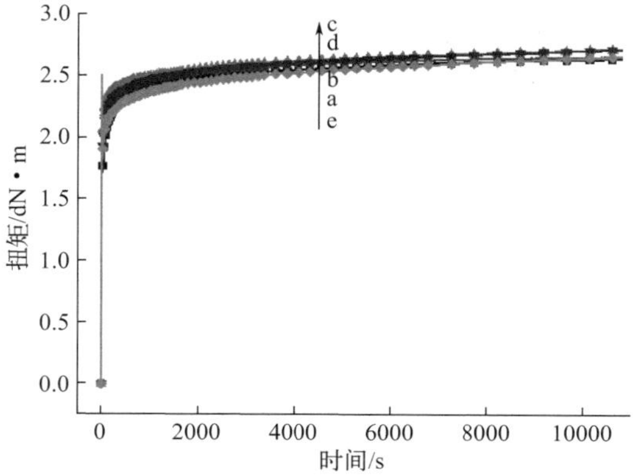

(a) 0

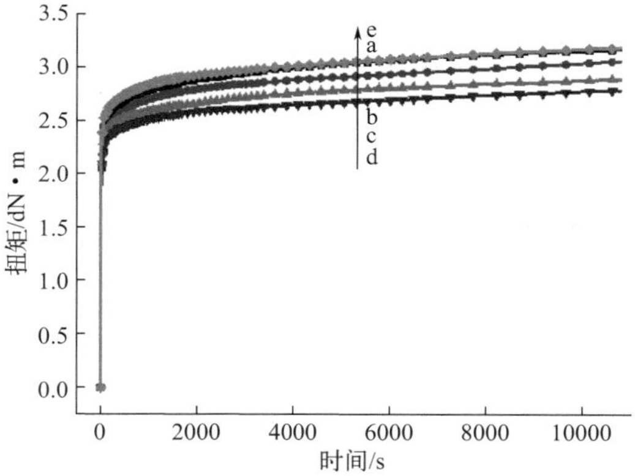

(b) 0.5%

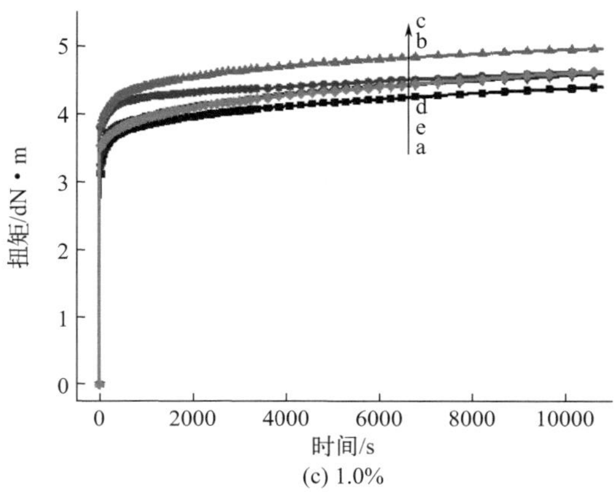

(c) 1.0%

图3-2

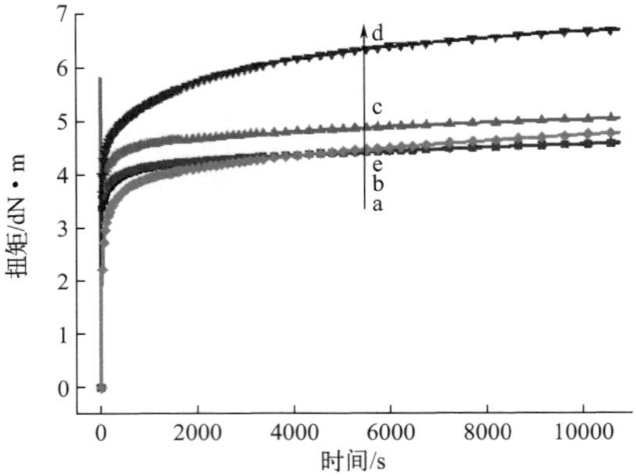

(d) 2.0%

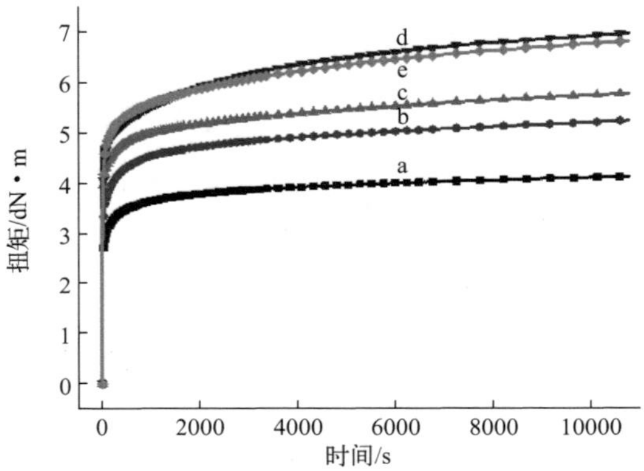

(e) 3.0%

图3-2　GO/NBR复合材料的硫化特性曲线

a—160℃；b—170℃；c—180℃；d—190℃；e—200℃

由图3-3（a）和（b）可知，0.5% GO/NBR复合材料的M_L、M_H与纯NBR相差不大，当GO的掺量（质量分数）超过1.0%时，复合材料的M_L、M_H均迅速上升，表明GO纳米片均匀分散在橡胶基体中并与橡胶基体形成良好的界面作用力，起到了补强作用。M_H与M_L的差值ΔS代表了复合材料交联密度的高低[6]，由图3-3（c）可知，试验温度由160℃升至200℃，0.5%和1.0% GO/NBR复合材料的ΔS变化不大，然而当温度高于170℃直至200℃时，2.0%和3.0% GO/NBR复合材料的ΔS迅速上升，并在200℃时稍有下降，表明交联密度迅速增加，形成了交联型的复合材料。

GO/NBR复合材料的硫化特性结果表明，只有GO掺量高于1.0%，硫化温度高于170℃，GO才可以诱导NBR产生交联，即GO诱导NBR交联对

GO的含量及硫化温度具有强烈的依赖性。

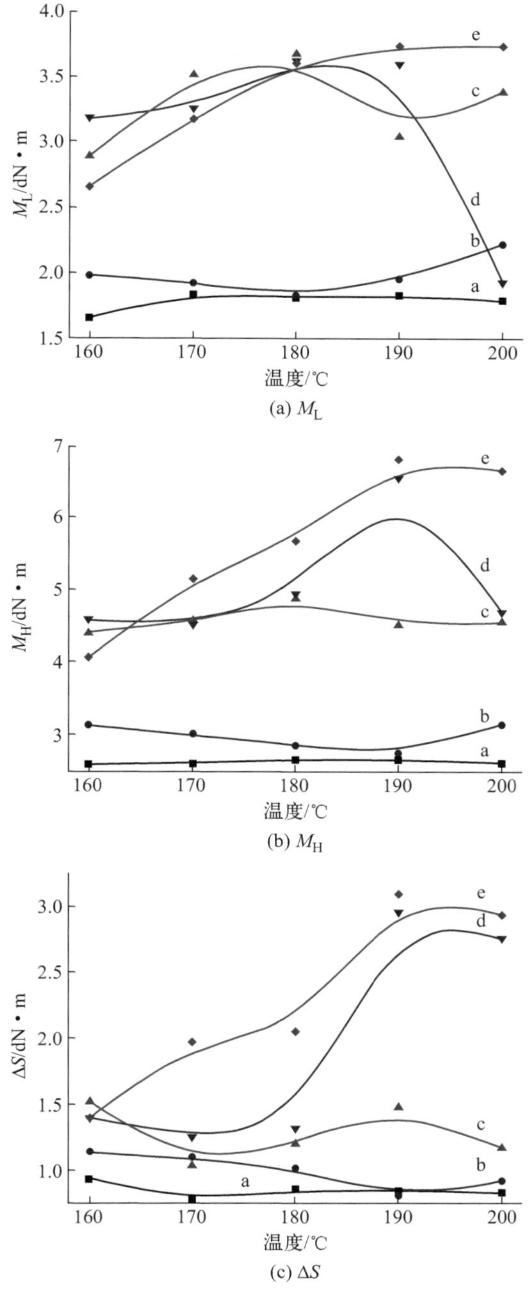

图3-3　GO/NBR复合材料在不同温度下的M_L、M_H和ΔS

a—0；b—0.5%；c—1.0%；d—2.0%；e—3.0%

3.2.1.2 GO/NBR复合材料的红外光谱表征

如图3-4所示，通过观察GO及GO/NBR复合材料加热前后的红外光谱官能团变化，表征GO诱导NBR的交联反应。由图3-4中a可以观察到，未经高温处理的GO，$3425cm^{-1}$、$1736cm^{-1}$、$1628cm^{-1}$、$1179cm^{-1}$和$1098cm^{-1}$峰值处分别对应—OH的振动、C═O的伸缩振动、C═C的伸缩振动、C—OH的伸缩振动和C—O—C的振动[7]。对于纯NBR，$2237cm^{-1}$和$1638cm^{-1}$峰值处分别对应C≡N和C═C（图3-4中b）[8]。在未加热GO/NBR复合材料的红外光谱图（图3-4中c）中，可以观察到GO及NBR的大部分峰值对应的官能团，且$3425cm^{-1}$处对应的—OH和$1652cm^{-1}$处对应的C═C明显增加，表明GO片层表面缠结了大量的NBR大分子链，GO与NBR之间形成了物理交联。将GO/NBR复合材料置于180℃的环境下加热105min，$2237cm^{-1}$处对应的C≡N及$1652cm^{-1}$处对应的C═C均变弱（图3-4中d），表明高温加热导致GO的含氧官能团与NBR的C≡N和C═C发生了化学交联反应。将GO同样在180℃的环境下加热105min后可以观察到，$3425cm^{-1}$、$1179cm^{-1}$和$1098cm^{-1}$峰值处对应的官能团—OH、C—OH和C—O—C均强度降低，峰面积减小（图3-4中e），表明GO经高温加热后，含氧官能团出现了断键反应[9]。实验结果表明，经高温加热后，GO诱导NBR产生了交联反应。

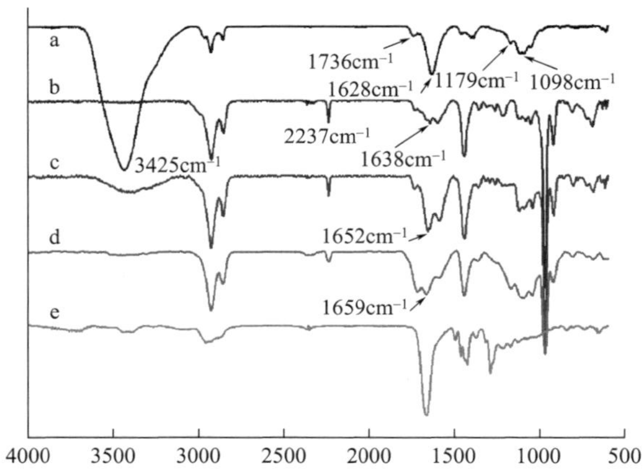

图3-4 FTIR光谱

a—未加热GO；b—NBR；c—未加热GO/NBR复合材料；d—180℃加热后GO/NBR复合材料；e—180℃加热后GO

3.2.1.3 GO含氧官能团的自由基释放

为了进一步表征GO的含氧官能团在高温下断键释放自由基，诱导NBR

化学交联反应的发生，将GO置于180℃的环境下加热后对其进行了XPS与ESR的表征，如图3-5所示。由图3-5（a）可以观察到，GO加热前后均出现了C1s和O1s的吸收峰，且C/O比例由加热前的2.45增加至加热后的3.29。由图3-5（b）所示，对加热前的GO的C1s吸收峰进行拟合，结合能分别为284.8eV、286.5eV、287.0eV和288.5eV的峰，分别对应C—C/C═C、C—O、C═O和O—C═O官能团[10,11]。将GO于180℃的环境下加热1h后，C1s吸收峰中，结合能分别为286.5eV和287.0eV的峰强度明显降低，即C—O和C═O官能团明显减少［图3-5（c）］。以上实验结果均表明，GO的高温加热处理会导致C—OH和C—COOH的断裂[3]。

顺磁共振波谱分析（ESR）可以监测自由基的浓度，将GO置于180℃的环境下，分别于4min、8min、12min和20min收集·OH的浓度，由图3-5（d）可以观察到，随着时间的延长，·OH的强度即浓度增加，即ESR表征直接证明了GO的含氧官能团在高温下可以裂解持续释放自由基。

在高温加热过程中，NBR大分子链首先与GO片层相互扩散、渗透、纠缠，形成物理交联[12,13]。随着高温过程GO含氧官能团的裂解，释放了两种类型的自由基，即羟基自由基和GO表面的自由基（包括羧基自由基和另一半羟基自由基）。羟基自由基扩散进橡胶基体中，导致橡胶分子链的化学交联，GO表面的自由基吸附橡胶分子链导致化学交联或物理交联。具体交联过程示意图和GO自由基裂解释放示意如图3-1和图3-6所示。在水分蒸发过程中得到的具有隔离网络结构的GO/NBR复合膜，通过高温交联固化，得到了隔离网络结构的复合材料。

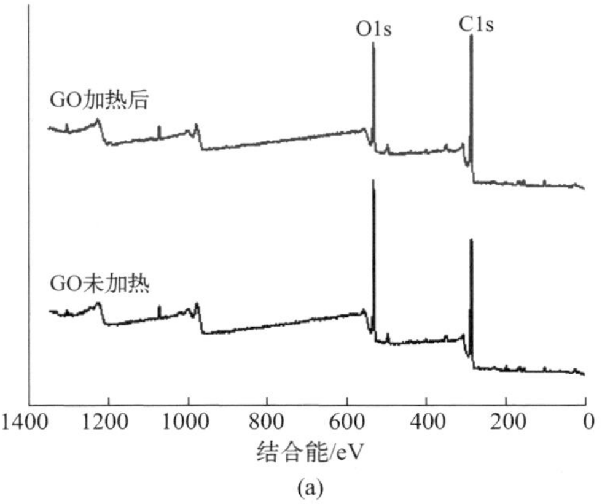

(a)

图3-5

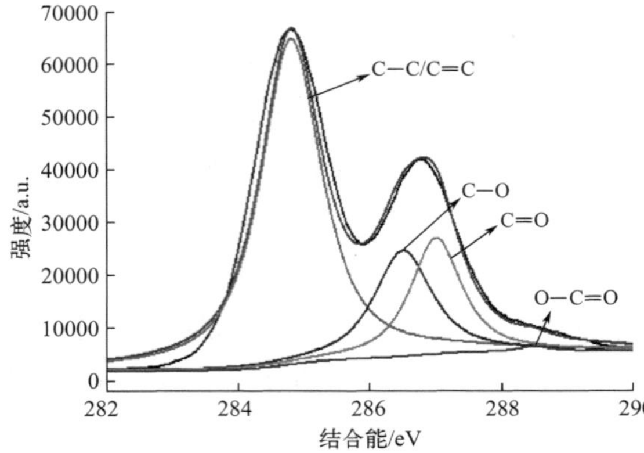

(b)

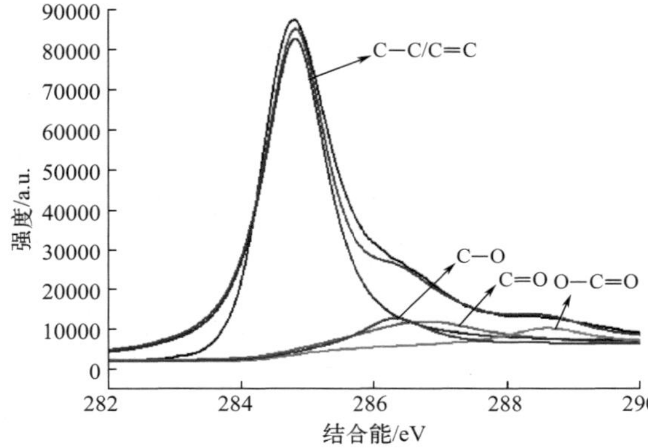

(c)

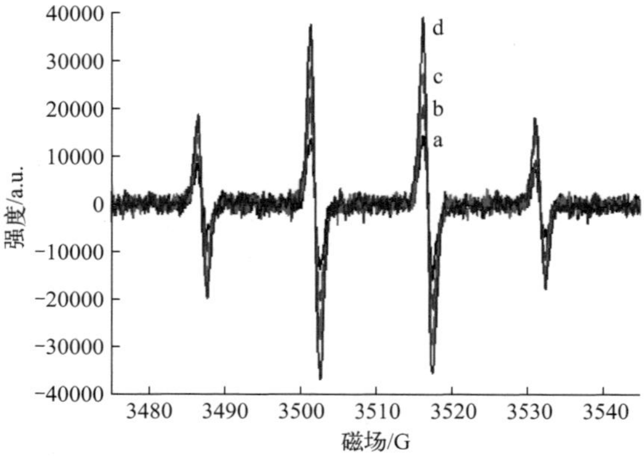

(d)

a—4min；b—8min；c—12min；d—20min；$1G=10^{-4}T$

图3-5　XPS全谱图（a），未加热处理的GO的C1s谱图（b），加热处理的GO的C1s谱图（c）以及180℃加热条件下GO的·OH的ESR谱图（d）

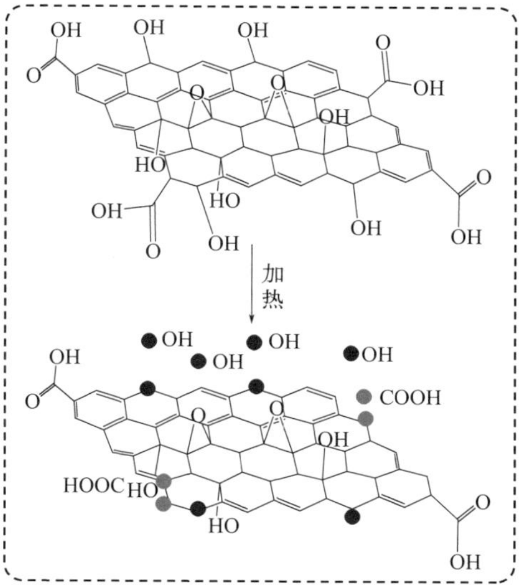

图3-6　GO自由基裂解释放示意图

3.2.1.4　GO/NBR复合材料的交联密度

（1）溶胀平衡法测定GO/NBR复合材料的交联密度

首先，采用溶胀平衡法测定GO/NBR复合材料的溶胀平衡比值和交联密度值，如图3-7所示。随着GO掺量（质量分数）的增加，未加热处理的GO/NBR复合材料的溶胀平衡比值和交联密度值变化不大，然而加热处理的GO/NBR复合材料的溶胀平衡比值迅速下降，交联密度值迅速上升。具体来

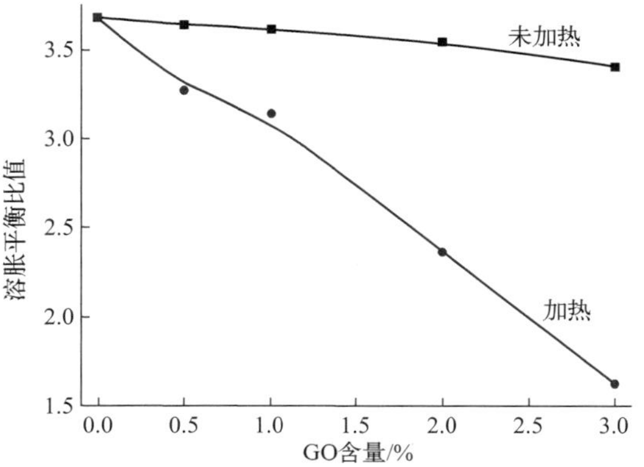

(a) 溶胀平衡比值

图3-7

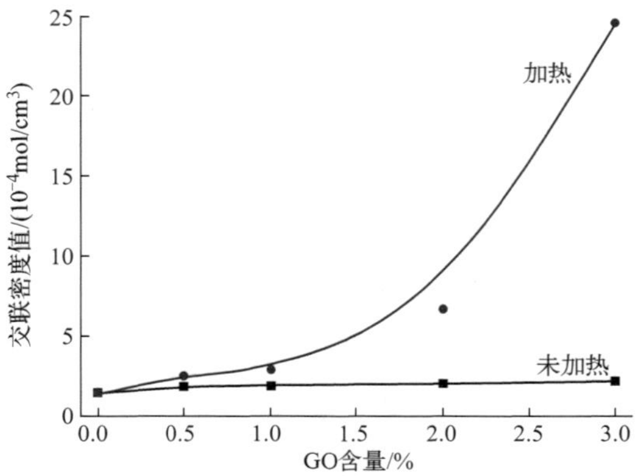

(b) 交联密度值

图3-7 GO/NBR复合材料的溶胀平衡比值和交联密度值

看，纯NBR的交联密度值为0.145mmol/cm^3，而3.0% GO/NBR复合材料的交联密度值为2.45mmol/cm^3，且当GO含量超过1.0%时，复合材料的交联密度值呈直线上升。以上实验结果均直接证明，GO可以诱导NBR化学交联制备得到复合材料，且当GO含量超过1.0%时，此诱导交联反应才明显发生，即GO诱导NBR化学交联对GO的含量具有依赖性。

（2）核磁交联密度法测定GO/NBR复合材料的交联密度

进一步采用核磁交联密度仪测试复合材料的交联密度和弛豫时间，未交联的和交联的GO/NBR复合材料的信号衰减曲线分别如图3-8（a）和（b）所示。由图3-8（c）可以观察到，随着GO含量（质量分数）的增加，GO/NBR复合材料的化学交联密度和总交联密度上升，这一实验结果与溶胀平衡法测定复合材料的交联密度结果是一致的。然而复合材料的物理交联密度与GO的含量关联不大，物理交联是由橡胶大分子链的缠结所带来的，因此GO诱导NBR交联制备复合材料是不可逆的化学交联反应。弛豫时间（T_2）为横向弛豫时间，随着交联密度的增加，分子运动受到限制，弛豫速率加快，弛豫时间缩短[14,15]。由图3-8（d）可以观察到，随GO含量的增加，未交联的GO/NBR复合材料的T_2下降缓慢，交联的GO/NBR复合材料的T_2迅速下降。实验结果表明，经高温处理后，GO诱导NBR发生了化学交联反应。

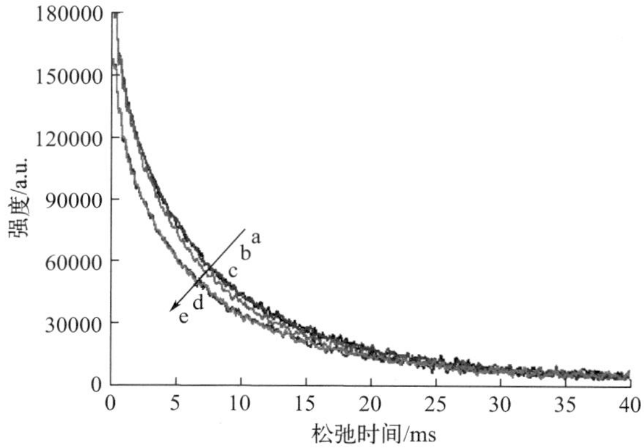

(a) 未交联的

a—0；b—0.5%；c—1.0%；d—2.0%；e—3.0%

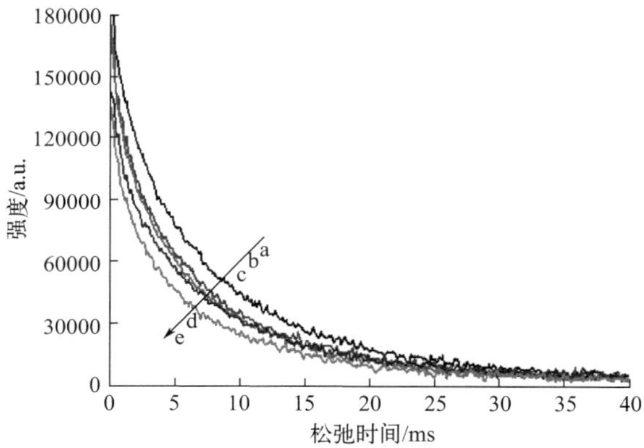

(b) 交联的

a—0；b—0.5%；c—1.0%；d—2.0%；e—3.0%

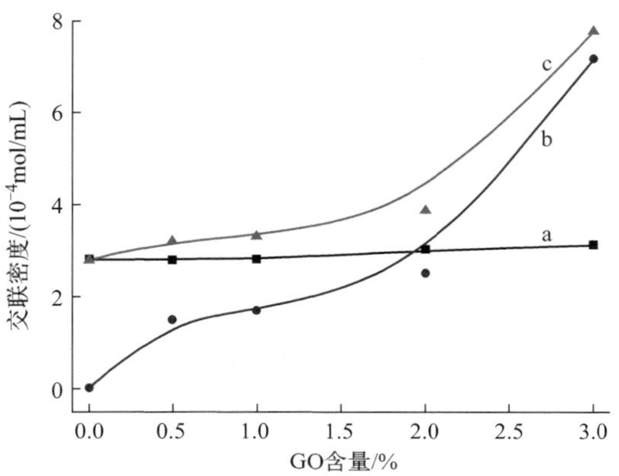

(c)

a—物理交联密度；b—化学交联密度；c—总交联密度

图3-8

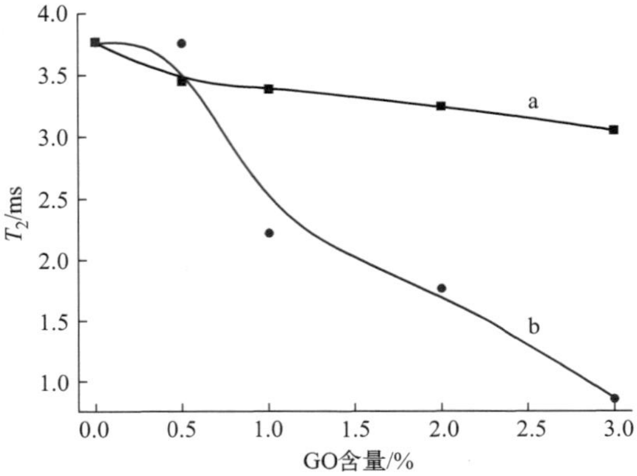

(d)

a—未交联的；b—交联的

图3-8　GO/NBR复合材料的NMR信号衰减图谱［(a)和(b)］，交联GO/NBR复合材料的、物理交联密度、化学交联密度和总交联密度(c)，以及GO/NBR复合材料的弛豫时间T_2(d)

3.2.2　微观结构与相态

3.2.2.1　GO/NBR复合材料的微观结构

GO、NBR和3.0% GO/NBR未交联及交联复合材料的XRD图谱如图3-9(a)所示，GO在$2\theta\approx11.4°$出现尖锐的衍射峰，对应于GO的(002)衍射峰，对应的晶层间距为0.79nm，是由GO的含氧官能团带来的[16]。纯的NBR和GO/NBR复合材料均在2θ=18.7°附近出现弥散的衍射峰，对应NBR的无定形衍射峰。然而，在GO/NBR复合材料的XRD图谱中，并未观察到GO的特征衍射峰，表明GO纳米片均匀稳定地分散在橡胶基体中，未发生团聚的现象。对比未交联及交联的3.0% GO/NBR复合材料的XRD图谱可以发现，两条曲线相似，并未出现新的特征衍射峰，表明GO/NBR复合材料的热处理过程没有对GO的还原及GO在NBR基体中的分散造成明显的影响。

GO、3.0% GO/NBR未交联及交联复合材料的拉曼图谱如图3-9(b)所示，所有曲线均在1341cm^{-1}和1570cm^{-1}附近出现相似的特征峰，分别对应GO的D带和G带[17]。GO的G带蓝移至1570cm^{-1}，这是由于GO的氧化导致sp^{2}轨道的丢失和GO纳米片缺陷的形成。GO、3.0% GO/NBR未交联及交联复合材料的I_D/I_G值分别为0.95、1.08和1.29，D带强度的增加是由于GO表面接枝上了NBR分子链，NBR分子链阻止了GO纳米片团聚现象的发生。

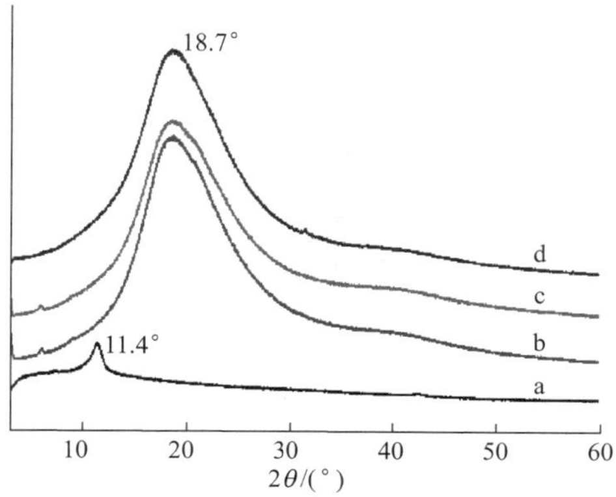

(a) XRD图谱

a—GO；b—NBR；c—未交联GO/NBR复合材料；d—交联GO/NBR复合材料

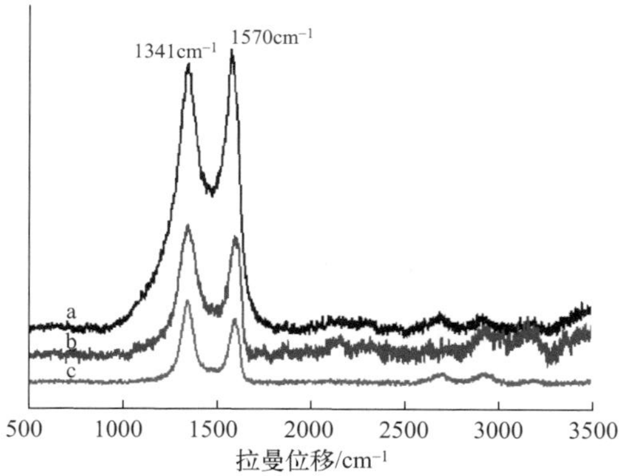

(b) 拉曼图谱

a—GO；b—未交联GO/NBR复合材料；c—交联GO/NBR复合材料

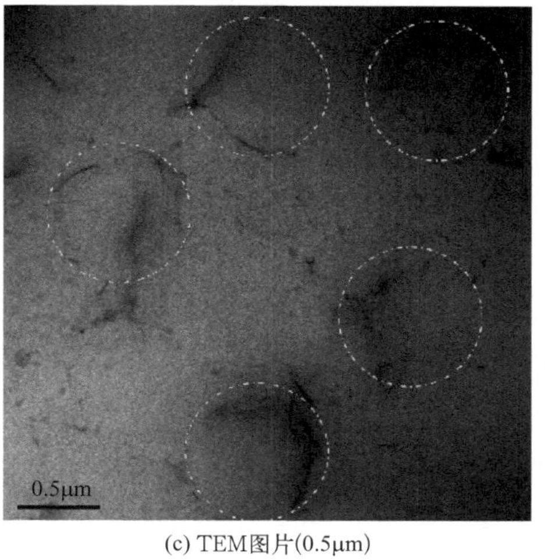

(c) TEM图片(0.5μm)

图3-9

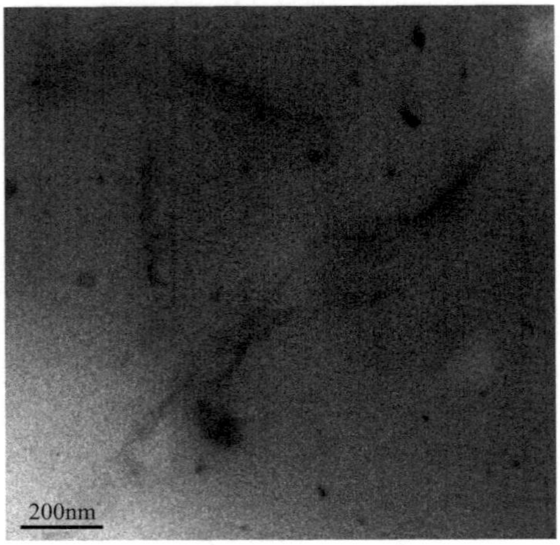

(d) TEM图片(200nm)

图3-9　XRD图谱、拉曼图谱以及不同分辨率下交联GO/NBR复合材料的TEM图片

对交联的GO/NBR复合材料进行了TEM表征，进一步表征GO在橡胶基体中的结构和分散情况，由图3-9（c）和（d）可以观察到，GO纳米片以单片层或少层均匀分散在NBR橡胶基体中，且GO纳米片包裹在亚微米级的NBR粒子周围形成隔离网络结构。

3.2.2.2　GO/NBR复合材料的分散相态

不同含量的GO制备的GO/NBR复合材料交联前后的拉伸断面SEM图片如图3-10所示。由图3-10（a′）～（d′）可以观察到，未经热处理的GO纳米片堆积在GO/NBR复合材料的拉伸断面上，表明由于未交联，两相界面结合力较差。由经热处理后的复合材料拉伸断面SEM图片［图3-10（a）～（e）］可以观察到，断面更加光滑，说明经过热处理后复合材料实现了交联，交联反应增强了GO纳米片与NBR基体的界面相互作用，因此界面区域没有明显的填料拔出现象。图3-10（e）为（d）中3.0% GO/NBR纳米复合材料的局部放大图，可以观察到GO纳米片嵌在NBR基体中，结合牢固，两相界面区域较大。GO/NBR复合材料交联前后的SEM图片进一步证实了高温下GO诱导NBR化学交联，增强了两相界面相互作用，提高了GO在NBR基体中的分散状态。

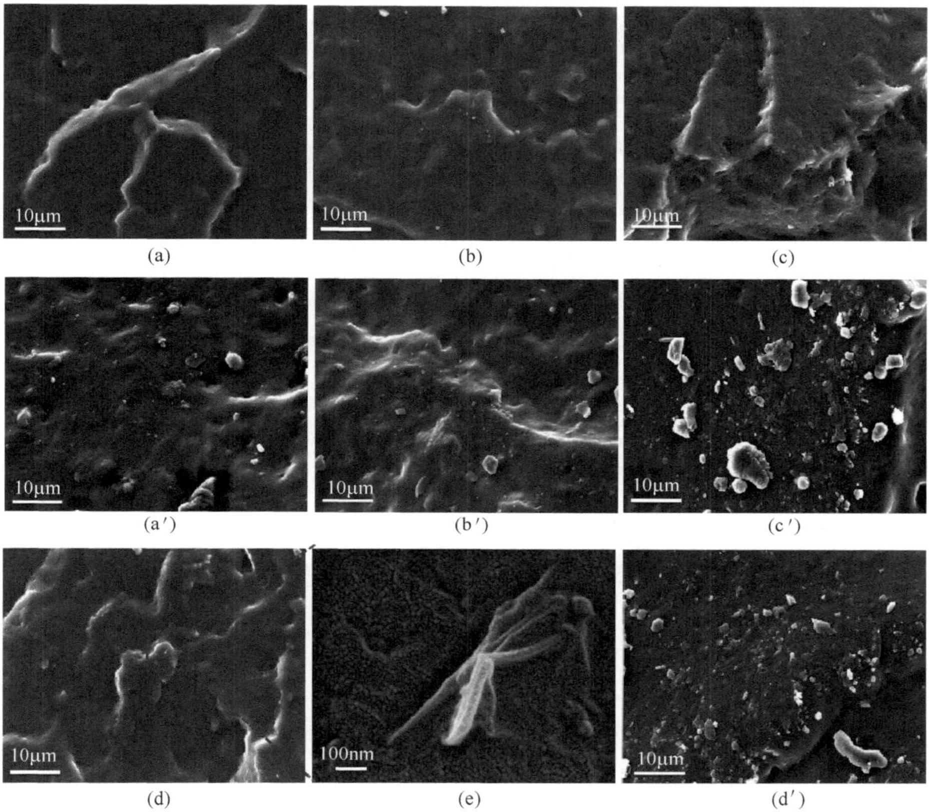

图3-10 SEM图片 [(a)～(d)](分别为0.5%、1.0%、2.0%和3.0% GO/NBR交联后的复合材料)、[(a′)～(d′)](分别为0.5%、1.0%、2.0%和3.0% GO/NBR未交联的复合材料)及(d)的局部放大图片(e)

3.2.3 力学性能

3.2.3.1 GO/NBR复合材料的动态热机械性能

动态热机械性能DMA可以用来表征GO纳米片与NBR分子链之间的界面相互作用，对不同含量(质量分数)的GO/NBR复合材料交联前后进行了DMA测试，储能模量如图3-11(a)和(b)所示，损耗正切角如图3-11(c)和(d)所示，对应的DMA参数如表3-3所列。由图3-11(a)和(b)可以观察到，在橡胶的高弹态，随着GO含量的增加，交联前后的GO/NBR复合材料的储能模量均呈现上升趋势。由图3-11(c)和(d)可以观察到，随着GO含量的增加，交联前后的GO/NBR复合材料的玻璃化转变温度（T_g）也均呈现上升趋势。以上结果表明，GO纳米片作为刚性片层结构，与NBR大分子链缠绕在一起，限制了大分子链的滑移，且GO与NBR复合过程中，将NBR分子链上的应力有效地转移至增强填料GO纳米片，均导致界面相互作用加强，储能模量与T_g值上升[18]。另外，同等掺量GO时，交联后的GO/NBR复合材料比未交联的GO/NBR复合材料的储能模量更高，T_g值更高。具体的，当GO含量分别为2.0%和3.0%时，未交联的GO/NBR复合材料的T_g相比纯NBR提高2℃左右，而交联的GO/NBR复合材料的T_g相比纯NBR分别提高6.0℃和11.0℃，且交联的GO/NBR复合材料的损耗正切角峰值下降更明显（表3-3），即橡胶分子链与GO纳米片有效交联后，较强的界面作用导致更低的损耗[19]。以上实验结果均表明，GO诱导NBR交联后，带来了更强的界面相互作用力和更有效的应力转移。

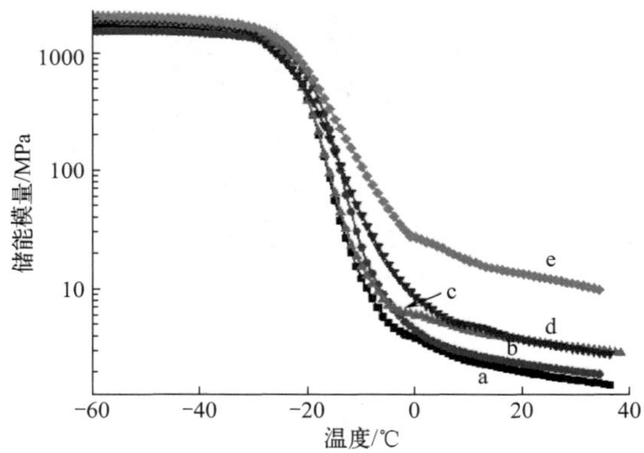

(a) 未交联

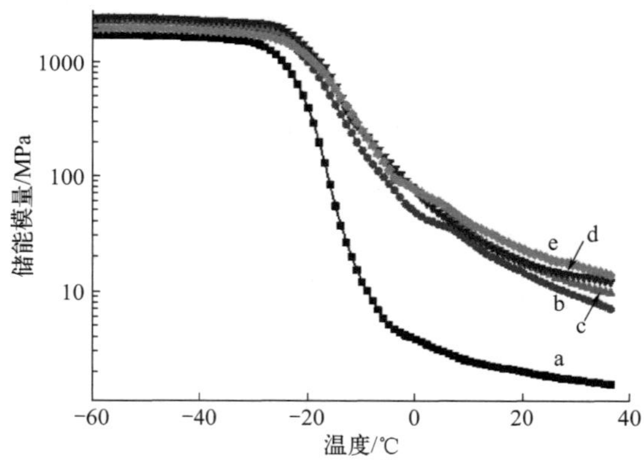

(b) 交联

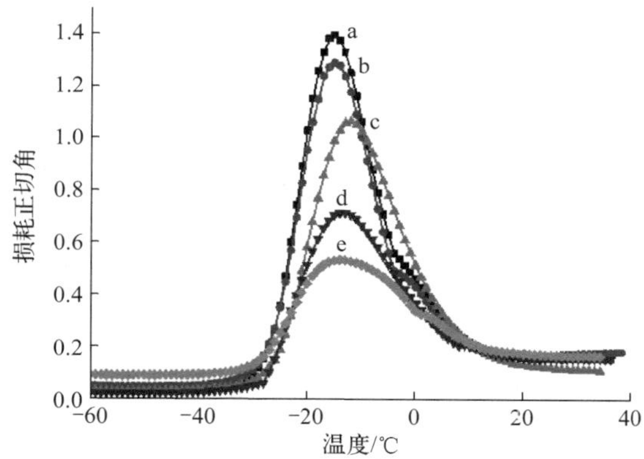

(c) 未交联

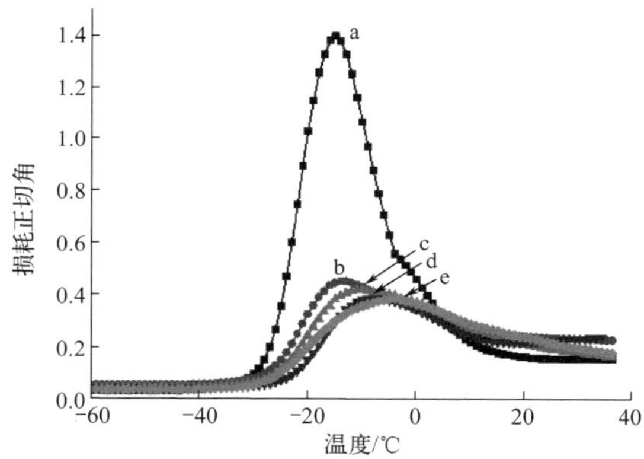

(d) 交联

图3-11 GO/NBR复合材料的温度-储能模量示意图［(a)和(b)］与GO/NBR复合材料的温度-损耗正切角示意图［(c)和(d)］

a—0；b—0.5%；c—1.0%；d—2.0%；e—3.0%

表3-3 DMA曲线参数

材料	NBR	未加热处理的GO/NBR				加热处理的GO/NBR			
含量(质量分数)/%	0	0.5	1.0	2.0	3.0	0.5	1.0	2.0	3.0
T_g/℃	−15.0	−15.0	−12.8	−13.1	−13.0	−13.9	−11.0	−8.7	−4.1
tanδ(损耗正切角)峰值	1.40	1.29	1.06	0.71	0.53	0.45	0.42	0.39	0.38

3.2.3.2 GO/NBR复合材料的加工特性

未交联和交联GO/NBR复合材料的振幅扫描曲线分别如图3-12（a）和（b）所示。当应变小于30%时，所有样品的储能模量G'几乎不变；当应变超过30%时，G'迅速下降，这一结果归因于Payne效应[20]。Payne效应是在振荡剪切下，填料-填料相互作用和填料-橡胶相互作用所引起的物理填料网络的破坏，随GO含量的增加，粒子间更容易聚集，填料与橡胶基体的相互作用更强，网络的形成和破坏更明显，所以Payne效应更明显。另外，对比交联和未交联复合材料的储能模量值，交联后GO/NBR复合材料的储能模量明显高于未交联的，证实高温硫化过程使交联密度增加，储能模量上升。

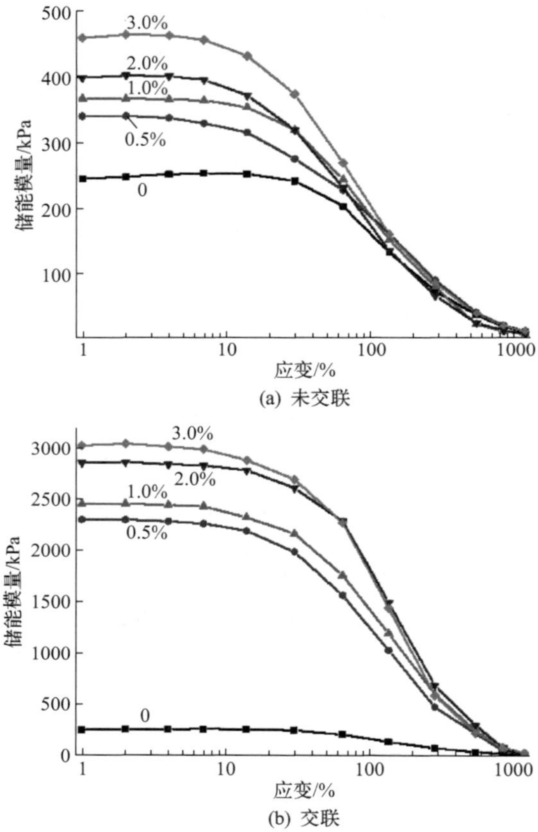

图3-12　GO/NBR复合材料的振幅扫描曲线

3.2.3.3　GO/NBR复合材料的机械性能

未交联和交联的GO/NBR复合材料的应力-应变曲线分别如图3-13（a）和（b）所示。由图可以观察到，随GO含量（质量分数）的增加，复合材料的拉伸强度均呈现先升高后降低的趋势，GO含量分别为2.0%和3.0%时，未交联和交联的GO/NBR复合材料拉伸强度分别为0.8MPa和3.23MPa，这主要归因于GO的力学增强作用以及GO与NBR基体之间的强界面相互作用。当GO含量增至5.0%时，GO纳米片堆叠增多，GO在NBR基体中的分散变差，导致拉伸强度降低。另外可以观察到，随GO含量增加，GO/NBR复合材料的断裂伸长率依次降低，当GO含量高于3.0%时，GO/NBR复合材料的弹性和塑性变形几乎消失，这归因于GO诱导NBR分子链交联的同时，也限制了NBR分子链的流动性，从而降低了其断裂伸长率[21,22]。对比交联前后GO/NBR复合材料的拉伸强度，交联后复合材料的拉伸强度（3.23MPa）几乎是未经交联复合材料（0.8MPa）的4倍。高温热处理后，GO诱导NBR产生化学交联，GO与NBR两相界面相互作用加强，当基体承受外界载荷时，应力通过界面连接处传递，填料承担主要载荷，从而使复合材料具有优良的力学性能。

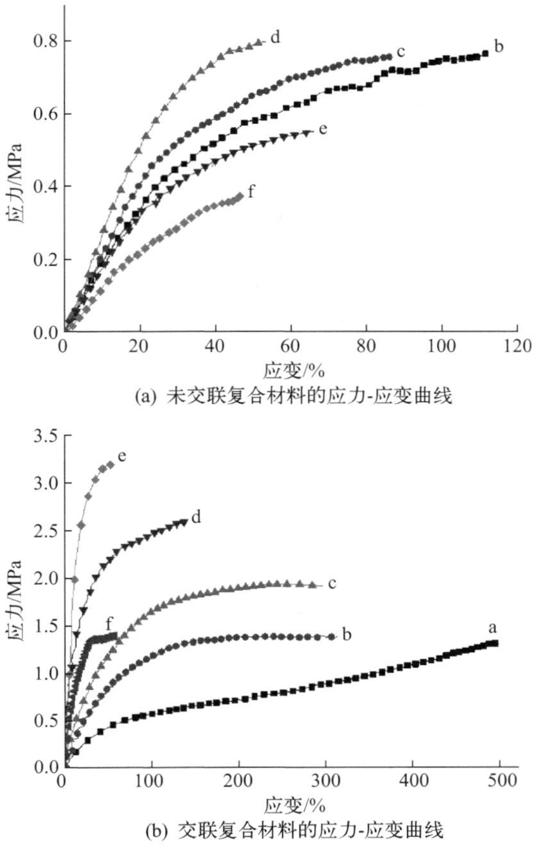

(a) 未交联复合材料的应力-应变曲线

(b) 交联复合材料的应力-应变曲线

图3-13

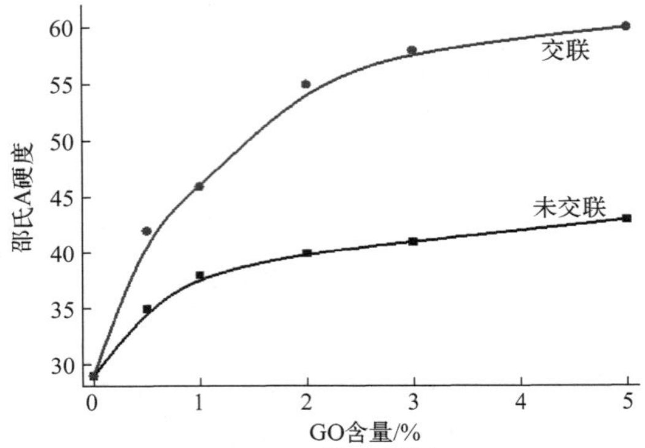

(c) 邵氏A硬度

图3-13　GO/NBR复合材料的应力-应变曲线［(a)和(b)］与邵氏A硬度(c)

a—0；b—0.5%；c—1.0%；d—2.0%；e—3.0%；f—5.0%；

本实验过程中未加入橡胶配合剂，依靠GO高温释放自由基诱导NBR产生化学交联，所制备复合材料的拉伸性能与文献报道进行了对比（如表3-4所列），本实验过程制备复合材料的3.23MPa的拉伸强度满足橡胶复合材料的基本使用要求，且具有相对较高的拉伸强度提高幅度。

表3-4　GO、mGO（磁性氧化石墨稀）和TRGO（热还原氧化石墨烯）/NBR复合材料的力学性能总结对比

橡胶	填料	含量	加工方法	拉伸强度/MPa	相对提升率/%
NBR[23]	GO/SiO_2	3phr	机械法	3.34	42
NBR[23]	GO/SiO_2	3phr	溶液法	3.81	62
NBR[24]	TRGO	5phr	机械法	4.88	149
NBR[25]	GO	2phr	胶乳法	8.12	90
NBR[25]	mGO	2phr	胶乳法	9.91	133
NBR(本工作)	GO	3.0%［1.39%(体积分数)］	胶乳法	3.23	145

未交联和交联的GO/NBR复合材料的邵氏A硬度如图3-13（c）所示，随GO含量的增加，复合材料的邵氏A硬度均直线上升，且交联后GO/NBR复合材料的邵氏A硬度高于同等GO含量的未交联复合材料的。

以上实验结果均表明GO的力学增强作用及GO诱导NBR交联带来的强有力的两相界面相互作用。

3.2.4 气体阻隔性能

GO/NBR复合材料在不同温度下，交联前后的气体阻隔性能如图3-14（a）所示。随GO含量的增加，复合材料的气体渗透系数直线下降。GO纳米片均匀分散在橡胶基体中，延长了气体分子的扩散路径，形成了良好的屏障，因此GO/NBR复合材料表现出良好的气体阻隔性能。对比同等GO含量时，交联后复合材料的气体渗透系数明显低于未交联复合材料的。具体的，当GO的质量分数为3.0%（体积分数1.39%）时，未交联复合材料的渗透系数为$5.65\times10^{-17}m^2/(s\cdot Pa)$，交联复合材料的渗透系数为$4.14\times10^{-17}m^2/(s\cdot Pa)$，相对于纯NBR的$9.36\times10^{-17}m^2/(s\cdot Pa)$分别下降了40%和56%。继续增加GO的质量分数至5.0%，未交联和交联复合材料的渗透系数分别为$5.31\times10^{-17}m^2/(s\cdot Pa)$和$3.82\times10^{-17}m^2/(s\cdot Pa)$，下降趋势趋于平缓。

众所周知，温度会影响气体的渗透率。通常温度升高时，气体扩散系数和材料的自由体积都增大，导致气体渗透率增加[26]。然而，在本实验中，23℃和40℃测试时GO/NBR复合材料的气体渗透系数差别不大［图3-14（a）中b、c曲线］，特别是当GO含量较高时，两个数据非常接近，分析认为热处理后，GO与NBR两相界面相互作用增强，从而抑制了温度引起的自由体积增加的现象。

改进的Nielson模型[27]模拟了相对渗透率与GO体积分数（ϕ_f）及其长径比（$2r/d$）的关系。

$$\frac{P}{P_0}=\frac{1-\phi_f}{1+\frac{r}{d}\times\frac{\phi_f}{3}} \tag{3-4}$$

式中　P，P_0——GO/NBR复合材料和纯NBR的渗透系数。

图3-14（b）为GO体积分数与纳米复合材料的相对渗透系数（P/P_0）关系示意图。P/P_0随GO体积分数的增加而显著降低。改进的Nielson模型拟合曲线r/d值为243，说明GO纳米片的平均长径比（$2r/d$）约为486。如此高的长径比表明GO在NBR基体中分散良好。且在GO添加量较小［3.0%（质量分数）/1.39%（体积分数）］的情况下，GO/NBR复合材料表现出较高的气体渗透系数下降率56%，这些结果都归因于GO诱导NBR产生化学交联带来的交联网络结构和制备过程中形成的隔离网络结构对复合材料气体阻隔性能的保障[28,29]。

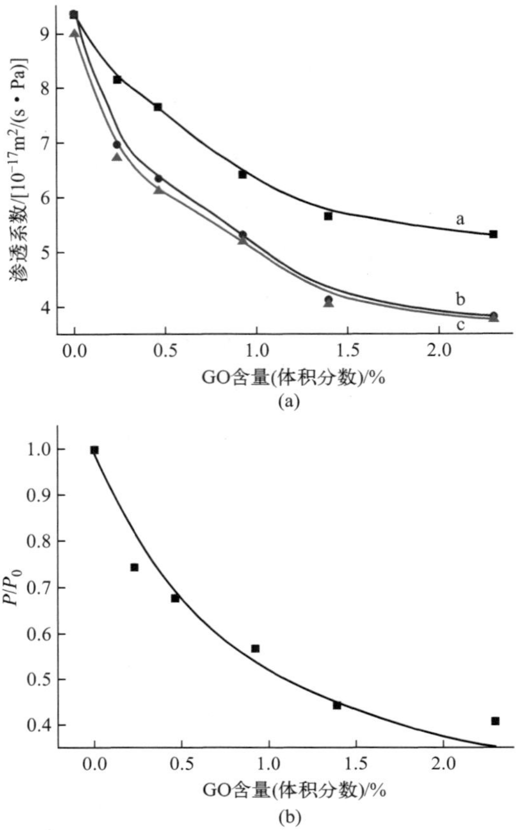

图3-14　GO/NBR复合材料的气体渗透系数（a）及交联复合材料40℃测试时的相对渗透系数值（b）

a—未交联复合材料 40℃测试；b—交联复合材料 40℃测试；c—交联复合材料 23℃测试

3.2.5　热稳定性

DTA（差热分析）峰为最大反应速率对应的温度。图3-15（a）中GO在176℃达到最大反应速率，因此，在本实验过程中，将180℃设定为自交联反应的温度。图3-15（b）为纯NBR和GO/NBR复合材料的热失重示意图。纯NBR的初始降解温度［T_5%（质量分数，下同）］为360.7℃，而1.0%（质量分数，下同）和3.0% GO/NBR复合材料的T_5%分别提高到364.2℃和367.3℃，且随GO含量的增加，在550℃时相应的残炭量增加。NBR和GO/NBR复合材料的热失重数据如表3-5所列，GO/NBR复合材料良好的热稳定性，归因于GO在橡胶基体中的良好分散以及GO具有高的长径比，GO纳米片作为屏障有效地抑制了小分子气体的逸出[30]。

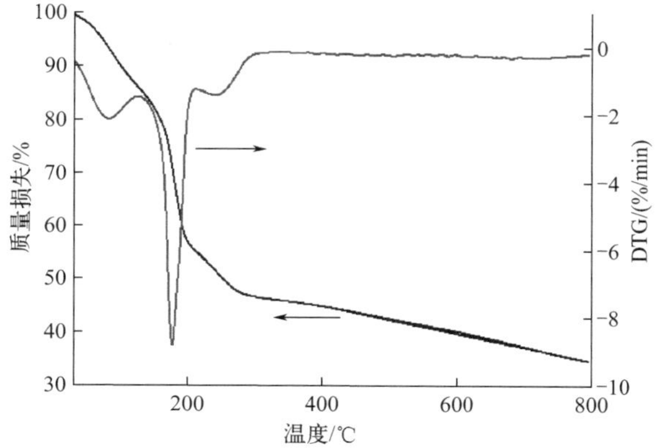

(a)

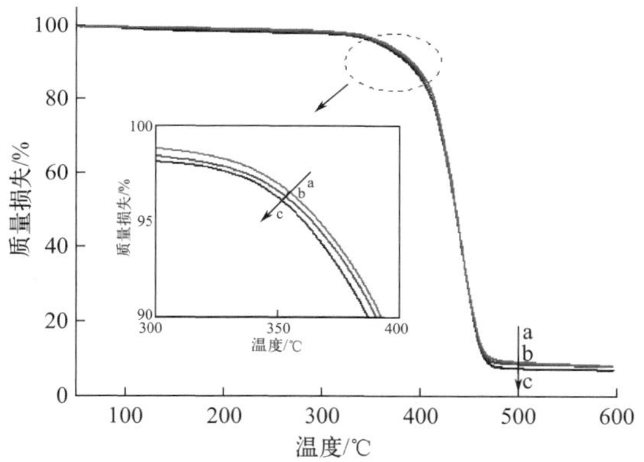

(b)

a—3.0%；b—1.0%；c—0

图3-15　GO的TG（热重）和DTG（微商热重）曲线（a）以及TGA（热重分析仪）热失重曲线（b）

表3-5　NBR和GO/NBR复合材料的热失重数据

材料	NBR	1.0% GO/NBR	3.0% GO/NBR
T_5%(质量分数)/℃	360.7	364.2	367.3
550℃的剩余量/%	7.22	8.29	8.64

综上，本章采用GO诱导NBR化学自交联的方法制备了GO/NBR复合材料。首先将GO分散液与NBR自组装混合均匀制备混合物，然后在高温下利用GO含氧官能团裂解释放自由基诱导NBR交联制备GO/NBR复合材

料。对GO/NBR复合材料的交联机理、微观结构与相态、机械性能、气体阻隔性与热稳定性进行了研究，得到了以下结论：

① XPS与ESR的表征证实了GO含氧官能团在高温下裂解，持续释放了两种类型的自由基，导致橡胶分子链的化学和物理交联。FTIR表征证实了GO与NBR之间交联反应的发生。硫化特性结果表明，GO含量高于1.0%（质量分数），实验温度高于170℃时，GO诱导NBR交联反应才得以明显地发生，即交联反应对GO含量及处理温度具有依赖性。溶胀平衡法及核磁交联密度法测定显示，GO/NBR复合材料的交联密度均随GO含量的增加而上升。

② 对GO/NBR复合材料微观结构与相态的表征结果表明，GO表面成功接枝上了NBR分子链，GO纳米片包裹在亚微米级的NBR粒子周围形成了隔离网络结构。经过热处理后复合材料实现了交联，GO/NBR复合材料的拉伸断面更加光滑，交联反应有效地增强了GO纳米片与NBR基体的界面相互作用。

③ DMA实验结果表明，交联后的GO/NBR复合材料，储能模量更高，损耗正切角峰值下降，Tg值上升，3.0% GO/NBR复合材料的Tg值比纯NBR提高了11.0℃。随GO含量（质量分数）的增加，Payne效应更明显。交联后3.0% GO/NBR复合材料的拉伸强度（3.23MPa）几乎是未经交联复合材料（0.8MPa）的4倍，即GO诱导NBR交联后，带来了更强的界面相互作用力和更有效的应力转移。

④ 随GO含量的增加，复合材料的气体渗透系数直线下降。当GO的质量分数为3.0%（体积分数1.39%）时，交联复合材料的渗透系数为$4.14\times10^{-17}m^2/(s\cdot Pa)$，相对于纯NBR的$9.36\times10^{-17}m^2/(s\cdot Pa)$下降了56%。由改进的Nielson模型可预测GO纳米片的平均长径比约为486。且GO/NBR复合材料具有良好的热稳定性能。这些结果都归因于GO诱导NBR带来的交联网络结构和制备过程中形成的隔离网络结构对小分子气体扩散所形成的有效屏障。

⑤ 该实验方法，基于GO的水溶液和橡胶胶乳混合，不添加橡胶配合剂，工艺简单，环境友好，所制备的GO/NBR复合材料具有优异的力学性能和气体阻隔性能，因此可将此方法制备的石墨烯/橡胶基复合材料推广应用至丁腈胶乳手套、耐油密封垫圈、药物封装瓶、个人防护制品等中。

参考文献

[1] Zhang L, Li H Q, Lai X J, et al. Functionalized graphene as an effective antioxidant in natural rubber[J]. Composites Part A, 2018, 107: 47-54.

[2] Zheng L, Jerrams S, Xu Z C, et al. Enhanced gas barrier properties of graphene oxide/ rubber composites with strong interfaces constructed by graphene oxide and sulfur[J]. Chem Eng J, 2020, 383: 123100.

[3] Hou X L, Li J L, Drew S C, et al. Tuning radical species in graphene oxide in aqueous solution by photoirradiation[J]. J Phys Chem C, 2013, 117(13): 6788-6793.

[4] Flory P J. Statistical mechanics of swelling network structures[J]. J Chem Phys, 1950, 18: 108-111.

[5] Huang W G, Wei K H, Wu C M. Mechanical, thermal, and barrier properties of NBR/ organosilicate nanocomposites[J]. Polym Eng Sci, 2004, 44(11): 2117-2124.

[6] Lopez-Manchado M A, Arroyo M, Herrero B, et al. Vulcanization kinetics of natural rubber-organoclay nanocomposites[J]. J Appl Polym Sci, 2003, 89(1): 1-15.

[7] Raef M, Razzaghi-Kashani M. The role of interface in gas barrier properties of styrene butadiene rubber-reduced graphene oxide composites[J]. Polymer, 2019, 182: 121816.

[8] Mensah B, Gupta K C, Kang G, et al. A comparative study on vulcanization behavior of acrylonitrile-butadiene rubber reinforced with graphene oxide and reduced graphene oxide as fillers[J]. Polym Test, 2019, 76: 127-137.

[9] Yaragalla S, Meera A P, Kalarikkal N, et al. Chemistry associated with natural rubber-graphene nanocomposites and its effect on physical and structural properties[J]. Ind Crop Prod, 2015, 74: 792-802.

[10] Marcano D C, Kosynkin D V, Berlin J M, et al. Improved synthesis of graphene oxide[J]. ACS Nano, 2010, 4(8): 4806-4814.

[11] Tao C A, Wang J F, Qin S Q, et al. Fabrication of pH-sensitive graphene oxide-drug supramolecular hydrogels as controlled release systems[J]. J Mater Chem, 2012, 22(47): 24856-24861.

[12] Vanderhoff J W, Bradford E B, Carrington W K. The transport of water through latex films[J]. J Polym Sci Polym Symp, 1973, 41(1): 155-174.

[13] Konko L, Guriyanova S, Boyko V, et al. Role of the hydrophilic latex particle surface in water diffusion into films from waterborne polymer colloids[J]. Langmuir, 2019, 35(18): 6075-6088.

[14] Gronski W, Hoffmann U, Simon G, et al. Structure and density of crosslinks in natural rubber vulvanizates: A combimed analysis by NMR spectroscopy, mechanical measurements and rubber-elastic theory[J]. Rubb Chem Technol, 1992, 65(2): 63-77.

[15] Kuhn W, Theis I, Koeller E. Network dynamics of crosslinked polymers-crosslinking, filler and aging characterized by NMR parameters[J]. Mater Res Soc Symp Proc, 1991, 33(1): 217-223.

[16] Liu X, Kuang W Y, Guo B C. Preparation of rubber/graphene oxide composites with in-situ interfacial design[J]. Polymer, 2015, 56: 553-562.

[17] Kuang D, Xu L Y, Liu L, et al. Graphene-nickel composites[J]. Appl Surf Sci, 2013, 273: 484-490.

[18] Prager S, Long F A. Diffusion of hydrocarbons in polyisobutylene[J]. J Am Chem Soc, 1951, 73(9): 4072-4075.

[19] Amerongen G J V. Diffusion in elastomers[J]. Rubb Chem Technol, 1964, 37: 1065-1152.

[20] Fröhlich J, Niedermeier W, Luginsland H D. The effect of filler-filler and filler-elastomer interaction on rubber reinforcement[J]. Composites Part A, Appl Sci Manu, 2005, 36(4): 449-460.

[21] Piggott M R. Load bearing fibre composites[J]. Springer Science & Business, Media, 2002.

[22] Sarabadani J, Naji A, Asgari R, et al. Many-body effects in the van der Waals-Casimir interaction between graphene layers[J]. Phys Rev B, 2011, 84(15): 155407.

[23] Zhang Z, He X R, Wang X, et al. Reinforcement of the mechanical properties in nitrile rubber by adding graphene oxide/silicon dioxide hybrid nanoparticles[J]. J Appl Polym Sci, 2018, 135(14): 46091.
[24] Valentini L, Bittolo Bon S, Hern á ndez M, et al. Nitrile butadiene rubber composites reinforced with reduced graphene oxide and carbon nanotubes show superior mechanical, electrical and icephobic properties[J].Compos Sci Technol, 2018, 166: 109–114.
[25] Zhang Y H, Cho U R. Enhanced thermo-physical properties of nitrile-butadiene rubber nanocomposites filled with simultaneously reduced and functionalized graphene oxide polym[J]. Composite, 2018, 39(9): 3227–3235.
[26] Liao K H, Kobayashi S, Kim H, et al. Influence of functionalized graphene sheets on modulus and glass transition of PMMA[J]. Macromolecules, 2014, 47(21): 7674–7676.
[27] Bharadwaj R K. Modeling the barrier properties of polymer-layered silicate nanocomposites[J]. Macromolecules, 2001, 34(2): 9189–9192.
[28] Wang Y Q, Wu Y P, Zhang H F, et al. Free volume of montmorillonite /styrene-butadiene rubber nanocomposites estimated by positron annihilation lifetime spectroscopy[J]. Macromol Rapid Commun, 2004, 25(23): 1973–1978.
[29] Wang L Y , Zhang J T , Sun Y Y, et al. Green preparation and enhanced gas barrier property of rubber nanocomposite film based on graphene oxide-induced chemical crosslinking[J]. Polymer, 2021, 225: 123756.
[30] Kim J, Hong S, Park D, et al. Water-borne graphene-derived conductive SBR prepared by latex heterocoagulation[J]. Macromol Res, 2010, 18(6): 558–565.

第4章 双重网络结构的 GO/NBR 复合膜材料

橡胶密封材料可以起到个人防护、密封、减震、隔热、传输、支撑等作用，是各系统功能实现和保障必需的关键材料。对于一些特殊条件如高压（1.5MPa）条件下的航空航天领域密封制品，开发制备结构稳定和高气体阻隔性能的橡胶密封材料具有重要的应用前景。GO/橡胶纳米复合材料的优异气体阻隔性能强烈地依赖于填料用量、长径比、分散状态以及形态[1,2]，具有隔离网络结构的GO/丁苯橡胶纳米复合材料比取向结构有更优异的气体阻隔性能[2]。基于此，将隔离网络结构与取向结构结合，制备得到更具优势的填料网络结构，可进一步提高复合材料的气体阻隔性能。

在第3章GO诱导NBR化学交联制备隔离网络结构复合材料的基础上，本章采用一种GO/NBR纳米复合膜的新型制备方法，即先将GO分散液与NBR自组装分散均匀，微孔滤膜抽滤，滤液在出口处在负压作用下在滤膜上进行层层组装得到混合膜，烘干成型后，利用GO高温分解释放自由基，引发NBR高温自交联。层层自组装的制备工艺可制得层内隔离网络、层间取向的双重网络结构。该新型制备方法不加入橡胶配合剂，环境友好，以GO诱导交联后的橡胶粒子作为黏结点，有助于增强GO和NBR两相界面相互作用，大幅度提高GO/NBR复合膜的力学强度和气体阻隔性能，可以将复合膜应用于高压、高温等特殊条件下的气体阻隔器件中。简易的制备工艺及环境友好的特性，为橡胶基密封材料的开发和应用提供技术支持和理论依据。

4.1 复合膜材料的制备

4.1.1 原料与设备

实验用原料如表4-1所列，实验用设备如表4-2所列。

表4-1 实验用原料

材料名称	缩写	材料规格	生产厂家
丁腈胶乳	NBR	工业级，43.5%	镇江南帝化工
氧化石墨烯溶液	GO	工业级，2%	唐山建华
聚乙烯吡咯烷酮	PVP	分析纯，M_w=10000，K=13～18	阿拉丁试剂

表4-2　实验用设备

名称	型号	生产厂家
超声波清洗机	SB-3200DTDN	宁波新芝生物科技
高速离心机	HC-3018	安徽中科中佳科学仪器
磁力搅拌器	RCT digital	IKA（广州）仪器设备
电热鼓风干燥箱	DHG-9240	上海一恒科学仪器
玻璃砂芯抽滤装置	BLC-1	抚州金时速仪器设备
万能试验机	GOTECH AI-7000M	高铁检测仪器
邵氏硬度计	GS-701N	高铁检测仪器
X射线衍射仪	Rigaku Smartlab	日本理学
显微共聚焦拉曼光谱仪	IRKT46	英国瑞尼索
扫描电子显微镜	JSM-7200F	日本电子株式会社
冷冻切片机	EM UC6	德国莱卡
透射电子显微镜	Tecnai 12	荷兰飞利浦
傅里叶变频红外光谱仪	TENSOR27	德国布鲁克
核磁共振交联密度分析仪	VTMR20-010V-1	苏州纽迈分析仪器
动态热机械分析仪	Q800	美国TA
接触角测量仪	JC2000C1	上海中晨数字技术设备
气密性测试仪	VAC-V2	济南兰光机电技术
四探针测试仪	RTS-9	广州四探针科技
热重分析仪	TG/DTA6300	日本日立

4.1.2　制备步骤

（1）PVP@GO分散液的制备

将GO分散液配制成2mg/mL的溶液，超声分散均匀，高速离心机处理15min以除去未剥离及分散均匀的GO片层。按PVP与GO质量比为1∶1，将PVP投入GO的分散液中，继续超声分散5h，以得到稳定均匀的PVP@GO分散液。

（2）GO/NBR复合膜的制备

将一定体积的PVP@GO分散液置于NBR乳液中，室温下磁力搅拌1h混合均匀，通过调节溶液的pH，使GO溶液与NBR乳液之间为静电斥力，从而提高混合液的稳定性，使GO片层组装在胶乳粒子周围，形成隔离网络结构。然后利用一定孔径的微孔滤膜抽滤组装成层状叠加结构的GO/NBR复合膜，置于鼓风干燥箱中于60℃下烘干成型。

（3）GO/NBR交联复合材料的制备

将GO/NBR复合膜置于鼓风干燥箱中，在高温（160℃、170℃、180℃、190℃和200℃）下加热105min，以制备不同交联程度的GO/NBR复合材料。高温下GO释放自由基，诱导NBR分子链交联。GO分别为NBR质量的0、10%、20%、30%和40%，不同质量分数的复合材料缩写为*x*% GO/NBR。实验流程如图4-1所示。

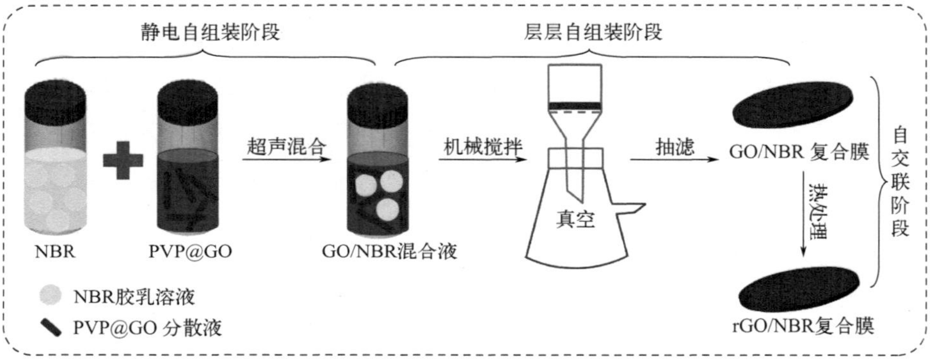

图4-1 rGO/NBR纳米复合膜的制备过程

4.1.3 结构表征与性能测试

（1）接触角测试

对GO/NBR复合材料进行接触角测试，表征复合材料的双亲性特征，同一试样测试三次以上取中值。

（2）广角X射线衍射测试（WAXD）

对GO、NBR及GO/NBR复合材料进行X射线衍射测试，扫描角度3°～60°，连续扫描速率5°/min。

（3）拉曼光谱测试（Raman）

扫描范围100～4000cm^{-1}，激光波长为532.0nm。

（4）扫描电子显微镜测试（SEM）

对GO/NBR复合材料的断面进行喷金处理，然后观察其断面微观形貌，加速电压10.0kV。

（5）透射电子显微镜测试（TEM）

将GO/NBR复合材料在−60℃下冷冻超薄切片，然后观察复合材料的微观形态。

（6）红外光谱测试（FTIR）

对GO、NBR及GO/NBR复合材料进行红外光谱测试，测试波数范围为400 ～ 4000cm^{-1}。

（7）溶胀平衡测试（ESR）

将尺寸大约为10mm×5mm的GO/NBR复合材料样品置于甲苯溶液中，静置浸泡一个星期以除去溶胶的组分，在此期间，每天更换新鲜的甲苯溶液。

溶胀平衡度按式（4-1）计算，其中，w_1为溶胀后橡胶样品的质量，w_2为凝胶干燥后的质量。

$$\mathrm{ESR} = \frac{w_1}{w_2} \tag{4-1}$$

交联密度方程为Flory-Rehner方程[3,4]，按式（4-2）计算：

$$V_\mathrm{e} = -\frac{\ln(1-V_\mathrm{r}) + V_\mathrm{r} + \chi V_\mathrm{r}^2}{V_\mathrm{s}\left(V_\mathrm{r}^{\frac{1}{3}} - \frac{V_\mathrm{r}}{2}\right)} \tag{4-2}$$

式中 V_r——交联聚合物溶胀平衡时的体积分数；

V_s——甲苯溶液的摩尔体积，取106.2 cm^3/mol；

χ——NBR与甲苯的相互作用参数，取0.435。

V_r按式（4-3）计算：

$$V_\mathrm{r} = \frac{\frac{w_4}{\rho_2}}{\frac{w_4}{\rho_2} + \frac{w_3 - w_4}{\rho_1}} \tag{4-3}$$

式中 w_3——溶胀后凝胶样品的质量；

w_4——凝胶干燥后的质量；

ρ_1，ρ_2——甲苯溶剂和NBR的密度，分别取为0.866g/mL和1.0g/cm^3。

（8）动态热机械性能测试（DMA）

拉伸模式，测试频率1Hz，测试温度范围−60 ～ 40℃，升温速率3℃/min。

（9）力学性能测试

拉伸速率500mm/min，室温，样条为哑铃形样条，按GB/T 528—2009进行。邵氏A硬度按GB/T 531—2008测试，测试3次取平均值。

（10）气体阻隔性能测试

对GO/NBR复合材料进行气体阻隔性能的测试，样片直径为70mm，测试温度分别为23℃和40℃。

（11）电导率测试

对GO/NBR复合薄膜进行电导率的测定，测试温度25℃，相对湿度60%。

（12）热稳定性测试（TG）

对NBR及GO/NBR复合膜进行热稳定性能的测试，测试温度范围为30～800℃，升温速率10℃/min，N_2氛围。

4.2 GO/NBR复合膜性能分析

4.2.1 双重网络结构构建

4.2.1.1 GO/NBR复合膜的接触角

对纯NBR和不同GO含量制备的GO/NBR复合膜进行了接触角测试，如图4-2所示。纯NBR膜的接触角为38.91°，表现出良好的亲水特性；随GO含量（质量分数）的增加，GO/NBR复合膜的接触角依次增加；40% GO/NBR复合膜的接触角为89.65°，即变为双亲性的复合膜。

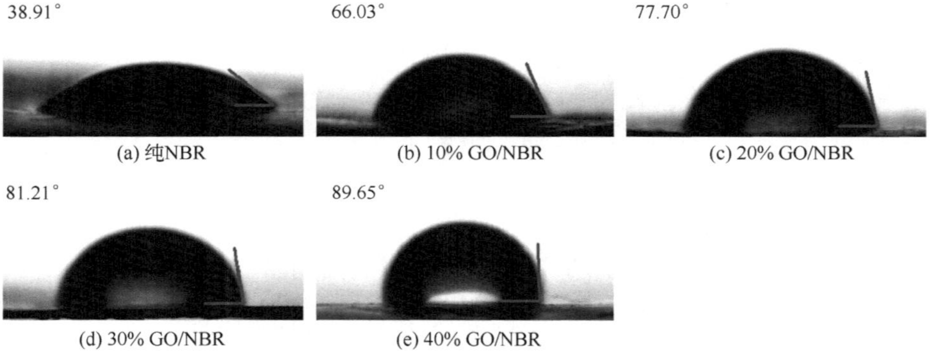

图4-2 纯NBR和不同GO含量的GO/NBR复合膜的接触角示意图

4.2.1.2 GO/NBR复合膜的微观结构

GO、NBR及不同GO含量（质量分数）制备的GO/NBR复合膜的XRD图谱如图4-3（a）所示，纯GO在2θ=11.4°处出现了一个明显的尖峰，归属于GO的特征峰。对于NBR和10%、20% GO/NBR复合材料，在2θ=18.7°处的隆峰，归属于NBR的无定形衍射峰，且在GO/NBR复合膜中并未观察到GO的特征衍射峰，表明GO纳米片均匀分散在NBR基体中，未出现填料聚集的情况。对于30%和40% GO/NBR复合材料，未出现GO及NBR的特征衍射峰，而在2θ=27.0°处出现了一隆峰，这一位置的峰归属于石墨的特征峰，表明高含量的GO导致了复合材料中的相转变。30%和40% GO/NBR复合膜中，GO大量聚集堆叠在一起，形成了复合膜的基体结构。

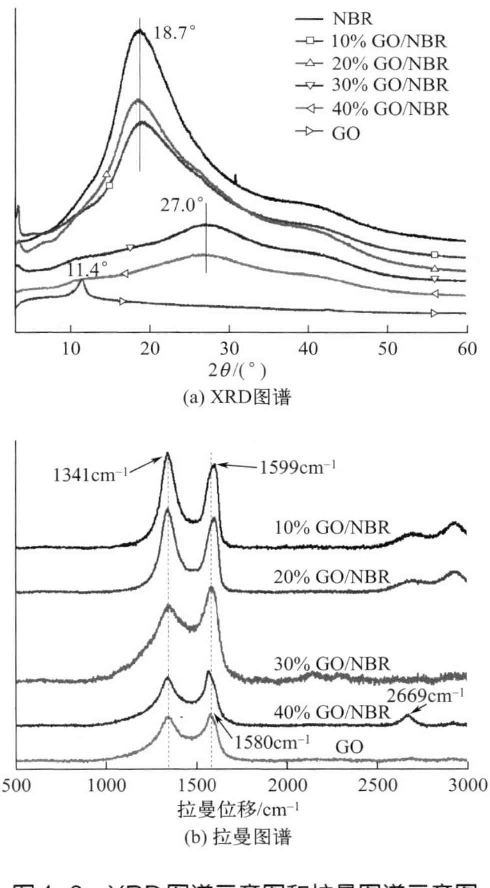

(a) XRD图谱

(b) 拉曼图谱

图4-3 XRD图谱示意图和拉曼图谱示意图

采用拉曼光谱来进一步证实GO/NBR复合膜的形成和分散情况，如图4-3（b）所示。对于GO，在1341cm^{-1}和1580cm^{-1}附近出现的特征峰分别对应GO的D带和G带，D带是由杂化碳的sp^{3}结构和无序结构带来的，G带归因于GO片层的sp^{2}结构[5]。对于10%、20% GO/NBR复合膜，在1341cm^{-1}和1599cm^{-1}处有两个相似的峰，分别对应GO的D带和G带，相比GO，GO/NBR复合膜的G带发生红移，具体来说，随GO含量的增加，G带向较高的波数移动，这一结果与文献中报道的一致[6,7]，归因于GO与NBR分子链的强界面相互作用。另外，GO和GO/NBR复合膜的D带和G带的强度比值（I_D/I_G）分别约为0.91和1.06，通常采用I_D/I_G来估计石墨烯的缺陷，监测石墨烯与杂化粒子的相互作用[8]。GO/NBR复合膜中D带强度增加，是由于GO表面接枝了NBR大分子链，防止了GO纳米片的团聚。对于30%、40% GO/NBR复合膜，相比于GO，D带和G带的峰位基本不变，I_D/I_G值又降低至0.87，另外，40% GO/NBR复合膜在2669 cm^{-1}处出现了GO的第二个有序峰，与石墨烯片层的堆积有关，即30%、40% GO/NBR复合膜中出现了GO的聚集和片层堆积的情况，GO成为了复合膜的基体结构。

4.2.1.3 GO/NBR复合膜的分散相态

对不同GO含量（质量分数）的GO/NBR复合膜的断面形态进行了SEM表征，如图4-4所示。由低倍数的SEM图片可以观察到，10% GO/NBR复合膜的断面形态明显以橡胶为基体，以GO为填料的岛结构；随着GO含量增加至20%，复合膜出现了分层现象，一部分结构类似于10% GO/NBR复合膜的断面形态，另一部分结构为絮状的层状结构；30%和40% GO/NBR复合膜的断面形态明显呈絮状的层状结构。由高倍数的SEM图片可以观察到，10%和20% GO/NBR复合膜中，GO纳米片在NBR基体中分散良好；而30% GO/NBR复合膜断面明显呈现出粗糙的隔离岛状结构，GO纳米片通过静电排斥作用均匀分散在NBR胶乳中，组装在亚微米级别的NBR胶乳颗粒周围形成隔离网络结构；40% GO/NBR复合膜断面更加光滑，主要为GO纳米片的重叠和滑移结构。同时可以观察到，不同含量的GO纳米片与橡胶基体复合后，断面处两相界面模糊不清，没有明显的填料拔出或剥离的现象，表明两相界面有强的相互作用力。

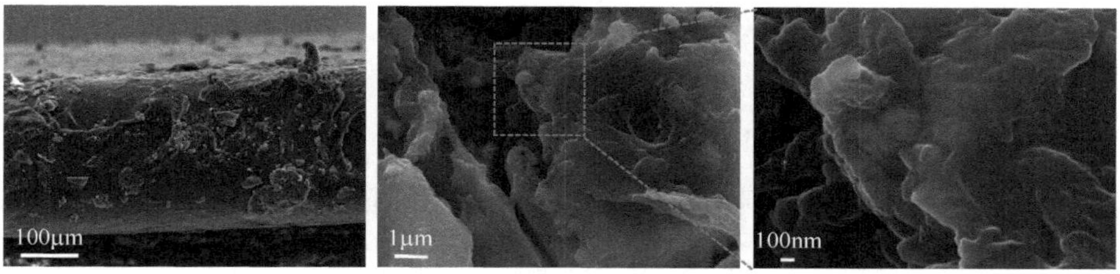

(a) 10% GO/NBR

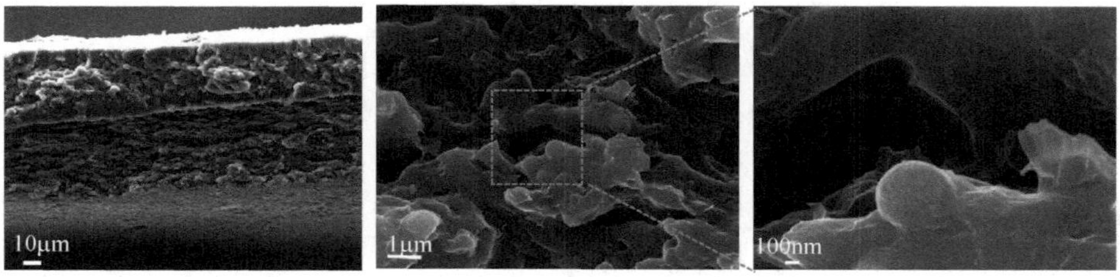

(b) 20% GO/NBR

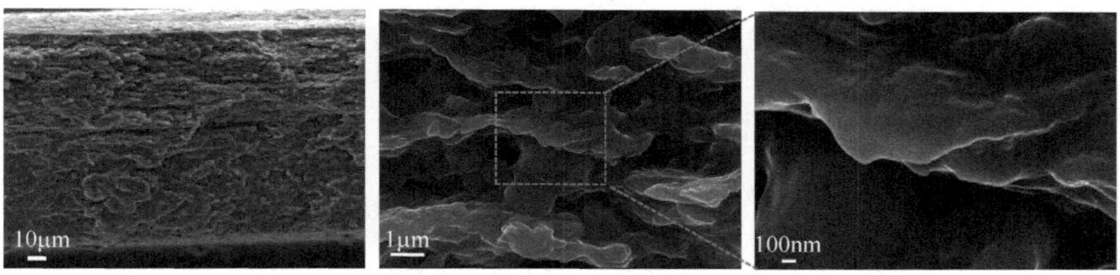

(c) 30% GO/NBR

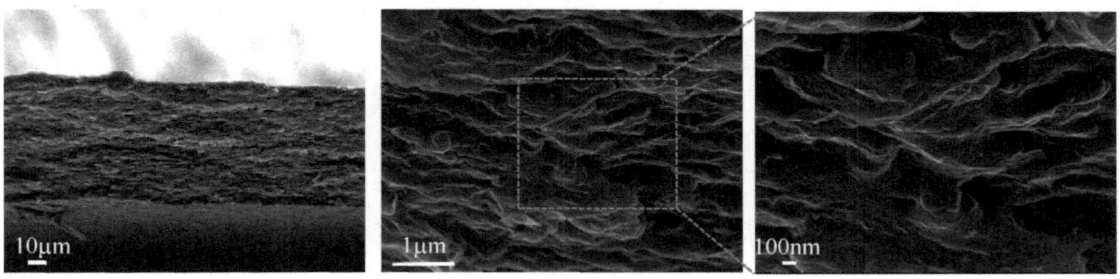

(d) 40% GO/NBR

图4-4　GO/NBR复合膜的SEM图片

为了进一步表征GO/NBR复合膜的隔离网络结构和取向结构，将30% GO/NBR复合膜在甲苯溶液中浸泡24h后，再进行SEM观察，如图4-5（a）所示；对30% GO/NBR复合膜进行TEM观察，如图4-5（b）所示。将复合膜在甲苯溶液中浸泡后，甲苯溶液侵蚀了部分未交联的NBR胶乳粒子，可以观察到GO纳米片包裹着NBR胶乳粒子形成的亚微米级的颗粒结构，且未观察到GO纳米片从NBR胶乳粒子上剥离，表明GO纳米片与NBR胶乳粒子之间形成了化学交联，两相界面结合作用较强。TEM图像可以清楚地看到，具有较大长径比的GO纳米片均匀地分散在NBR基体中，并呈现出隔离的网络结构，其中GO纳米片通过自组装均匀地覆盖在亚微米级别的NBR胶乳颗粒周围形成隔离网络结构，而高倍数的TEM图片还可以明显观察到GO纳米片呈现的局部取向结构，即GO纳米片与NBR胶乳颗粒混合均匀自组装后，通过抽滤成膜的方法，滤液在出口处在负压作用下在滤膜上进行层层组装，制备得到了层内隔离网络和层间取向的双重网络结构。

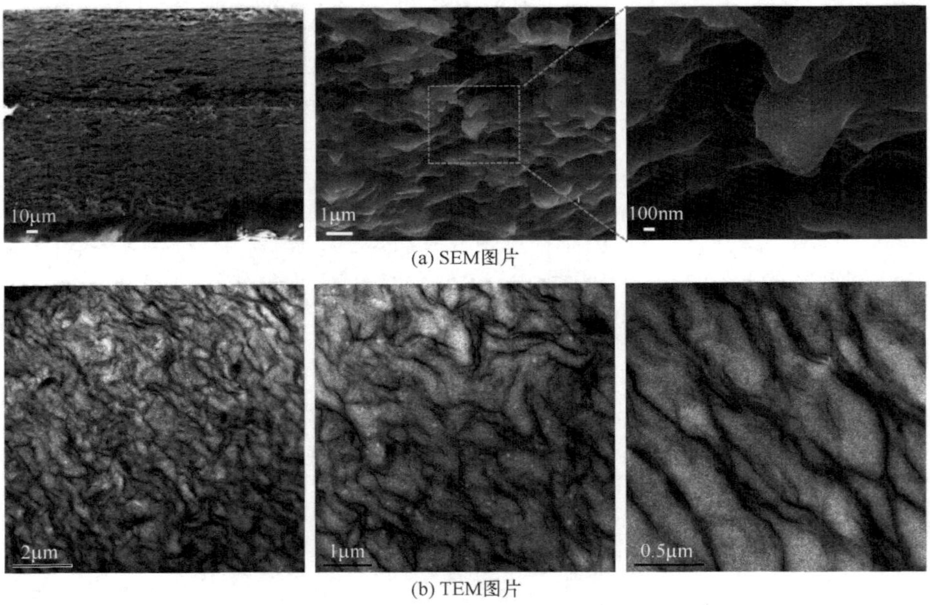

图4-5　30% GO/NBR复合膜溶剂浸泡后的SEM图片和30% GO/NBR复合膜的TEM图片

4.2.2　化学交联

4.2.2.1　GO/NBR复合膜的红外光谱表征

对GO及GO/NBR复合膜加热前后的红外光谱官能团进行了表征，表征GO诱导NBR的化学交联反应及不同含量（质量分数）GO制备的复合膜的微观结构。由图4-6中a可以观察到，GO在3428cm^{-1}、1736cm^{-1}、1624cm^{-1}、1179cm^{-1}和1095cm^{-1}峰值处对应的官能团分别为—OH的振动、C═O的伸缩振动、C═C的伸缩振动、C—OH的伸缩振动和C—O—C的振动[9]。对于纯NBR，在2237cm^{-1}和1647cm^{-1}峰值处分别对应NBR的C≡N和C═C（图4-6中b）[10]。在20% GO/NBR复合膜的红外光谱图（图4-6中c）中，可以观察到GO及NBR的大部分峰值对应的官能团，且3428cm^{-1}处对应的—OH和1647cm^{-1}处对应的C═C峰值明显增加，表明GO片层表面缠结了大量的NBR大分子链，GO与NBR之间形成了物理交联。将20% GO/NBR复合膜置于180℃的环境下加热45min，1647cm^{-1}处对应的C═C和3428cm^{-1}处对应的—OH均变弱（图4-6中d），表明高温加热导致了GO的含氧官能团与NBR的C═C发生了化学交联反应。图4-6中e和f为40% GO/NBR复合膜加热前后的FTIR图谱，由图可知，在高含量的GO/NBR复合膜的红外谱图中，未明显观察到C≡N官能团的特征峰，在1300～1000cm^{-1}范围内的特征峰为伯醇或叔醇的振动峰，837cm^{-1}处为C—H面外弯曲振动峰，加热后的40% GO/NBR复合膜，以上特征峰均变弱或消失。以上实验结果表明，高温加热导致了GO含氧官能团的断裂，引起NBR化学交联反应[11]。另外，在低含量的20% GO/NBR复合膜中，以NBR为基体结构，而高含量的40% GO/NBR复合膜中，NBR的特征官能团不明显，即出现了相反转，以连续的GO纳米片为基体结构。

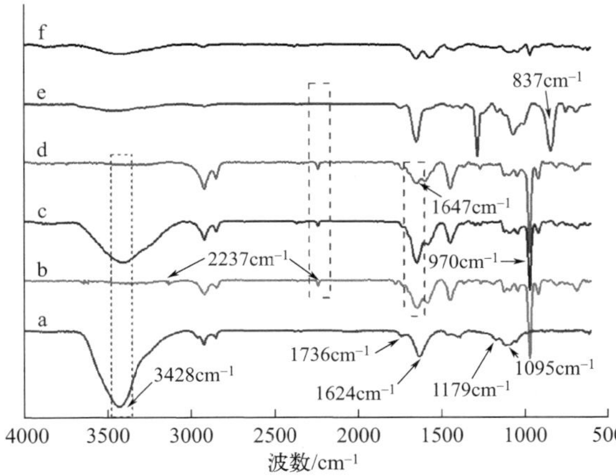

图4-6　FTIR谱图

a—GO；b—NBR；c—未加热20% GO/NBR复合膜；d—加热后20% GO/NBR复合膜；e—未加热40% GO/NBR复合膜；f—加热后40% GO/NBR复合膜

4.2.2.2 GO/NBR复合膜的交联密度

采用溶胀平衡法测定GO/NBR复合膜的溶胀平衡比值和交联密度值，如图4-7所示。随着GO掺量（质量分数）增加至20%，GO/NBR复合膜的溶胀平衡比值迅速下降，交联密度值迅速上升。具体的，纯NBR的溶胀平衡比值约为3.68，而10%和20% GO/NBR复合膜的溶胀平衡比值分别下降为2.36和1.31，纯NBR的交联密度值为0.145mmol/cm^3，而10%和20% GO/NBR复合膜的交联密度值分别上升至7.48mmol/cm^{3}和64.6mmol/cm^3，即GO可以诱导NBR交联制备得到交联的复合材料。而GO再增至30%和40%时，溶胀平衡比值基本不变，交联密度值甚至出现下降的现象，分析认为随着GO含量的进一步增加，复合膜中胶乳粒子的含量下降，胶乳粒子与GO片层键合的程度受到胶乳粒子总含量的限制，多余的GO片层在溶剂浸泡过程中甚至出现脱落的现象，因此溶胀平衡比值基本不变，交联密度值明显下降。

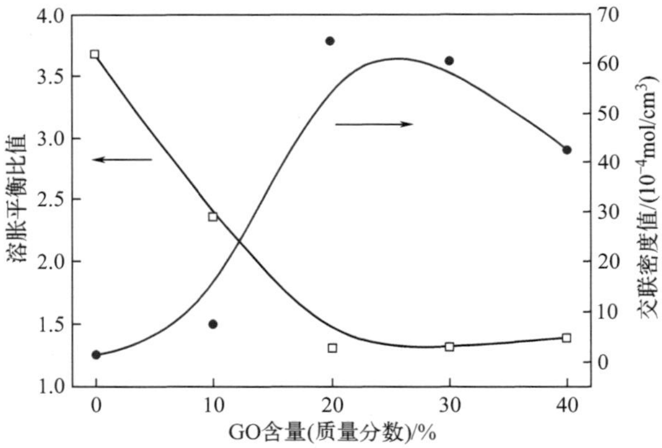

图4-7 GO/NBR复合膜的溶胀平衡比值和交联密度值

4.2.3 力学性能

4.2.3.1 GO/NBR复合膜的动态热机械性能

纯NBR与不同含量（质量分数）的GO制备的GO/NBR复合膜的储能模量如图4-8（a）所示，损耗正切角如图4-8（b）所示，对应的DMA曲线参数如表4-3所列。由图4-8（a）可以观察到，在橡胶的高弹态，随着GO

含量的增加，GO/NBR复合膜的储能模量呈现上升趋势，即GO纳米片起到了良好的增强作用，储能模量上升。由图4-8（b）可以观察到，GO含量分别为10%和20%时，复合膜的T_g相比纯NBR变化不大，但GO含量分别为30%和40%时，复合膜的T_g却分别上升0.85℃和3.11℃，且随GO含量的增加，GO/NBR复合膜的损耗正切角峰值依次降低。以上结果表明，GO纳米片作为刚性片层结构，与NBR大分子链缠绕在一起，限制了大分子链的滑移，且GO与NBR复合过程中，将NBR分子链上的应力有效地转移至增强填料GO纳米片，均导致界面相互作用加强，储能模量上升，能量损耗降低[12,13]。

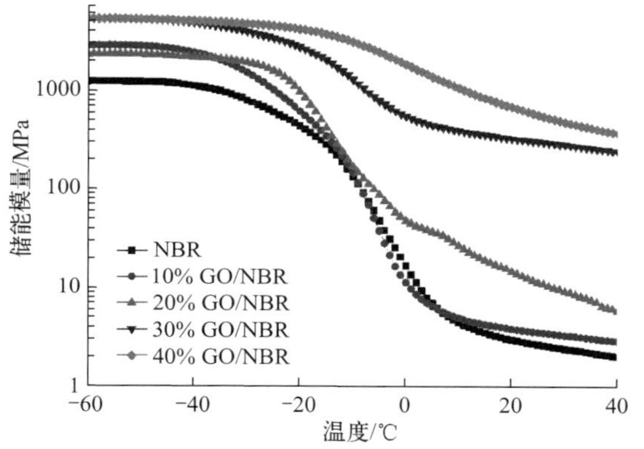

(a) 温度-储能模量

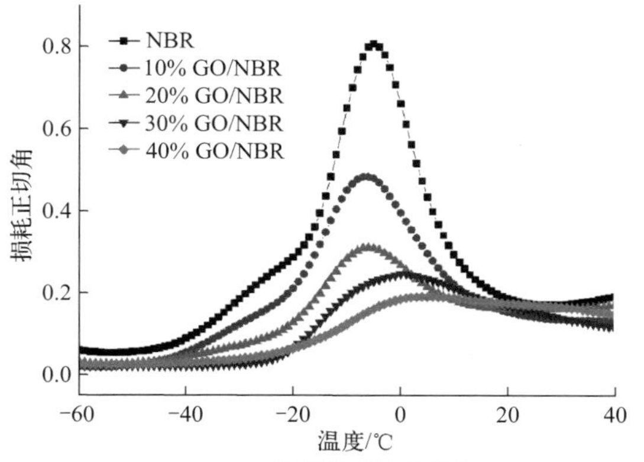

(b) 温度-损耗正切角

图4-8 纯NBR与不同GO含量的GO/NBR复合膜的温度–储能模量示意图和温度–损耗正切角示意图

表4–3　DMA曲线参数

材料	NBR	GO/NBR 复合膜材料			
GO含量(质量分数)/%	0	10	20	30	40
T_g/℃	−4.7	−5.9	−5.9	0.85	3.11
tanδ峰值	0.81	0.49	0.31	0.25	0.19

4.2.3.2　GO/NBR复合膜的机械性能

不同GO含量（质量分数）的GO/NBR复合膜的机械性能如图4-9所示。

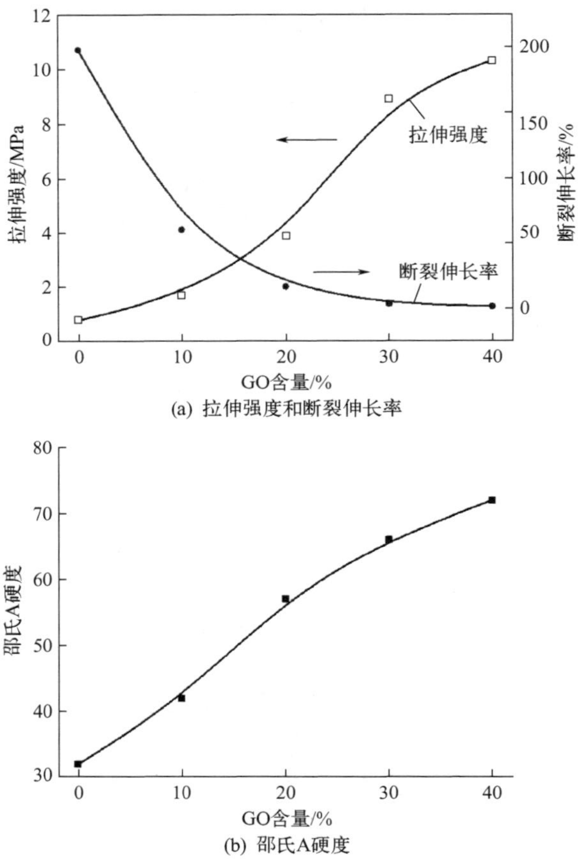

(a) 拉伸强度和断裂伸长率

(b) 邵氏A硬度

图4–9　GO/NBR复合膜的拉伸强度、断裂伸长率和邵氏A硬度

由图4-9（a）可以观察到，纯NBR膜由于未交联，拉伸强度较低，为

0.8MPa，随GO含量的增加，复合膜的拉伸强度迅速上升，10%和20% GO/NBR复合膜的拉伸强度分别为1.7MPa和3.9MPa，较纯NBR膜增幅不是很大。当GO含量增至30%和40%时，GO/NBR复合膜的拉伸强度分别增至8.9MPa和10.3MPa，较纯NBR膜分别提高了11.1倍和12.8倍之多。由SEM及TEM等表征可知，随GO含量的增加，隔离网络结构形成，使GO纳米片搭接在一起，成为了复合膜的基体结构，GO纳米片自身的高模量及GO诱导NBR形成的化学交联带来的两相强界面相互作用，均使复合膜的拉伸强度大幅度提高。由图4-9（b）可以观察到，随GO含量的增加，复合膜的邵氏A硬度直线上升，同样证明了两相强界面相互作用及高含量GO制备复合膜的相反转的现象。另外，由图4-9（a）中断裂伸长率曲线可以观察到，随GO含量的增加，GO/NBR复合膜的断裂伸长率迅速降低，当GO含量为30%和40%时，GO/NBR复合膜的塑性变形几乎消失，断裂伸长率下降到2%以下，这归因于GO诱导NBR分子链交联的同时，也限制了NBR大分子链的流动性，同时隔离网络结构将胶乳粒子固定，限制其变形，同样会降低其断裂伸长率。

4.2.4 气体阻隔性能

GO含量（质量分数）与GO/NBR复合膜的气体阻隔性能的对应关系如图4-10所示。

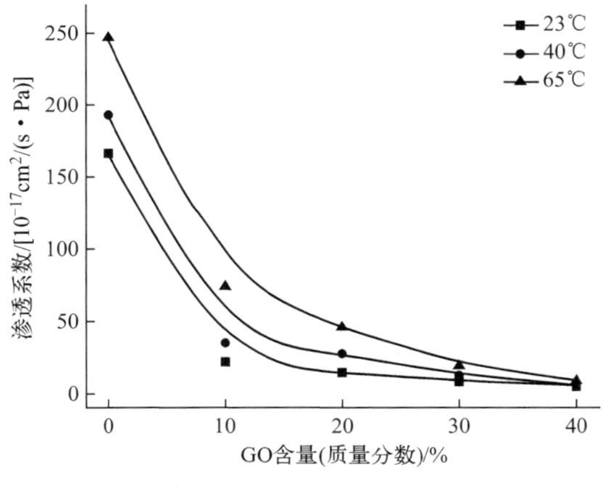

图4-10　23℃、40℃和65℃时不同含量GO/NBR复合膜材料的N_2渗透系数

由图4-10可知，随GO含量的增加，GO/NBR复合膜的气体渗透系数逐渐降低，纯NBR膜的渗透系数约为$166\times10^{-17}cm^2/(s\cdot Pa)$，20% GO/NBR复合膜的渗透系数降低至$14.4\times10^{-17}cm^2/(s\cdot Pa)$，而40% GO/NBR复合膜的渗透系数大幅降低至$5.87\times10^{-17}cm^2/(s\cdot Pa)$，众所周知，低渗透率意味着更好的气体阻隔性能。10%和20% GO/NBR复合膜中，虽然存在GO纳米片的分散变差带来的缺陷增多的现象，但由于GO纳米片的堆叠，复合材料仍然表现出优异的气体阻隔性能，气体渗透系数较纯NBR下降一个数量级。随GO含量增至30%和40%，复合材料出现了相反转，隔离网络与取向的双重网络结构的形成，更大程度地延长了气体分子的扩散路径，形成了良好的屏障[14]，GO/NBR复合膜的渗透系数再次下降一个数量级。

4.2.5 传感性能

不同含量（质量分数）的GO制备的GO/NBR复合膜的电导率如表4-4所列。纯NBR膜的四探针测试仪测试电导率为6.54×10^{-4}S/cm，为绝缘体；10%和20% GO/NBR复合膜的电导率上升一个数量级，但导电性不强，结合复合材料的微观形貌，可知此时GO分散在NBR基体中，并未形成导电通路；而GO添加量增至30%和40%时，复合膜的电导率可达1.0S/cm，为导电材料，此时高含量的GO形成了双重网络结构，导电通路打通，复合材料的导电性提高，但由于GO的还原性较低，复合膜的导电性未进一步提升。

表4-4 GO/NBR复合膜的电导率

材料	NBR	10% GO/NBR	20% GO/NBR	30% GO/NBR	40% GO/NBR
电导率/(S/cm)	6.54×10^{-4}	4.39×10^{-3}	1.61×10^{-3}	1.54×10^{-1}	1.0

对GO/NBR复合薄膜反复进行90°弯折并复原，不同GO含量（质量分数）的GO/NBR复合薄膜的电流变化如图4-11所示。随着对薄膜材料的弯折，由于拉应力的作用，材料内部填料结构发生变化，电阻下降，电流上升，薄膜恢复过程中，填料恢复到原先位置上，电阻重新上升，电流下降。经多次重复实验，不同含量的GO/NBR复合薄膜都能做出规律性响应，即耐久度较高。

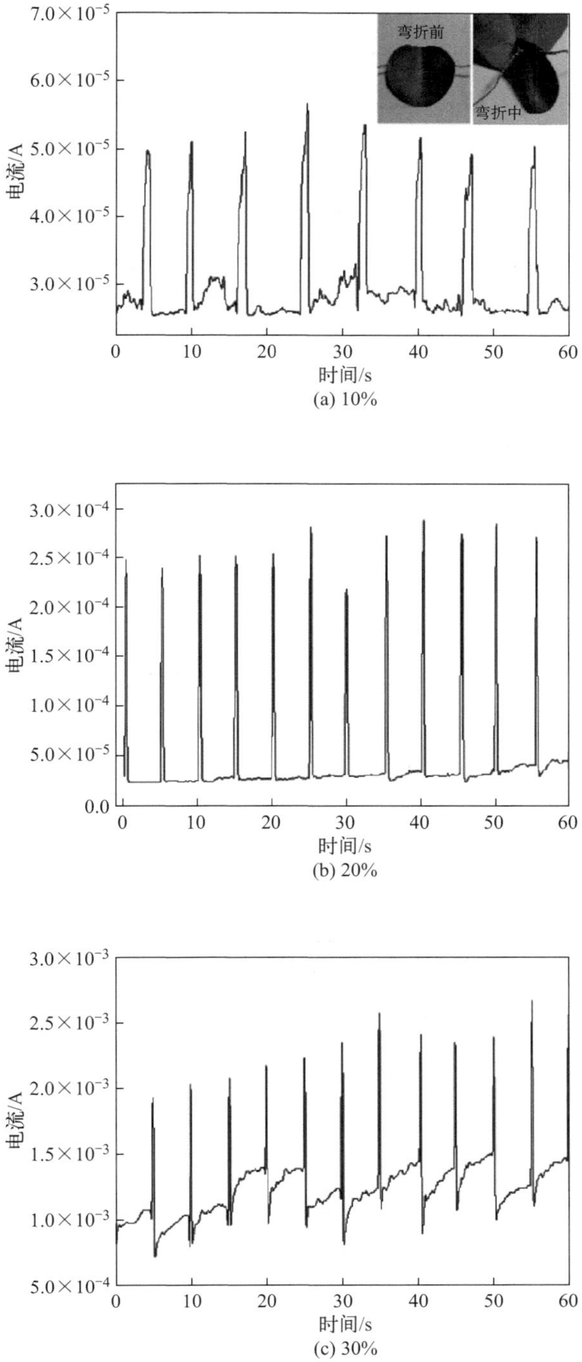

图4-11

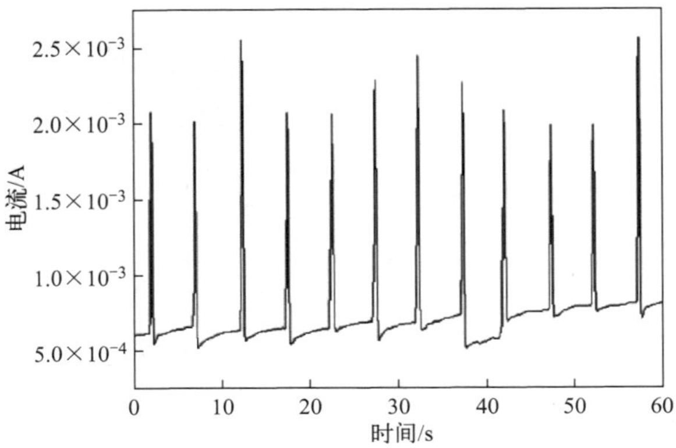

(d) 40%

图4-11　不同含量GO/NBR复合薄膜的弯折过程电流变化

具体的，10% GO/NBR复合薄膜在反复弯折过程中，电流变化为10^{-5}数量级，即较低含量的GO填充于NBR中，材料电导率较低，导致电流变化较小，且可观察到，弯折恢复后，电流曲线呈现较多毛刺，不够平滑，即测量精度较弱。20% GO/NBR复合薄膜在反复弯折过程中，电流变化上升为10^{-4}数量级，且弯折恢复后，电流曲线较平滑，测量精度提高。30%和40% GO/NBR复合薄膜在反复弯折过程中，电流变化上升为10^{-3}数量级，即随着GO含量的进一步提升，填料导电通路进一步加强，电流变化率较大。

另外，观察30%和40% GO/NBR复合薄膜对弯折过程的响应，可以发现弯折恢复后，电流瞬间先有一个小的下降，然后趋于平稳，这可能是由于高含量的填料填充至橡胶中，复合材料的韧性下降，脆性上升，弯折过程中有裂缝等破损情况，故恢复后电阻率急剧增强，随后趋于平稳[15-18]。

将20g的砝码加载—卸载，或是悬空10cm冲击GO/NBR复合膜材料，电流变化如图4-12所示。将重物加载到复合材料上，复合材料内部填料网络结构发生变形，填料更密实，导电通路增强，电阻率下降，电流增大；将砝码卸载后，复合材料内部填料网络恢复原始结构，电流又恢复到初始状态。当将砝码反复悬空冲击复合膜材料时，冲击及卸载过程复合材料内部填料网络结构的变化同直接将砝码加载—卸载是一致的，所不同的是砝码冲击过程可能造成膜材料的永久性破坏，导致恢复不到之前的情况，每次冲击完成后，电流只能恢复到比之前大一点的情况，即复合膜材料对动态压力响应的耐久度不高。

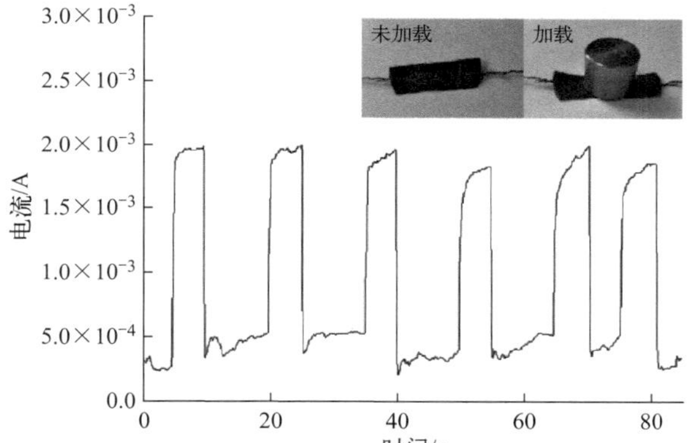

(a) 重物加载—卸载

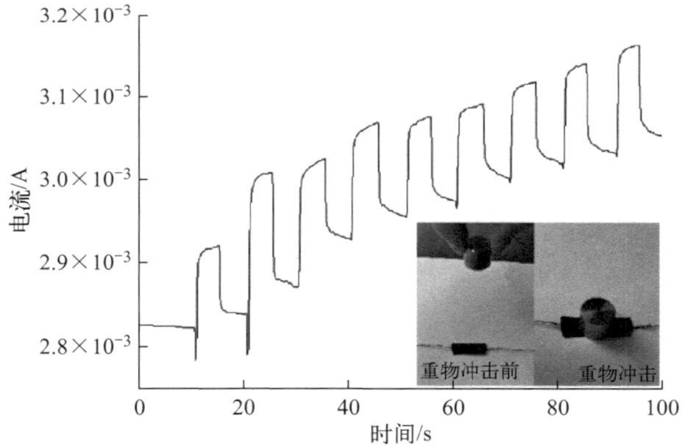

(b) 重物冲击

图4-12　GO/NBR复合材料的电流变化

用GO/NBR复合膜材料做人体运动检测，手指弯曲、膝盖弯曲和发声等相应运动响应的电流变化如图4-13所示。将GO/NBR复合膜材料贴于中指或膝盖处，通过反复弯曲—伸直，复合材料内部填料网络结构发生变形并恢复，电流先迅速下降，然后呈“r”形恢复到初始状态。由图4-13（a）和（b）可以观察到，随手指或膝盖弯曲程度的不同，电流变化范围不同，当膝盖轻微弯曲时，电流在一个较小的范围内发生变化，即将GO/NBR复合膜材料用于人体运动检测灵敏度较高。图4-13（c）为将GO/NBR复合膜材料贴于喉咙处，通过不同幅度的发声，引起材料的振动，导致内部填料网络结构发生变化，反映为不同的电流水平变化。

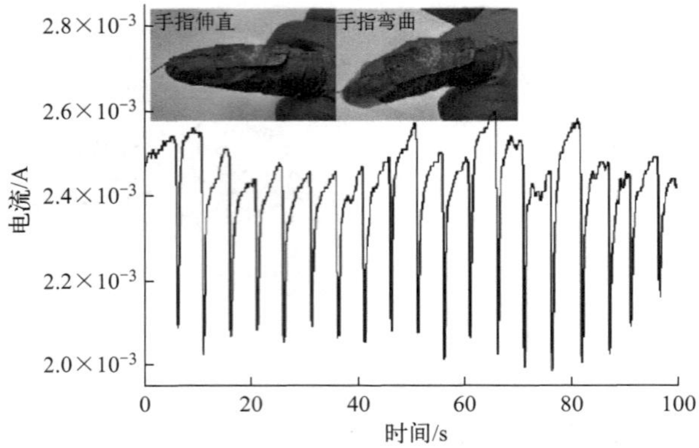

(a) 手指弯曲

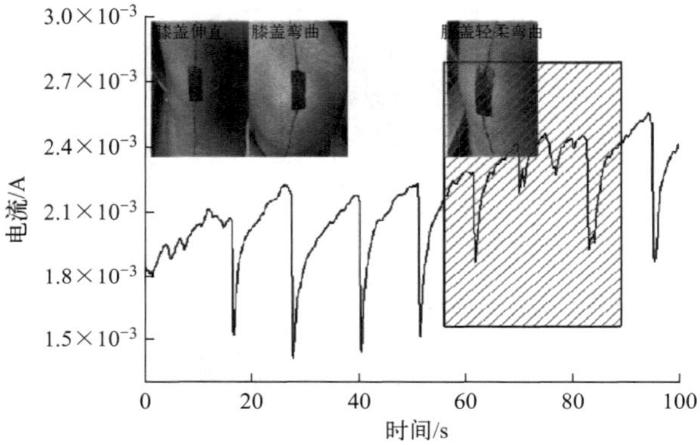

(b) 膝盖弯曲

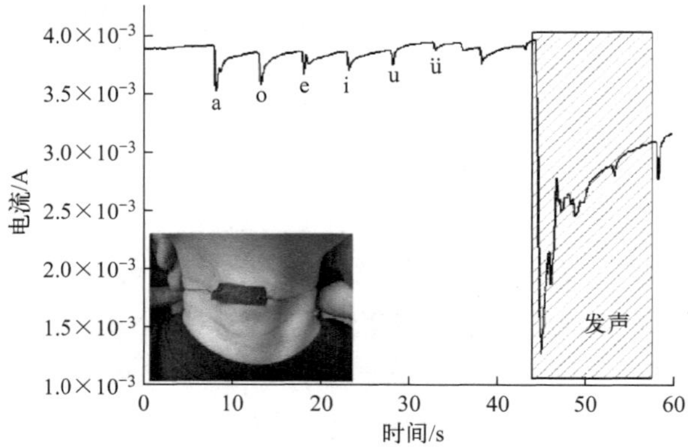

(c) 发声

图4-13 GO/NBR复合材料的人体运动检测

综上，将GO/NBR复合膜材料作为柔性传感元件，既适用于大尺度的反复弯折，也适用于小尺度的重物加载及冲击过程。进一步，可以用于手指弯曲、膝盖弯曲和发声等人体运动检测。因此，本章介绍的制备工艺简单、环境友好的柔性GO/NBR复合材料可大规模生产，柔性高、灵敏度高、可穿戴的GO/NBR复合材料可用于监测人体的活动行为情况[19-22]。

4.2.6 热稳定性能

NBR及不同GO含量（质量分数）的GO/NBR复合膜的TGA和DTG曲线分别如图4-14（a）和（b）所示，对应的热失重数据如表4-5所列。由图4-14（a）可以观察到，纯NBR在320～450℃范围内出现明显的失重，由NBR分子链的断裂所引起，800℃的残炭几乎为零，即有机高分子NBR全部分解完毕。添加10%和20% GO制备的复合膜，最大反应速率温度范围右移至400～500℃，且初始降解温度（T_{95}%）和最大降解温度（T_{50}%）较纯NBR有大幅度提升，即GO/NBR复合膜的热稳定性提高，归因于GO纳米片具有高的长径比，作为屏障有效地抑制了小分子气体的逸出。随GO含量增至30%和40%，GO/NBR复合膜的热失重曲线出现较大变化，在130～510℃温度范围出现连续的热失重，GO在280℃温度以下范围内连续失重由GO的含氧官能团断键所致，400℃附近的迅速失重由NBR分子链的断裂所致，460℃附近的迅速失重由GO与NBR分子链复合交联后交联分子链断裂所致。同时，由表4-5可知，30%和40% GO/NBR复合膜的残炭量大幅度增加。以上实验结果再次证明，当GO含量增至30%和40%时，复合膜出现了相反转，GO成了复合膜的基体结构。

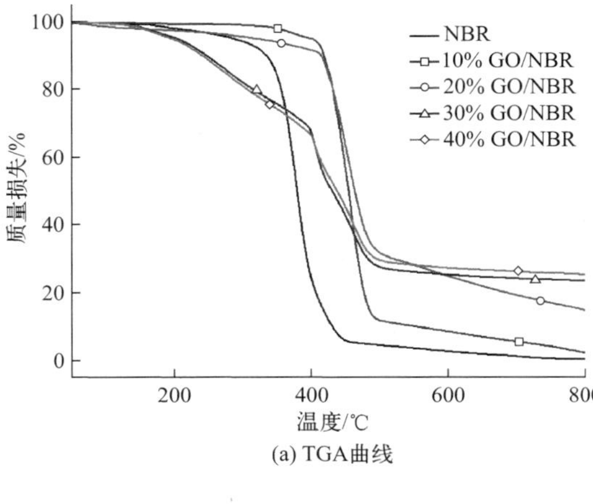

(a) TGA曲线

图4-14

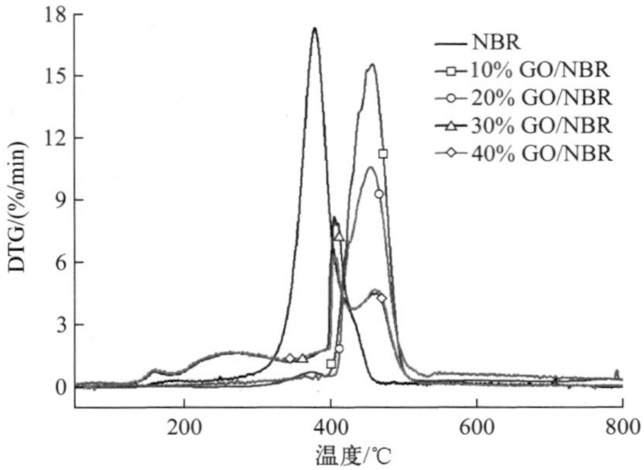

(b) DTG曲线

图4-14 NBR及不同GO含量的GO/NBR复合材料的热失重（TGA）曲线和DTG曲线

表4-5 NBR和GO/NBR复合材料的热失重数据

项目	NBR	10% GO/NBR	20% GO/NBR	30% GO/NBR	40% GO/NBR
T_{95}%/℃	282.8	396.9	324.9	202.5	202.5
T_{50}%/℃	381.3	454.5	464.4	430.6	439.0
800℃的剩余量/%	0.65	2.04	14.5	23.1	25.6

综上，本章采用GO诱导NBR化学自交联的方法，借助微孔滤膜抽滤进行层层组装制备得到了层内隔离网络、层间取向的双重网络结构的GO/NBR复合膜。首先将GO分散液与NBR自组装混合均匀，微孔滤膜抽滤得到混合膜，烘干成型后，利用GO高温分解释放自由基，引发NBR高温自交联，层层自组装制得双重网络结构，具体结论如下：

① 随GO含量（质量分数，下同）的增加，GO/NBR复合膜的接触角依次增加，变为双亲性的复合膜。WXRD和拉曼光谱表征均表明，GO含量为10%和20%时，复合膜以NBR为基体，而GO含量增至30%和40%时，出现了相反转，GO纳米片重叠在一起，为复合膜的连续相。SEM和TEM表征可以明显地观察到，GO纳米片通过自组装均匀地覆盖在亚微米级别的NBR胶乳颗粒周围形成隔离网络结构，且GO纳米片呈现局部取向结构，即本实验成功制备得到了隔离和取向的双重网络结构。

② FTIR表征证实了GO纳米片与NBR分子链之间交联反应的发生。溶

胀平衡法测定GO/NBR复合膜的交联密度，随着GO含量增加至20%，GO/NBR复合膜的交联密度迅速增加，即GO可以诱导NBR化学交联制备得到交联的复合材料，但当GO再增至30%和40%时，复合膜中胶乳粒子的含量下降，胶乳粒子与GO片层键合的程度受到胶乳粒子总含量的限制，交联密度下降。

③ DMA实验结果表明，随着GO含量的增加，GO/NBR复合膜的储能模量呈现上升趋势，损耗正切角峰值依次降低。GO含量分别为30%和40%时，复合膜的T_g分别上升0.85℃和3.11℃，即GO诱导NBR交联带来了更强的界面相互作用力和更有效的应力转移。随着GO含量的增加，复合膜的拉伸强度迅速上升，当GO含量增至30%和40%时，GO/NBR复合膜的拉伸强度分别增至8.9MPa和10.3MPa，较纯NBR膜分别提高了11.1倍和12.8倍之多，同时断裂伸长率迅速下降，失去弹性。

④ 由于GO纳米片的屏障作用，10%和20% GO/NBR复合膜的渗透系数较纯NBR下降一个数量级；随着GO含量增至30%和40%，复合材料出现了相反转，隔离网络结构与取向结构的双重结构形成，更大程度地延长了气体分子的扩散路径，形成了良好的屏障，GO/NBR复合膜的渗透系数再次下降一个数量级，即本实验制备的双重隔离网络结构复合膜有望应用于高压、高温等特殊条件下的气体阻隔器件中。

⑤ GO添加量增至40%时，复合膜的电导率可达1.0 S/cm，为导电材料，此时高含量的GO形成了双重网络结构，导电通路打通，复合材料的导电性提高。热重实验结果同时证明了当GO含量增至30%和40%时，复合膜出现了相反转，GO成了复合膜的基体结构，以及GO纳米片作为屏障有效地抑制了小分子气体的逸出，致使GO/NBR复合膜的热稳定性上升。

参考文献

[1] Yaragalla S, Meera A P, Kalarikkal N, et al. Chemistry associated with natural rubber-graphene nanocomposites and its effect on physical and structural properties[J]. Ind Crop Prod, 2015, 74: 792-802.

[2] Lin Y, Liu S Q, Liu L. A new approach to construct three-dimensional segregated graphene structures in rubber composites for enhanced conductive, mechanical and barrier properties[J]. J Mater Chem C, 2016, 4(12): 2353-2358.

[3] Flory P J. Statistical mechanics of swelling network structures[J]. J Chem Phys, 1950, 18: 108-111.

[4] Huang W G, Wei K H, Wu C M. Mechanical, thermal, and barrier properties of NBR/

organosilicate nanocomposites[J]. Polym Eng Sci, 2004, 44(11): 2117-2124.
[5] Yan H, Li H, Li W, et al. Probing the damping property of three-dimensional graphene aerogels in carboxylated nitrile butadiene rubber/polyurethane blend[J]. Polym Eng Sci, 2020, 60(1): 61-70.
[6] Lim L P, Juan J C, Huang N M, et al. Enhanced tensile strength and thermal conductivity of natural rubber graphene composite properties via rubber-graphene interaction[J]. Mater Sci Eng B, 2019, 246: 112-119.
[7] Xu Z C, Zheng L, Wen S P, et al. Graphene oxide-supported zinc oxide nanoparticles for chloroprene rubber with improved crosslinking network and mechanical propertie[J]. Composites: Part A, 2019, 124: 105492.
[8] Shen M X, Dong F, Ma Y, et al. Fretting wear behaviors of acrylonitrile-butadiene rubber (NBR) against diamond-like carbon and graphene coatings[J]. Int J Adv Manuf Technol, 2018, 96: 1749-1759.
[9] Raef M, Razzaghi-Kashani M. The role of interface in gas barrier properties of styrene butadiene rubber-reduced graphene oxide composites[J]. Polymer, 2019, 182: 121816.
[10] Mensah B, Gupta K C, Kang G, et al. A comparative study on vulcanization behavior of acrylonitrile-butadiene rubber reinforced with graphene oxide and reduced graphene oxide as fillers[J]. Polym Test, 2019, 76: 127-137.
[11] Yaragalla S, Meera A P, Kalarikkal N, et al. Chemistry associated with natural rubber - graphene nanocomposites and its effect on physical and structural properties[J]. Ind Crop Prod, 2015, 74: 792-802.
[12] Prager S, Long F A. Diffusion of hydrocarbons in polyisobutylene[J]. J Am Chem Soc, 1951, 73(9): 4072-4075.
[13] Amerongen G J V. Diffusion in elastomers[J]. Rubb Chem Technol, 1964, 37: 1065-1152.
[14] Wang L Y, Cui H B, Hao M Z, et al. Excellent gas barrier property of reduced graphene oxide/nitrile butadiene rubber composite film with high reduced graphene oxide content[J]. Polymer Composites, 2025: 1-11.
[15] 张钊 .（氧化）石墨烯改性丁腈橡胶的研究 [D]. 成都：西南石油大学，2017.
[16] 钟锐 . 石墨烯 / 丁腈橡胶复合材料的制备与研究 [D]. 成都：西南石油大学，2019.
[17] 唐功庆，解希铭，孙攀，等 . 改性石墨烯 / 丁腈橡胶纳米复合材料的制备及性能研究 [J]. 现代化工，2019, 39(2): 181-184.
[18] 赵洪国，徐典宏，杨玉琼，等 . 石墨烯 / 丁腈橡胶复合材料性能研究 [J]. 化工新型材料，2019, 47(9): 78-81.
[19] 万里 . 石墨烯 / 橡胶纳米复合材料的研究 [D]. 青岛：青岛科技大学，2014.
[20] 邢旺，李璃天，吴锦荣，等 . 乳液共混法制备的石墨烯 / 天然橡胶纳米复合材料的微观结构研究 [J]. 中国科技论文，2014, 9(6): 669-672.
[21] 刘海军 . 石墨烯基柔性应变传感器的制备及其应用 [D]. 杭州：杭州电子科技大学，2020.
[22] 武建锋 . 石墨纳米片基柔性应力传感器的制备和研究 [D]. 哈尔滨：哈尔滨工业大学，2018.

第5章 功能化 GO/NR 复合材料

大多数橡胶需要经过活性填料的增强才具有使用价值。石墨烯因具有高的比表面积以及良好的力学性能、导热性能、导电性能和气体阻隔性能等而备受关注[1-3]。直接将石墨剥离制备石墨烯纳米片层，量小且结构不稳定。因此，石墨烯作为填料填充至橡胶基体中，大多采用功能化氧化石墨烯（GO）或还原GO的办法[4,5]。GO作为石墨烯的衍生物，表面富含羟基、羧基及环氧基等含氧官能团，这些含氧官能团可以与极性橡胶基体通过氢键或共价键形成强有力的界面相互作用[6,7]。但直接将GO填充至非极性或弱极性橡胶基体中，较弱的界面作用导致较差的增强效果。因此，可以考虑对GO进行接枝改性，改善GO表面的亲水特性。例如，Huang等[8]采用Si69接枝改性GO制备GO/天然橡胶复合材料，Si69接枝改性GO实现了在天然橡胶基体中的单片层分散，增强了两相的界面结合作用力。Zhan等[9]采用超声辅助胶乳混合的方法制备化学还原GO/天然胶乳复合材料，可以得到力学性能、导电性能、气体阻隔性能良好的复合材料。Guo等[4]采用十六烷基三甲基溴化铵接枝改性GO并与丁基橡胶进行溶液共混制备橡胶基复合材料，当加入10%（质量分数）的改性GO时，复合材料的模量比纯丁基橡胶提高了16倍。Malas等[5]采用异氰酸酯改性GO制备了GO/丁苯橡胶/顺丁橡胶复合材料，异氰酸酯的改性显著提高了GO在丁苯橡胶/顺丁橡胶中的分散，并大幅度地提高了复合材料的力学性能。

本章采用马来酸酐（MAH）和己内酰胺（CPL）对GO进行接枝改性，以期利用MAH水解后的羧基与GO片层的羟基发生化学键接作用，利用CPL的酰胺基团与GO的含氧官能团形成氢键或范德瓦耳斯力，GO表面特性由亲水变为亲油，提高填料在橡胶基体中的分散性，提高复合材料抵抗变形的能力，考察接枝改性后GO的用量对复合材料微观相态结构、力学性能和动态机械性能的影响。

5.1 复合材料的制备

5.1.1 原料

① 天然胶乳（NR）：固含量62%，深圳吉田化工有限公司。

② 氧化石墨烯（GO）：SE2430，常州第六元素材料科技股份有限公司。

③ 马来酸酐（MAH）：分析纯，天津市博迪化工有限公司。

④ 己内酰胺（CPL）：分析纯，湖北成丰化工有限公司。

⑤ 去离子水自制。

⑥ 其他配合剂均为市售品。

5.1.2 制备步骤

（1）MAH-GO的制备

称取一定量的GO于三口烧瓶中，加入适量去离子水，配制成浓度为1mg/mL的GO溶液，超声分散30min；称取一定量的MAH（GO与MAH的质量比为1∶2），加入少量去离子水搅拌至溶解，逐滴加入三口烧瓶中；将三口烧瓶置于60℃恒温水浴锅中机械搅拌2h；抽滤，洗涤；将滤饼置于烧杯中，加入少量去离子水，超声分散30min，得到MAH-GO，备用。

（2）MAH-GO/NR复合材料的制备

称取一定量的NR［MAH-GO分别为NR的0.5%、1.0%、1.5%、2.0%和2.5%（质量分数）］加入MAH-GO水溶液中，常温下机械搅拌1h；配制8%（质量分数）的$CaCl_2$溶液，逐滴加入三口烧瓶中，同时继续搅拌，至NR全部絮凝，呈现上清液；去离子水反复洗涤絮凝物，剪碎，放入60℃的烘箱中烘干至恒重，得到MAH-GO/NR混合物；在双辊开炼机上混炼，按氧化锌5份（质量份，下同）、硬脂酸1份、促进剂D0.5份、促进剂DM0.5份、升华硫2份的顺序和用量依次加入配合剂，混炼均匀，下辊，得到MAH-GO/NR混炼胶；将混炼胶在平板硫化机上硫化，硫化条件为145℃×10MPa×正硫化时间（T_{90}），得到相应的MAH-GO/NR复合材料。

（3）CPL@GO的制备

按1mg/mL的浓度配制GO水溶液，超声分散30min，按GO∶CPL为（质量比）1∶3加入CPL，搅拌均匀，继续超声分散5h，得到CPL接枝改性的GO（CPL@GO）。

（4）CPL@GO/NR复合材料的制备

按GO与NR的质量比分别为0.5%、1.0%、2.0%和3.0%混合CPL@GO的水溶液和NR乳液，常温下机械搅拌1h。采用8%（质量分数）的$CaCl_2$溶液絮凝NR胶乳，鼓风干燥箱中60℃下烘干至恒重。随后，在双辊开炼机上按氧化锌5份（质量份，下同）、硬脂酸1份、促进剂D 0.5份、促进剂DM0.5份、升华硫2份的顺序和用量依次加入配合剂，混炼均匀，下辊，将混炼胶在平板硫化机上硫化，硫化条件为145℃×10MPa×正硫化时间（T_{90}），得到CPL@GO/NR纳米复合材料。

5.1.3 结构表征与性能测试

① 采用红外光谱分析仪（FTIR，TENSOR27型傅里叶变频，德国Bruker公司）分析GO和MAH-GO、CPL@GO的特征基团，溴化钾压片，波数400～4000cm^{-1}，分辨率4cm^{-1}。

② 采用扫描电镜（SEM，JSM-7200F型，日本电子株式会社）观察复合材料拉伸断面形貌，拉伸断面先进行喷金处理。

③ 复合材料的拉伸强度、定伸应力等按GB/T 528—2009标准执行，500mm/min。邵氏A硬度按GB/T 531—2008标准执行。

④ 采用橡胶加工分析仪（RPA，elite RPE2-0026型，美国TA公司）对混炼胶进行振幅扫描，测试条件为：温度80℃，频率0.1Hz，振幅1%～1200%。

⑤ 动态热机械分析（DMA）：用TA公司生产的Q800测试复合材料动态热机械性能，拉伸模式，频率1Hz，测试范围−75～0℃，升温速率3℃/min。

⑥ 气体渗透系数测试：用北京瑞达宇辰仪器有限公司生产的GPT200测试复合材料的气体渗透系数，测试温度分别为23℃和40℃。

5.2 马来酸酐（MAH）功能化GO/NR复合材料

5.2.1 MAH-GO的结构表征

GO及MAH-GO的红外（FTIR）图谱如图5-1所示。在GO的FTIR图像上，3435cm^{-1}附近存在一个强且宽的吸收峰，归属于GO表面的—OH和吸附在表面上的水分子中的O—H伸缩振动吸收峰；1730cm^{-1}附近为GO的—COOH上的C═O伸缩振动吸收峰；1623cm^{-1}附近为GO骨架上的C═C伸缩振动吸收峰；1407cm^{-1}附近为O—H弯曲振动吸收峰；1215cm^{-1}附近为C—OH伸缩振动吸收峰；1053cm^{-1}附近为C—O—C伸缩振动吸收峰。由

MAH-GO的FTIR图谱可以发现，1215cm^{-1}附近的C—OH伸缩振动吸收峰基本消失，这是因为MAH遇水分解为顺丁烯二酸，其中含有的—COOH与GO上的—OH发生反应。另外，在2922cm^{-1}附近新出现的C—H伸缩振动吸收峰、在1245cm^{-1}附近新出现的O—C—O伸缩振动吸收峰为MAH的特征峰。综上所述，MAH成功接枝改性GO。

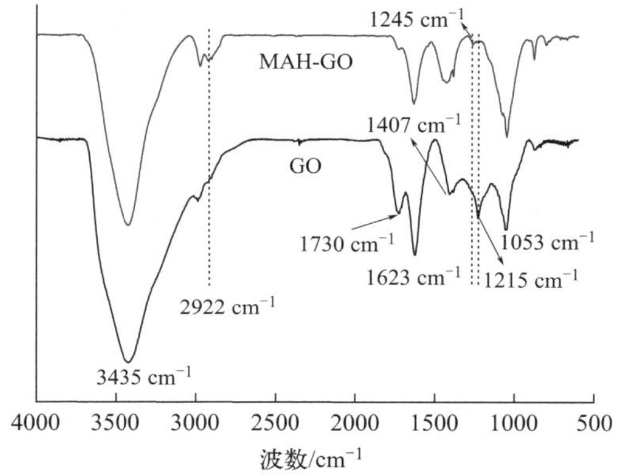

图5-1　GO和MAH-GO的FTIR图谱

5.2.2　机械性能

表5-1为NR和不同MAH-GO含量（质量分数，下同）的MAH-GO/NR复合材料的力学性能。由表5-1可以看出，MAH-GO/NR复合材料的拉伸强度、定伸应力和邵氏A硬度均优于纯NR，当MAH-GO含量为1.0%时，MAH-GO/NR复合材料的拉伸强度为25.63MPa，较NR的14.13MPa提高了81.4%。MAH接枝改性GO后，减少了GO表面的含氧官能团，降低了其亲水性能，提高了填料在橡胶基体中的分散性，提高了复合材料抵抗变形的能力，因此MAH-GO/NR复合材料表现出较优异的综合力学性能。然而，随着MAH-GO含量增至2.0%时，MAH-GO/NR复合材料的拉伸强度出现小幅度的下降，这是因为当MAH-GO添加至一定程度时，MAH-GO片层之间会形成氢键，MAH-GO在橡胶基体中形成的聚集体数量增加。另外，由表5-1可知，MAH-GO/NR复合材料的断裂伸长率较NR有小幅度的下降，这是由于石墨烯作为刚性片层结构添加到橡胶基体中，限制了橡胶分子链的重排和滑移，导致了断裂伸长率不同程度的下降。

表5-1　NR和不同MAH-GO含量的MAH-GO/NR复合材料的力学性能

材料	拉伸强度/MPa	断裂伸长率/%	100%定伸应力/MPa	300%定伸应力/MPa	邵氏A硬度
NR	14.13	698	0.45	1.03	33
0.5% MAH-GO/NR	22.85	647	0.71	2.04	37
1.0% MAH-GO/NR	25.63	622	0.79	2.12	38
1.5% MAH-GO/NR	25.16	605	0.89	2.52	37
2.0% MAH-GO/NR	23.87	665	0.63	1.84	39
2.5% MAH-GO/NR	23.53	663	0.69	1.96	40

图5-2为NR和不同MAH-GO含量的MAH-GO/NR复合材料的RPA曲线。由图5-2（a）可以观察到，复合材料的储能模量在应变小于30%时是一个平台区，随应变增加，储能模量急剧下降，这是由于在振荡剪切作用下，填料-填料相互作用、填料-橡胶相互作用所引起的物理填料网络被破坏，即Payne效应[10,11]。而且MAH-GO含量越高，粒子间相互作用越强，越容易聚集，三维网络的形成和破坏越明显，Payne效应越明显。MAH-GO具有非常高的比表面积，形成网络结构的能力更强，MAH-GO含量越高，初始储能模量的值越高。由图5-2（b）可以观察到，复合材料的损耗正切角在小应变时变化不大，随应变增至70%以上，MAH-GO与NR基体间内摩擦较大，损耗正切角急剧上升。由图5-2（c）可以观察到，复合材料在小应变时复数黏度基本不变，呈现牛顿平台区，应变增至40%以上时，复数黏度急剧下降，出现剪切变稀的行为。

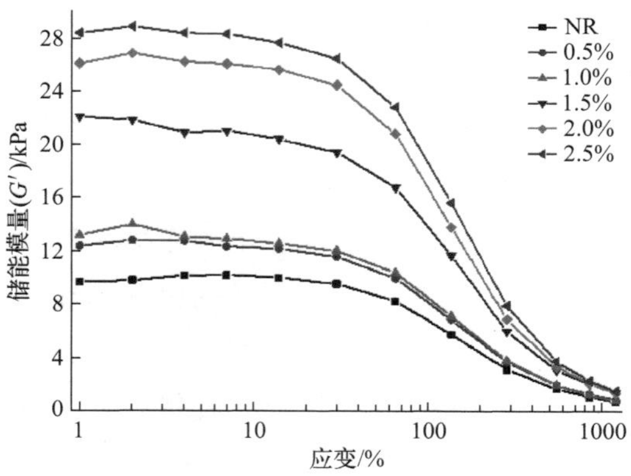

(a) 储能模量

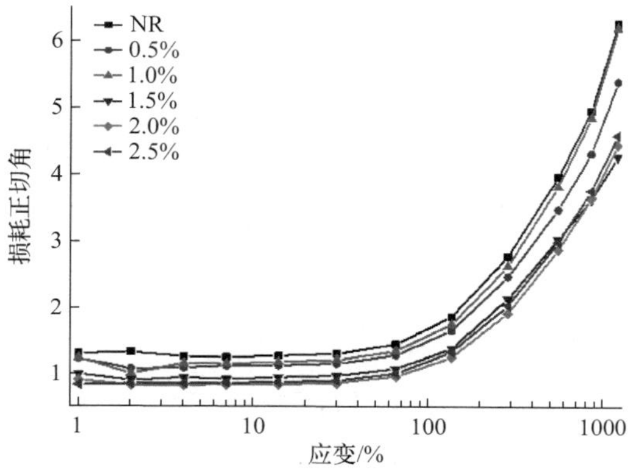

(b) 损耗正切角

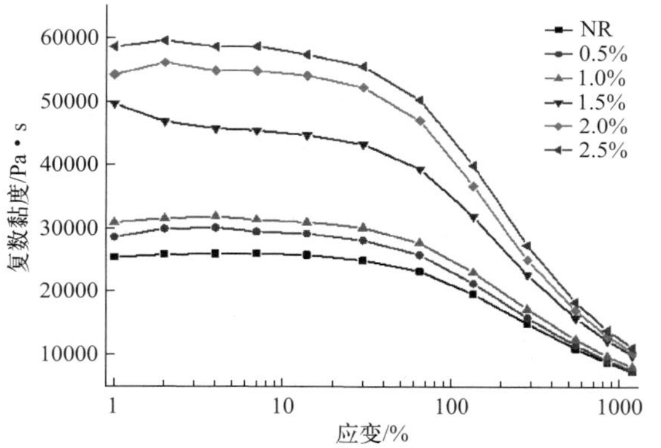

(c) 复数黏度

图5-2 NR和不同MAH-GO含量的MAH-GO/NR复合材料的RPA曲线

5.2.3 微观形态

图5-3为NR和不同MAH-GO含量的MAH-GO/NR复合材料的拉伸断面放大500倍和2000倍的SEM图像。由图5-3（a）可以观察到，NR的拉伸断面粗糙，呈现典型的韧性断裂。由图5-3（b）和（c）可以观察到，MAH-GO/NR复合材料的拉伸断面变得相对比较光滑，说明MAH-GO起到了增强填料的作用，复合材料的刚性得到了提高。由小倍数的SEM图像可以观察到，MAH-GO/NR复合材料中填料及配合剂分散得较为细致均匀；由高倍数的SEM图像可以观察到，2.0% MAH-GO/NR复合材料的拉伸断面上空穴较多，说明此填充含量时，填料在橡胶基体中聚集体数量增加，分散性变差，拉伸时整体发生剥离，产生较多空穴，导致2.0% MAH-GO/NR复合材料的

常规力学性能出现小幅度下降。

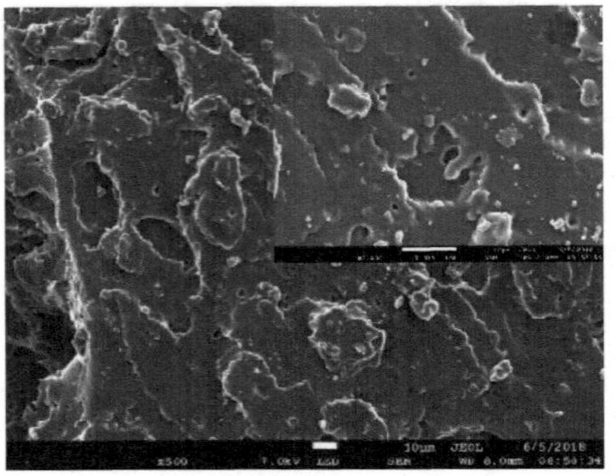

(a) NR

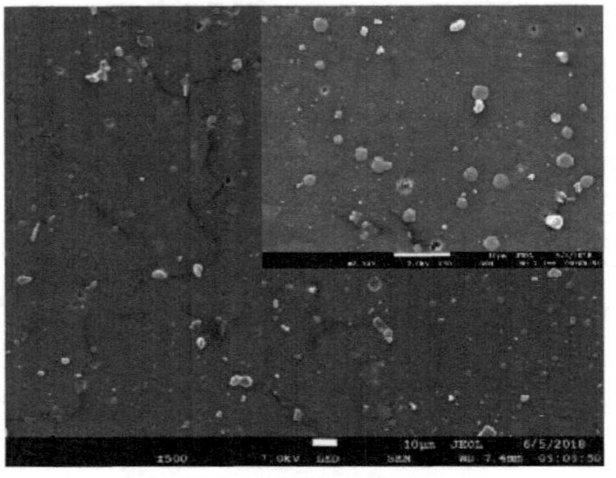

(b) 1.0% MAH-GO/NR

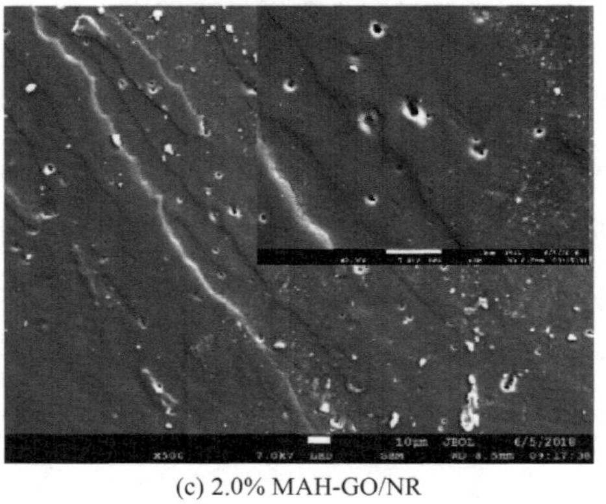

(c) 2.0% MAH-GO/NR

图5-3　NR和不同MAH-GO含量的MAH-GO/NR复合材料的拉伸断面放大500倍和2000倍的SEM图

5.3 己内酰胺（CPL）功能化GO/NR复合材料

5.3.1 CPL@GO的结构与形态表征

对GO及CPL@GO进行微观结构与形态的表征，红外（FTIR）图谱、XRD图谱和SEM图片如图5-4所示。由图5-4（a）可知，在GO的FTIR图谱上，3425cm^{-1}附近强且宽的吸收峰为GO表面的—OH和吸附在表面上的水分子中的O—H伸缩振动吸收峰；1723cm^{-1}、1623cm^{-1}、1401cm^{-1}、1225cm^{-1}和1049cm^{-1}附近的伸缩振动吸收峰分别归属于C═O、C═C、O—H、C—OH和C—O—C基团。由CPL@GO的FTIR图谱可以发现，2850cm^{-1}和2920cm^{-1}附近为CPL的—CH_2伸缩振动吸收峰，1109cm^{-1}附近为CPL的C—N伸缩振动吸收峰，同时可以观察到，GO的含氧官能团有轻微的移动，但并未消失，表明CPL主要是通过与GO的—COOH和C—O—C形成氢键或范德瓦耳斯力而键接在一起。由图5-4（b）可以观察到，GO在2θ=11.1°附近出现一个尖锐的特征衍射峰，对应的层间距为0.87nm，经CPL改性处理后，CPL@GO的特征衍射峰前移至9.8°，对应的层间距为1.07nm，表明CPL的改性处理破坏了GO规则的片层堆叠结构。由图5-4（c）和（d）可以观察到，GO粉末呈鳞片状，堆砌比较紧密，经CPL改性处理后堆砌更为松散，呈现絮状结构。以上结果均表明，CPL成功键接在GO表面。

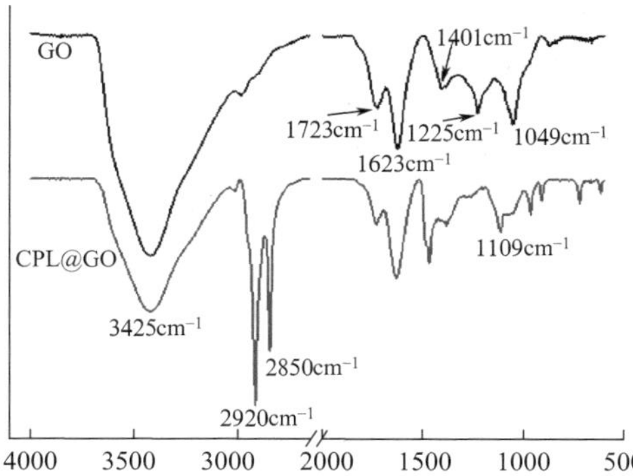

(a) FTIR图谱

图5-4

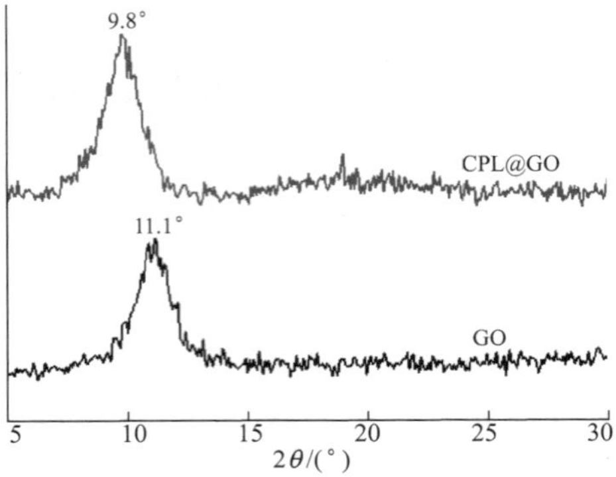

(b) XRD图谱

(c) GO的SEM图片

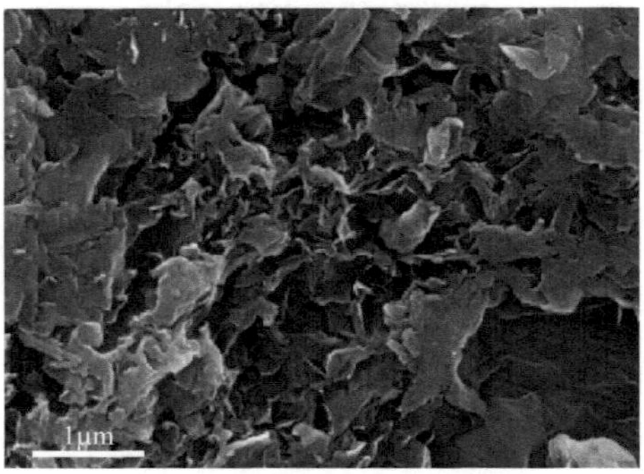

(d) CPL@GO的SEM图片

图5-4　GO和CPL@GO的FTIR图谱、XRD图谱及SEM图片

5.3.2　机械性能与形态

表5-2为不同CPL@GO含量（质量分数，下同）的CPL@GO/NR复合材料的力学性能。由表5-2可以看出，经CPL表面接枝改性GO后，复合材料的各项力学性能整体上优于纯NR，石墨烯高的杨氏模量带来了良好的补

强效果。随着CPL@GO含量的增加，复合材料的拉伸强度出现先上升后下降的趋势，2.0% CPL@GO/NR复合材料的拉伸强度为26.10MPa，较纯NR的17.30MPa提高了50.9%，CPL表面接枝改性GO后，提高了GO片层的亲油特性，有助于GO在橡胶基体中的良好分散，从而提高了复合材料抵抗变形的能力。但随CPL@GO含量继续增加，填料在橡胶基体中的聚集体数量增加，分散性变差，拉伸强度降低。另外，由表5-2可知，随CPL@GO含量的增加，复合材料的定伸应力和硬度出现上升的趋势，这同样是由石墨烯高的杨氏模量带来的，但复合材料的断裂伸长率出现小幅度下降，是由于石墨烯作为刚性片层结构会限制橡胶大分子链的运动，导致断裂伸长率下降。

表5-2　CPL@GO/NR复合材料的力学性能

材料	拉伸强度/MPa	100%定伸应力/MPa	300%定伸应力/MPa	断裂伸长率/%	邵氏A硬度
NR	17.30	0.65	1.98	663	33
0.5% CPL@GO/NR	20.91	0.61	2.02	631	34
1.0% CPL@GO/NR	23.70	0.67	2.13	639	36
2.0% CPL@GO/NR	26.10	0.72	2.17	649	37
3.0% CPL@GO/NR	24.63	0.69	2.20	637	38

对不同CPL@GO含量的CPL@GO/NR复合材料进行动态机械性能测试，结果如图5-5所示。由图5-5（a）可知，随着CPL@GO含量的增加，复合材料在玻璃态的储能模量依次增加，这是由于石墨烯高达1TPa的杨氏模量带来了良好的补强效果。由图5-5（b）可知，随着CPL@GO含量的增加，复合材料损耗正切角的峰值依次降低，表明NR分子链的运动能力下降，这是由于将刚性的片层GO掺入NR中，良好的界面相互作用限制了橡胶分子链的运动[12]。以上结果均表明，GO经CPL处理后再与NR复合，增强了两相界面相互作用。

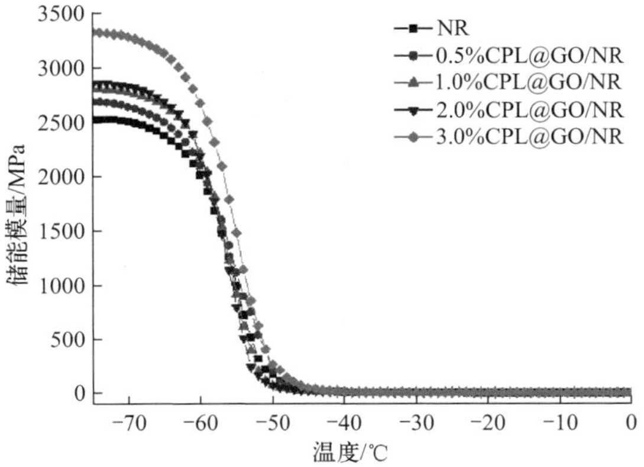

(a) 储能模量

图5-5

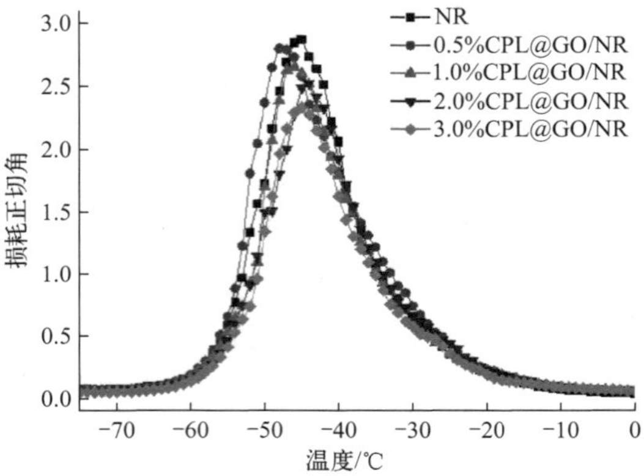

(b) 损耗正切角

图5-5 CPL@GO/NR复合材料的储能模量和损耗正切角

对不同CPL@GO含量的CPL@GO/NR复合材料的拉伸断面进行观察，SEM图片如图5-6所示，由图5-6（a）2.0% CPL@GO/NR复合材料的断面形貌可以观察到，填料分散均匀，没有明显的团聚现象或是填料拔出的现象发生，表明CPL@GO与NR两相界面作用较强，结合牢固。而图5-6（b）3.0% CPL@GO/NR复合材料的断面处，可以观察到少量的填料拔出及孔洞结构，表明过量的填料出现聚集的现象，同时导致拉伸强度下降。

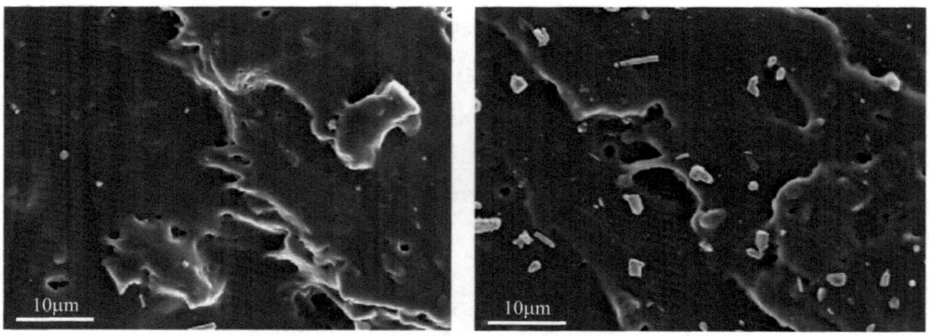

(a) 2.0% CPL@GO/NR (b) 3.0% CPL@GO/NR

图5-6 不同CPL@GO含量的CPL@GO/NR复合材料的SEM图片

5.3.3 气体阻隔性能

图5-7为CPL@GO/NR复合材料在不同温度下的气体阻隔性能研究结果。由图5-7可以观察到，随着CPL@GO含量（质量分数）的增加，复合

材料的渗透系数迅速下降。这是由于将阻隔性能良好的CPL@GO纳米片加入橡胶基体中，延长了气体分子的扩散路径[13-15]。纯NR在23℃和40℃时的气体渗透系数分别为$15.02\times10^{-17}m^2/(s\cdot Pa)$和$17.44\times10^{-17}m^2/(s\cdot Pa)$，而3.0% CPL@GO/NR复合材料在23℃和40℃时的气体渗透系数分别为$7.15\times10^{-17}m^2/(s\cdot Pa)$和$7.48\times10^{-17}m^2/(s\cdot Pa)$，较纯NR分别下降52.4%和57.1%。温度对材料的气体渗透有明显的影响，当温度升高时，气体渗透率和材料的自由体积均上升，就会导致复合材料的气体渗透系数上升[16]，对比同等CPL@GO添加量不同温度的复合材料的气体渗透系数，40℃时复合材料的气体渗透系数均高于23℃时，但随着CPL@GO含量的增加，两者渗透系数数值越来越接近，分析认为是由于CPL接枝改性GO后增强了与NR基体的两相界面相互作用，抑制了由温度升高所带来的自由体积上升的现象[17,18]。

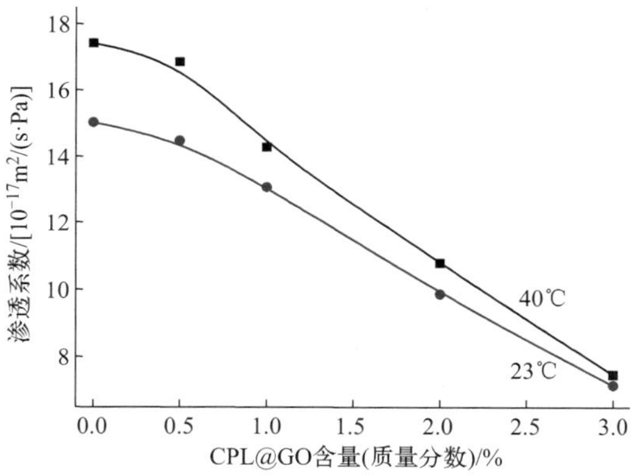

图5-7 CPL@GO/NR复合材料的渗透系数

综上，本章采用MAH和CPL对GO进行接枝改性，利用MAH水解后的羧基与GO片层的羟基发生化学键接作用，利用CPL的酰胺基团与GO的含氧官能团形成氢键或范德瓦耳斯力，将GO表面特性由亲水改为亲油，提高填料在橡胶基体中的分散性，提高复合材料抵抗变形的能力，考察接枝改性后GO的用量对复合材料微观相态结构、力学性能和动态机械性能的影响，具体结论如下：

① MAH水解后，与GO表面的含氧官能团反应，成功接枝于GO表面。MAH-GO/NR复合材料的拉伸强度、定伸应力和邵氏A硬度均优于纯NR，

1.0% MAH-GO/NR复合材料的拉伸强度为25.63MPa，较NR的14.13MPa提高了81.4%，但MAH-GO/NR复合材料的断裂伸长率较NR有小幅度的下降。由SEM图像可以观察到，1.0% MAH-GO/NR复合材料中填料及配合剂分散得较为细致均匀，2.0% MAH-GO/NR复合材料的拉伸断面空穴较多，聚集体数量增加，分散性变差。由RPA曲线可以观察到，随着MAH-GO含量的增加，复合材料的Payne效应逐渐明显，复合材料的损耗因子却逐渐下降，且剪切变稀行为更加明显。MAH接枝改性GO后，降低了GO表面的含氧官能团，提高了填料在橡胶基体中的分散性，提高了复合材料抵抗变形的能力，有助于制备高性能的石墨烯/橡胶复合材料。

② 采用CPL接枝改性GO，CPL的酰胺基团通过与GO表面的含氧官能团形成氢键或范德瓦耳斯力而键接在一起，GO接枝改性后，X射线衍射层间距增加，GO片层堆砌更为松散，呈絮状结构。随着CPL@GO含量的增加，复合材料的拉伸强度出现先上升后下降的趋势，2.0% CPL@GO/NR复合材料的拉伸强度为26.10MPa，较纯NR的17.30MPa提高了50.9%，但随CPL@GO含量继续增加，填料在橡胶基体中的聚集体数量增加，分散性变差，拉伸强度降低。石墨烯作为刚性片层结构限制橡胶大分子链的运动，导致复合材料的断裂伸长率有所下降。动态热机械性能分析表明，随着CPL@GO含量的增加，复合材料在玻璃态的储能模量依次增加，且复合材料损耗正切角的峰值依次降低，表明GO经接枝改性后与NR复合，增强了两相界面相互作用。复合材料的断面形貌特征也表明两相界面相互作用加强。40℃时，3.0% CPL@GO/NR复合材料的气体渗透系数为$7.48\times10^{-17}m^2/(s\cdot Pa)$，较纯NR的$17.44\times10^{-17}m^2/(s\cdot Pa)$下降了57.1%，即CPL@GO的加入有效降低了复合材料的渗透系数。同时，两相界面相互作用有效抑制了温度升高所带来的自由体积上升的现象。

参考文献

[1] Meyer J C, Geim A K, Katsnelson M I, et al. The structure of suspended graphene sheets[J]. Nature, 2007, 446(7131): 60-63.

[2] Huang S S, Hou J R, Yin J, et al. Anti-blooming effect of graphene oxide on natural rubber latex composite films[J]. Composites Science and Technollogy, 2019, 174(12): 142-148.

[3] Zhong B C, Luo Y Y, Chen W J, et al. Immobilization of rubber additive on graphene for high-performance rubber composites[J]. Journal of Colloid and Interface Sciencs, 2019, 550(8): 190-198.

[4] Yan H, Li H, Li W, et al. Probing the damping property of three-dimensional graphene aerogels in carboxylated nitrile butadiene rubber/polyurethane blend[J]. Polymer Engineering and Science, 2020, 60(1): 61-70.
[5] Malas A, Pal P, Das C K. Effect of expanded graphite and modified graphite flakes on the physical and thermo-mechanical properties of styrene butadiene rubber/polybutadiene rubber (SBR/BR) blends[J]. Materials &Design, 2014, 55(3): 664-673.
[6] Hao S, Wang J, Lavorgna M, et al. Constructing 3D graphene network in rubber nanocomposite via liquid-phase re-dispersion and self-assembly[J]. Applied Materials Interfaces, 2020, 12(8): 9682-9692.
[7] Yang S Q, Wu H, Li C H, et al. Constructing oriented two-dimensional large-sized modified graphene oxide barrier walls in brominated butyl rubber to achieve excellent gas barrier properties[J]. Applied Materials Interfaces, 2020, 12(3): 3976-3983.
[8] Wu J R, Huang G S, Li H, et al. Enhanced mechanical and gas barrier properties of rubber nanocomposites with surface functionalized graphene oxide at low content[J]. Polymer, 2013, 54: 1930-1937.
[9] Zhan Y H, Lavorgna M, Buonocore G, et al. Enhancing electrical conductivity of rubber composites by constructing interconnected network of self-assembled graphene with latex mixing[J]. Journal of Materials Chemistry, 2012, 22: 10464-10468.
[10] Fernandez M J, Guardia L, Paredes J I, et al. Vitamin C is an ideal substitute for hydrazine in the reduction of graphene oxide suspensions[J]. The Joumal of Physical Chemistry C, 2010, 114(14): 6426-6432.
[11] Payne A R. The dynamic properties of carbon black-loaded natural rubber vulcanizates[J]. Part Ⅰ, J Appl Polym, 1962, 6(19): 57-53.
[12] Songsaeng S, Thamyongkit P, Poompradub S. Natural rubber/reduced-graphene oxide composite materials: Morphological and oil adsorption properties for treatment of oil spills[J]. J Adv Res, 2019, 20: 79-89.
[13] Cai F, You G H, Zhao X Y, et al. The relationship between specific structure and gas permeability of bromobutyl rubber: A combination of experiments and molecular simulations[J]. Macromol Theory Simul, 2019: 1900025.
[14] Liao K H, Kobayashi S, Kim H, et al. Influence of functionalized graphene sheets on modulus and glass transition of PMMA[J]. Macromolecules, 2014, 47: 7674-7676.
[15] 王林艳，梁玉蓉，周琳，等．马来酸酐功能化氧化石墨烯 / 天然胶乳复合材料的制备与性能 [J]. 化工新型材料，2022, 50(12): 83-86.
[16] Scherillo G, Lavorgna M, Buonocore G G, et al. Tailoring assembly of reduced graphene oxide nanosheets to control gas barrier properties of natural nanocomposites[J]. Applied materials & Interfaces, 2014, 6: 2230-2234.
[17] Bhattacharyya S, Sinturel C, Bahloul O, et al. Improving reinforcement of natural rubber by networking of activated carbon nanotubes[J]. Carbon, 2008, 46(7): 1037-1045.
[18] 王林艳，梁玉蓉，亢晨晨，等．氧化石墨烯 / 天然橡胶复合材料的结构与性能 [J]. 合成橡胶工业，2022, 45(5): 375-379.

第6章 BN/NR复合材料

随着电子工业中电子元器件及设备等愈发向小型化、集成化以及多功能化方向发展，电子元器件及设备的热量积累和耗散问题成为电子器件进一步发展的制约因素[1-3]。因此，绝缘、高导热且密封性能良好的聚合物基复合材料成为电子封装、汽车、电池等领域的必需品。橡胶材料由于具有高弹性、质轻、绝缘性、多功能性和压缩后恢复变形的能力，已有将其作为热界面材料应用于以上领域，强化散热效率、延长电子元器件的使用寿命的报道[4-6]。

橡胶材料具有良好的绝缘性和密封性，但大部分橡胶导热系数较低，仅为0.15～0.21W/（m·K），通常需要加入金属材料、碳材料、氧化物和氮化物等导热填料。金属材料的导电性使其无法用于电子元器件、电池等热界面材料中，因此，高导热的无机非金属导热填料成为近年来的研究重点。其中，具有“白石墨”之称的六方氮化硼（BN）的导热系数高达250～400W/（m·K），能赋予橡胶复合材料高导热性、高机械性能、优异的绝缘性能、气体阻隔性能以及化学稳定性，成为热界面材料的首选填料[7,8]。Liu等[9]将商用BN纳米片与硅橡胶共混，复合材料的导热系数可以提高30%。Cao等[10]将BNNS（氮化硼纳米片）填充到氯化聚乙烯橡胶（CM）和三元乙丙二烯橡胶（EPDM）的共混物中，BNNS质量分数为30%的BNNSs/CM/EPDM复合材料的导热系数为1.65W/（m·K），且填料的取向有利于提高复合材料的导热性能。Zhong等[11]研究了BNNS的含量、几何形状、厚度、改性方式和取向程度对BNNS/硅橡胶（SR）性能的影响。结果发现，取向和分散均匀的BNNS更有利于复合材料导热系数的提升，质量分数为40%取向的BNNS/SR复合材料的导热系数高达0.901W/（m·K）。

BNNS导热填料的表面功能化改性是提高其与橡胶基体的界面相互作用、改善热界面材料导热性能的重要方法。如Yu等[12]选用含有大量酚羟基的单宁酸（TA）对BN进行改性，与羧基丁腈橡胶（XNBR）乳液共沉制备BN-TA-XNBR复合材料，XNBR与BN-TA之间通过形成氢键增强两相界面相互作用，BN-TA质量分数为30%的BN-TA-XNBR的导热系数为0.42W/（m·K），是纯XNBR［0.16W/（m·K）］的2.6倍。Wu等[13]通过含硫化物的硅烷改性BNNS以增强其与橡胶基体的界面相互作用，Si-BNNS体积分数为10.5%的Si-BNNS/丁苯橡胶（SBR）复合材料的导热系数提高了253%，拉伸强度提高了11倍。

BNNS的官能化方法主要有等离子体法[14]、微硫化法[15]和球磨法[16]等。本章采用设备简单、产量较高的球磨法，以葡萄糖作为球磨助剂，依靠球磨过程中研磨球与物料的冲击以及冲击摩擦力所带来的物料温度上升，实现对BN片层的剥离改性。系统考察BN-OH纳米片的含量对BN-OH/NR纳米复合材料的交联密度、力学性能、动态机械性能、微观结构与相态、导热性能、导电性能和气体阻隔性能等的影响，并初步探讨 BN-OH/NR复合材料的自交联机理。

6.1 复合材料的制备

6.1.1 原料

① 天然胶乳（NR）：固含量63.4%，深圳吉田化工有限公司。

② 六方氮化硼（BN）：用量为0、5phr、10phr、15phr、20phr。

③ 无水葡萄糖：上海阿拉丁生化科技股份有限公司。

④ 去离子水自制。

6.1.2 制备步骤

（1）BN-OH的制备

称取一定质量的BN，并按BN：无水葡萄糖（质量比）=1：10的比例称取无水葡萄糖放入球磨罐中，加入10倍原材料重量的研磨球，设定球磨机转速为400r/min，球磨16h。分离出混合物后，加入去离子水，离心并除去上清液，重复这一操作5次，以除去多余的葡萄糖，得到的混合水溶液即为氮化硼纳米片（BN-OH），冷冻干燥处理即得BN-OH纳米片粉体，表征备用。

（2）BN-OH/NR复合材料的制备

称取一定量的NR胶乳［BN-OH分别为NR的5%、10%、15%和20%（质量分数）］加入BN-OH的混合水溶液中，室温下机械搅拌1.5h，将混合均匀的溶液倒入直径为10cm的培养皿中，放入60℃的电热鼓风干燥箱中，烘干至恒重，得到BN-OH/NR纳米复合材料。随着水分的蒸发，BN-OH/NR复合粒子做布朗运动，并相互接触，聚集在一起，形成具有隔离网络结构的BN-OH/NR复合膜。

6.1.3 结构表征与性能测试

① 采用红外光谱分析仪（FTIR，TENSOR27型傅里叶变频，德国Bruker公司）分析BN、BN-OH、NR和BN-OH/NR复合材料的特征基团，溴化钾压片，波数500～4000cm^{-1}，分辨率4cm^{-1}。

② 采用X射线光电子能谱仪（XPS，ESCALAB 250Xi，美国赛默飞公司）对BN、BN-OH、NR及BN-OH/NR复合材料表面的化学元素组成进行分析，Al Kα辐射，电子能1486.6eV。

③ 采用核磁共振交联密度分析仪（NMR，VTMR20-010V-1，苏州纽迈分析仪器有限公司）测试BN-OH/NR复合材料的交联密度，将装有2cm高度BN-OH/NR复合材料样品的试管置于仪器中，测试温度为90℃，预热5min以上待测试温度稳定后，测试3次以上，直到得到稳定的弛豫时间T_2和交联密度值。传感器使用频率为200kHz，核磁共振线为^{1}H，CPMG序列，90°脉宽为3.72μm，等待时间为0.8s，累积次数为32次，反演方式为XLD2。

④ 采用广角X射线衍射仪（WAXD，Rigaku Smartlab，日本理学公司）对BN、BN-OH、BN-OH/NR复合材料进行X射线衍射测试，扫描角度10°～80°，连续扫描速率5°/min。

⑤ 采用扫描电镜（SEM，JSM-7200F型，日本电子株式会社）观察BN及BN-OH的形态结构，观察BN-OH/NR复合材料拉伸断面形貌，拉伸断面进行喷金处理。

⑥ 采用透射电子显微镜（TEM，Tecnai 12，荷兰飞利浦公司）观察复合材料的微观形态。BN-OH/NR复合材料需在−60℃下冷冻超薄切片制样。

⑦ 复合材料的拉伸强度、定伸应力等按GB/T 528—2009标准执行，拉伸速率500mm/min。

⑧ 对BN-OH/NR复合材料进行动态热机械性能测试（DMA，Q800，美国TA公司），拉伸模式，测试频率1 Hz，测试温度范围−70～40℃，升温速率3℃/min。

⑨ 采用气密性测试仪（VAC-V2，济南兰光机电技术）测试BN-OH/NR复合材料的气体渗透系数，样片直径为70mm，测试温度为23℃，氮气气氛。

⑩ 采用热常数分析仪（TPS 2500S，瑞典Hot Disk公司）测试BN-OH/NR复合材料的导热系数，测试温度为25℃，试样尺寸为直径30mm，厚度2mm。

⑪ 采用数显高阻计（PC68，上海第六电表厂）测试BN-OH/NR复合材

料的体积电阻率，样品直径为60mm，厚度为2mm。

6.2 复合材料性能分析

6.2.1 物理交联

6.2.1.1 FTIR表征

BN、BN-OH、NR和BN-OH/NR复合材料的FTIR谱图如图6-1所示。对于纯的BN粉末样品，1378cm^{-1}和802cm^{-1}处的峰分别对应B—N伸缩振动峰和B—N—B伸缩振动峰。球磨后的BN-OH，除了B—N伸缩振动峰和B—N—B伸缩振动峰外，在1120cm^{-1}处出现新的B—O伸缩振动峰，在1632cm^{-1}处出现C═C伸缩振动峰，表明通过葡萄糖的辅助球磨过程，由于冲击力的存在以及温度的升高，葡萄糖分子的羟基和碳之间的C—O键断裂，与BN分子边缘处于不饱和状态的极性原子B形成B—O化学键[17]，葡萄糖分子接枝在BN分子上。葡萄糖分子作为球磨助剂，同时能够增加BN分子剥离的剪切力并防止已经剥离的BN纳米片重新聚集在一起[18,19]。另外，BN及BN-OH纳米片在3402cm^{-1}处均出现吸收峰，是吸收空气中的水分而出现的—OH吸收峰。

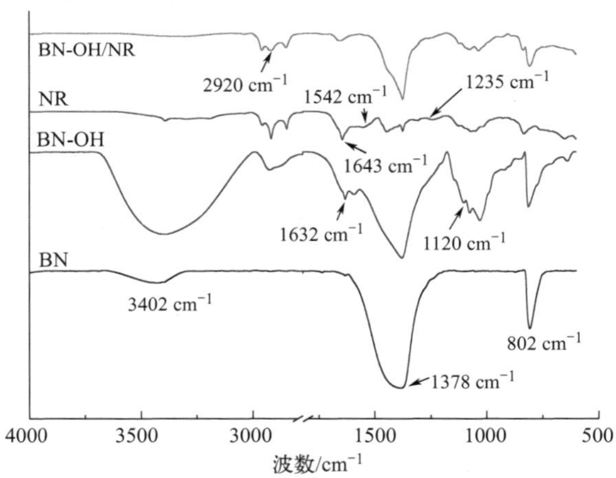

图6-1　BN、BN-OH、NR及BN-OH/NR复合材料的FTIR谱图

对于纯NR样品，2920cm^{-1}附近的峰认为归属于橡胶链的C—H伸缩振动，在1643cm^{-1}和1542cm^{-1}处的峰分别对应于C═O伸缩振动和N—H弯曲振动，认为是NR颗粒周围蛋白质的峰，而1235cm^{-1}处的峰对应于O—P—O伸缩振动，认为是NR颗粒周围磷脂的峰。蛋白质（质量分数约1.5%）吸附在NR胶体颗粒表面形成保护层，磷脂可以提高胶乳的稳定性，水解形成的脂肪酸可以提高胶乳的机械稳定性[20,21]。

对于BN-OH/NR复合材料，BN-OH的吸收峰发生了少许偏移但并未消失，表明BN-OH的B—O、B—OH化学键与NR粒子上蛋白质的N—H、O—P—O通过氢键或范德瓦耳斯力形成了物理交联，其可能的自交联机理如图6-2所示。

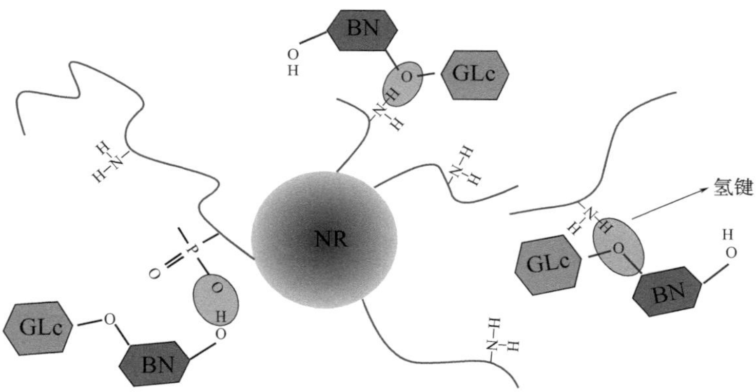

图6-2 BN-OH/NR复合材料自交联机理示意图

6.2.1.2 XPS表征

为了进一步证明BN-OH纳米片化学键的形成及NR胶乳粒子周围蛋白质的存在，对BN、BN-OH、NR和BN-OH/NR复合材料进行了XPS表征，如图6-3所示，全谱中各原子分数列在表6-1中。如图6-3（a）所示，在529.14eV、396.25eV、283.25eV和190.4eV处观察到的出峰分别对应O1s、N1s、C1s和B1s的出峰。在BN的谱图中，除了较高含量的N和B元素的出峰外，还可以观察到较低含量的O和C元素，为原料吸附空气中的水分及结合基底所出现的元素峰。葡萄糖辅助球磨BN后，制备得到了BN-OH纳米片，O和C元素的比例明显提升，为结合的葡萄糖中所含元素。众所周知，NR分子链中没有O和N元素，测试中观察到了较高含量的O元素和较低含量的N元素，分析认为O和N元素来源于NR胶乳粒子表面包裹的蛋白质成分。而在BN-OH/NR复合膜中所有元素均可以观察到，认为BN-OH纳米片与NR胶乳粒子均匀地复合在一起。

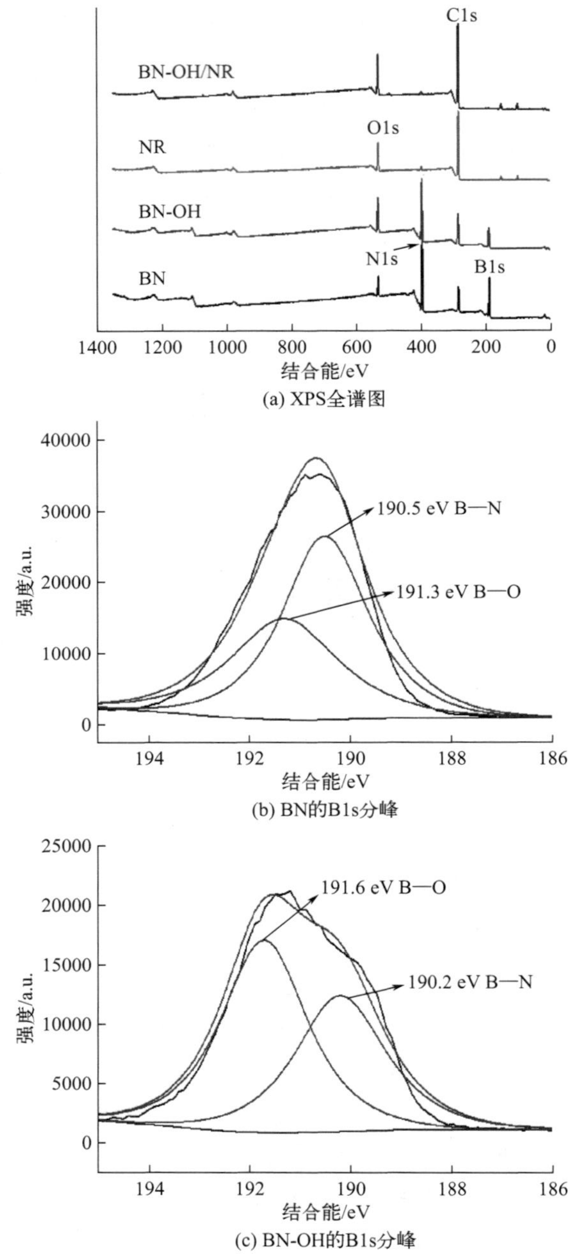

图6-3　XPS全谱及分峰图谱

如图6-3（b）和（c）所示，分别对BN及BN-OH的B1s吸收峰进行拟合。BN中，结合能为190.5eV和191.3eV的峰，分别对应B—N和B—O官能团；经葡萄糖辅助球磨后，BN-OH的B—N和B—O官能团峰位稍有偏移，且明显观察到B—O官能团的强度增加，即葡萄糖分子通过B—O化学键接枝在BN分子上。

表6-1　XPS表面化学成分的原子分数

试样	原子分数/%			
	B1s	C1s	N1s	O1s
BN	47.28	13.22	35.01	4.49
BN-OH	38.22	23.41	28.02	10.34
NR	—	81.18	3.71	15.1
BN-OH/NR	7.07	73.61	3.63	15.68

6.2.1.3　交联密度表征

采用核磁共振交联密度分析仪对BN-OH/NR复合材料的交联密度和弛豫时间进行了测试，结果如图6-4所示。弛豫时间（T_2）为横向弛豫时间，T_2小表明横向磁化强度M_{xy}衰减快。随着交联密度的增加，弛豫时间缩短[22,23]。BN-OH/NR复合材料的T_2随BN-OH含量（质量分数，下同）的增加而降低，表明随BN-OH含量的增加，BN-OH/NR复合材料的交联密度增加。具体的，当BN-OH质量分数低于10%时，BN-OH/NR复合材料的物理交联密度呈线性上升趋势，当BN-OH质量分数在15%左右时物理交联密度趋于稳定。物理交联主要是由于蛋白质辅助下NR大分子链之间的缠结，此外，BN-OH与蛋白质之间的强相互作用进一步提高了物理交联密度。而当BN-OH质量分数约为15%时，BN-OH片层的隔离效果大于约束和交联效果，因此复合材料的交联密度变化不大。采用溶胀平衡法进一步表征BN-OH诱导NR物理交联复合材料，先将BN-OH/NR复合材料浸泡在甲苯溶液中12h后，再机械搅拌，发现BN-OH/NR复合材料能溶解在甲苯溶液中，说明BN-OH诱导NR交联制备的复合材料为物理交联，光学照片如图6-5所示（书后另见彩图）。

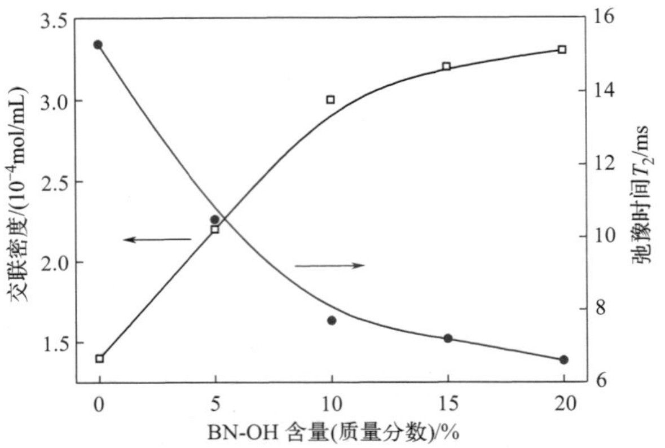

图6-4　BN-OH/NR复合材料的物理交联密度和弛豫时间T_2

(a) BN-OH/NR复合材料　(b) BN-OH/NR复合材料溶于甲苯中浸泡12h后　(c) BN-OH/NR复合材料溶于甲苯中浸泡12h后充分搅拌

图6-5　BN-OH/NR复合材料的光学照片

6.2.2　微观结构与相态

6.2.2.1　XRD表征

使用XRD探究BN和BN-OH纳米片的晶体结构，结果如图6-6所示。可以看出，BN和BN-OH纳米片在10°～70°的出峰位置相似，说明球磨过程中没有新相产生，且结晶结构也没有被破坏[24]，但BN-OH纳米片在（002）处的峰值明显降低，且半峰宽明显变宽，说明球磨过程降低了晶体结构的有序性和结晶度[25]。

由图6-6还可看出，在18.6°附近的馒头峰为NR的无定形衍射峰，随着BN-OH纳米片含量（质量分数）的增加，在26.5°的（002）峰越发明显，说明成功将BN-OH纳米片与NR复合，质量分数低于15%时混合均匀，质量分数在20%时出现了填料聚集的现象。

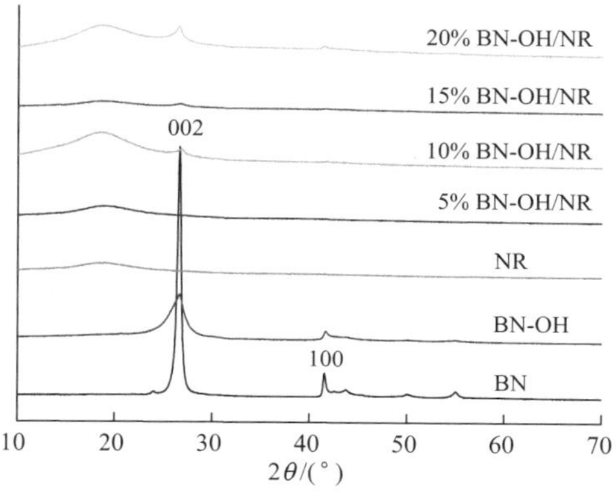

图6-6　BN、BN-OH及不同BN-OH含量的BN-OH/NR复合材料的XRD图谱

6.2.2.2　SEM和TEM表征

图6-7（a）和（b）分别为BN和BN-OH纳米片的SEM图片，BN的横向尺寸为50～200nm，结实，片层较厚，经过葡萄糖辅助球磨后，BN-OH纳米片的横向尺寸和厚度均减小，并表现出明显的松散错层结构。图6-7（c）为BN-OH纳米片与NR粒子复合后的SEM图片，可以观察到连续、均匀的凸起，NR胶乳颗粒呈球形，粒径为2～5μm，部分胶乳颗粒粒径较大，主要是胶乳颗粒相互扩散、渗透和缠结行为所造成的。图6-7（d）为BN-OH纳米片与NR粒子复合后的TEM图片，明显观察到几片层叠加的BN-OH纳米片均匀地分散在NR基体中，并呈现出隔离的网络结构，其中BN-OH纳米片通过自组装均匀地覆盖在亚微米级别的NR胶乳颗粒周围形成隔离网络结构。

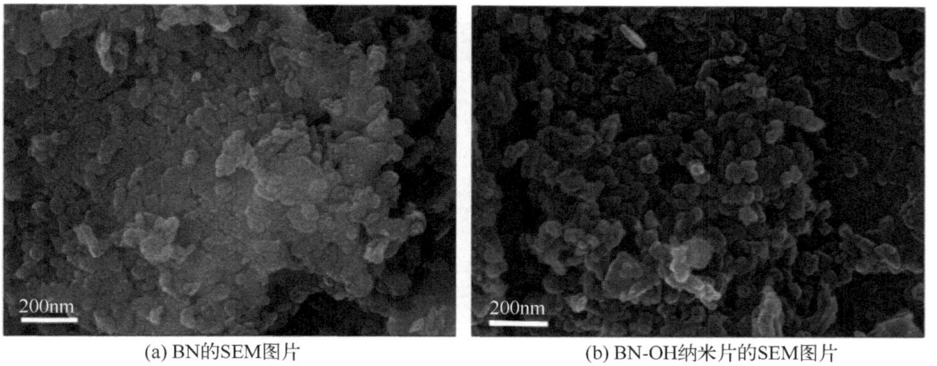

(a) BN的SEM图片　　(b) BN-OH纳米片的SEM图片

图6-7

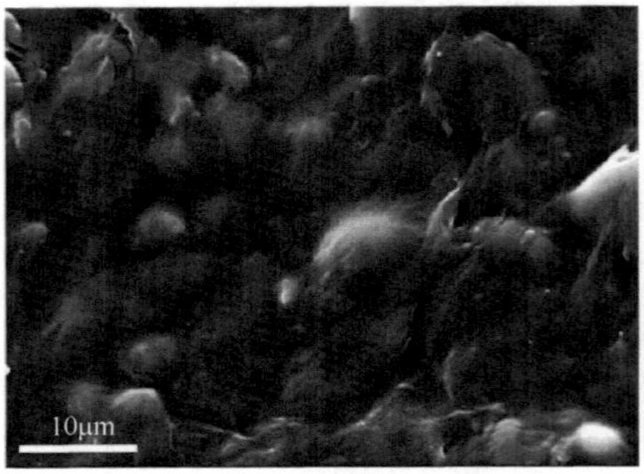

(c) BN-OH/NR复合材料的SEM图片

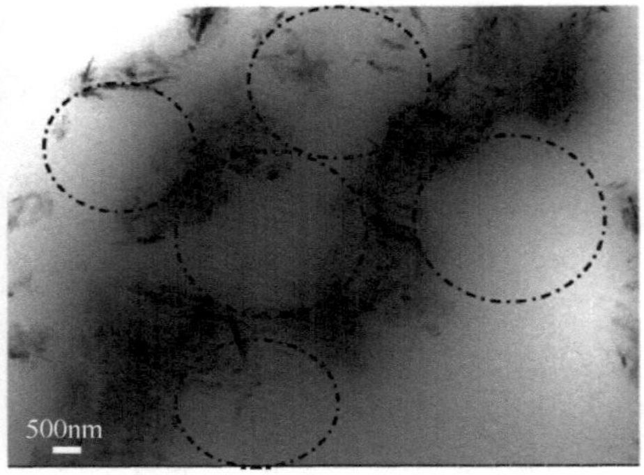

(d) BN-OH/NR复合材料的TEM图片

图6-7　BN、BN-OH及BN-OH/NR复合材料的微观相态

6.2.3　机械性能

6.2.3.1　力学性能测试

不同BN-OH含量的BN-OH/NR复合材料的应力-应变曲线如图6-8所示，对应的力学性能如表6-2所列。随BN-OH纳米片含量（质量分数）的增加，BN-OH/NR复合材料的拉伸强度先升高后降低，15% BN-OH/NR复合材料的拉伸强度最高，为6.20MPa，较纯NR的1.65MPa提高了276%，且随着BN-OH纳米片含量的增加，BN-OH/NR复合材料的100%和300%定伸应力上升，表明BN-OH纳米片与NR胶乳粒子复合后通过物理交联作用实现了对橡胶基体的增强。但刚性片层粒子BN-OH纳米片的加入，限制了橡胶大分子链的运动，导致复合材料的断裂伸长率降低。

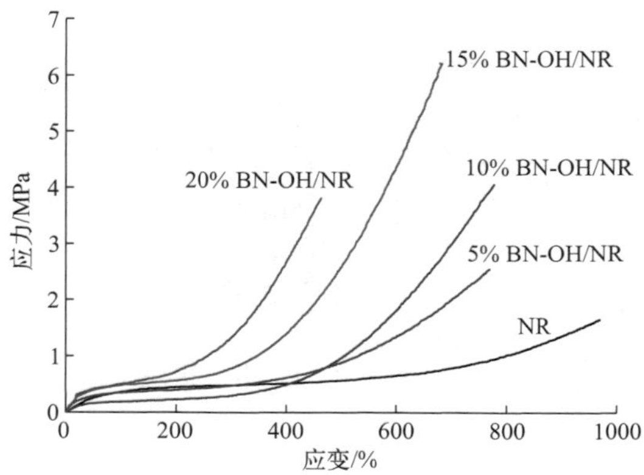

图6-8　不同BN-OH含量的BN-OH/NR纳米复合材料的应力-应变曲线

表6-2　不同BN-OH含量的BN-OH/NR纳米复合材料的力学性能

试样名称	拉伸强度/MPa	断裂伸长率/%	100%定伸应力/MPa	300%定伸应力/MPa
NR	1.65	989	0.31	0.40
5% BN-OH/NR	2.55	768	0.46	0.45
10% BN-OH/NR	3.75	776	0.43	0.35
15% BN-OH/NR	6.20	679	0.48	0.77
20% BN-OH/NR	3.83	461	0.47	1.38

6.2.3.2　动态热机械性能DMA表征

不同BN-OH含量的BN-OH/NR复合材料的储能模量和损耗正切角分别如图6-9（a）和（b）所示，具体的玻璃化转变温度和损耗正切角值如表6-3所列。由图6-9可知，随BN-OH含量（质量分数）的增加，在NR的高弹态，BN-OH/NR复合材料的储能模量依次上升，而tanδ峰值依次下降，玻璃化转变温度T_g变化不大，即BN-OH纳米片接枝在NR分子链上，限制了橡胶大分子的滑移，两相界面相互作用增强，同时在NR颗粒周围蛋白质的辅助下，实现了应力从NR分子链到BN-OH纳米片的有效转移[26]。

表6-3　不同BN-OH含量的BN-OH/NR纳米复合材料的玻璃化转变温度和损耗正切角

项目	NR	5% BN-OH/NR	10% BN-OH/NR	15% BN-OH/NR	20% BN-OH/NR
玻璃化转变温度/℃	−55	−53	−52	−53	−53
损耗正切角	2.43	1.84	1.78	1.73	1.46

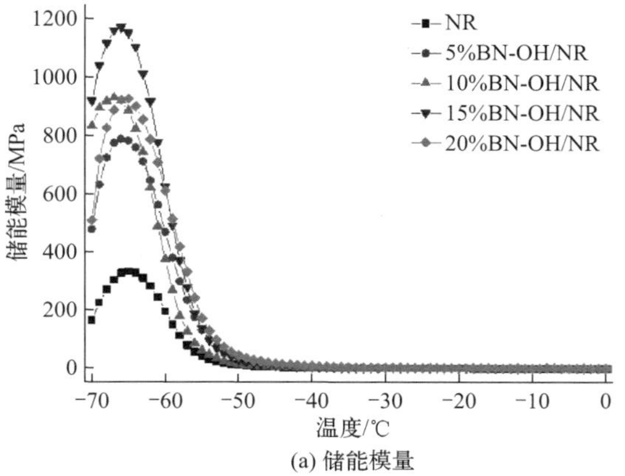

(a) 储能模量

图6-9

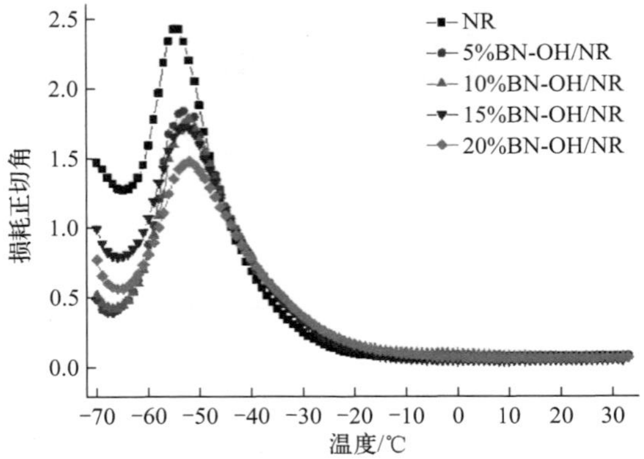

(b) 损耗正切角

图6-9　不同BN-OH含量的BN-OH/NR纳米复合材料的动态热机械性能

6.2.4　气体阻隔性能

不同BN-OH含量（质量分数）的BN-OH/NR复合材料的气体渗透系数如图6-10所示。纯NR的气体渗透系数为$5.25\times10^{-9}cm^2/(s\cdot Pa)$，随BN-OH纳米片的加入，复合材料的气体渗透系数直线下降，20% BN-OH/NR纳米复合材料的氮气渗透系数为$1.00\times10^{-9}cm^2/(s\cdot Pa)$，较纯NR的气体渗透系数下降了81%。BN-OH纳米片均匀分散在NR基体中，通过自组装所形成的均匀的隔离网络结构，延长了气体分子的扩散路径，同时，BN-OH纳米片与NR分子链周围的蛋白质物理交联作用所带来的强两相界面相互作用，均对气体扩散形成了良好的屏障。良好的密封性能使BN-OH/NR复合材料作为电子元器件和设备等表面热界面材料成为可能。

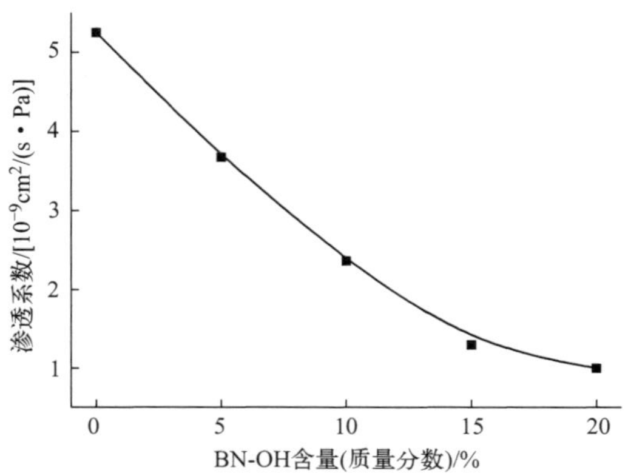

图6-10　不同BN-OH含量的BN-OH/NR纳米复合材料的气体渗透系数

6.2.5 导热性能与导电性能

不同BN-OH含量（质量分数）的BN-OH/NR复合材料的导热系数如图6-11（a）所示。纯NR的导热系数为0.164W/（m·K），为热的不良导体，材料使用过程中聚集的热量无法及时散出，容易造成制品发热，影响使用寿命。填充BN-OH纳米片后，复合材料的导热系数直线上升，20% BN-OH/NR纳米复合材料的导热系数为0.319W/（m·K），为导热材料，较纯NR的导热系数提升了94%。热量沿自组装所形成的均匀的隔离网络结构中搭接在一起的BN-OH纳米片释放出去，而BN-OH纳米片与NR分子链周围的蛋白质物理交联作用所带来的两相界面相互作用进一步改善了热界面材料的导热性能。

绝缘特性是热界面材料应用于电子器件领域的必然条件，本节进一步对不同BN-OH含量的BN-OH/NR纳米复合材料的体积电阻率进行了测试，结果如图6-11（b）所示。纯NR的体积电阻率为$5\times10^{15}\Omega\cdot cm$，加入不同含量的BN-OH纳米片后，由于BN良好的电绝缘特性，BN-OH/NR纳米复合材料的体积电阻率在$1\times10^{15}\sim3\times10^{15}\Omega\cdot cm$之间，可能是由于BN引入羟基的缘故，电阻率略有降低，但电阻率的数量级并未改变，仍远高于绝缘临界电阻率的标准（$10^{9}\Omega\cdot cm$），说明BN-OH/NR复合材料具有良好的绝缘特性，保证了在电子器件领域的应用需求。

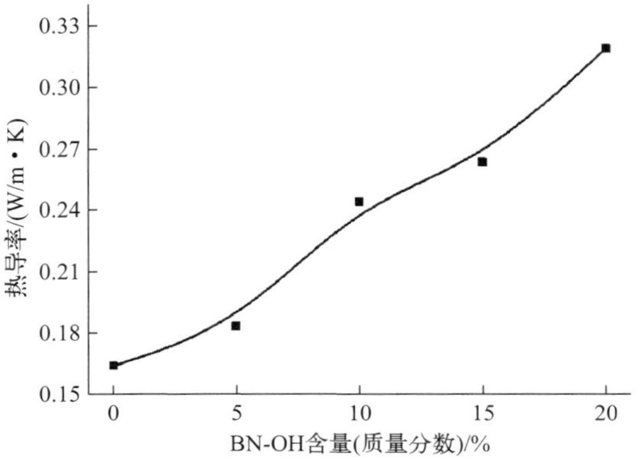

(a) 热导率

图6-11

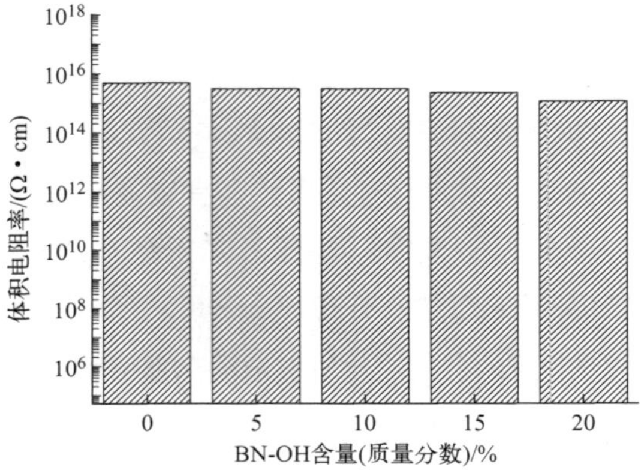

(b) 体积电阻率

图6-11 不同BN-OH含量的BN-OH/NR纳米复合材料的导热性能和导电性能

综上，本章采用葡萄糖作为辅助球磨助剂，对六方BN进行了球磨处理，由于冲击力的存在以及温度的升高，葡萄糖分子表面的羟基和碳之间的C—O断裂，与BN分子边缘处于不饱和状态的极性原子B形成B—O化学键，成功制备得到了片层更薄的BN-OH纳米片。将不同BN含量的BN-OH纳米片与NR胶乳复合制备膜材料。FTIR、XPS、核磁交联密度测试以及溶胀平衡均表明，BN-OH纳米片与NR胶乳粒子以物理交联的形式成功复合，NR胶乳粒子周围的蛋白质和磷脂促进了物理交联过程。几片层叠加的BN-OH纳米片均匀地分散在NR基体中，并呈现出隔离的网络结构。

适量的BN-OH纳米片可以显著提高BN-OH/NR复合材料的力学性能。当BN-OH纳米片的质量分数为15%时，复合材料的拉伸强度提高到6.20MPa，比NR提高了276%。随着BN-OH纳米片含量的增加，复合材料的动态热机械性能中，储能模量上升，损耗正切角下降，表明BN-OH纳米片具有良好的补强作用和强的两相界面结合作用力。随着BN-OH纳米片的加入量增大，复合材料的气体渗透系数直线下降，20% BN-OH/NR纳米复合材料的氮气渗透系数为$1.00\times10^{-9}cm^2/(s\cdot Pa)$，较纯NR的气体渗透系数下降了81%。纯NR为热的不良导体，20% BN-OH/NR纳米复合材料的导热系数为0.319W/（m·K），为导热材料，较纯NR的导热系数提升了94%。而所制备的BN-OH/NR纳米复合材料始终保持良好的绝缘特性。本章介绍的制备方法操作简单高效，环保，所制备的绝缘、高机械性能、高导热和良好密封性能的橡胶复合材料有望应用于电子元器件、电池、汽车等领域作热界面材料。

参考文献

[1] Wang Jiemin, Liu Dan, Li Quanxiang, et al. Lightweight, superelastic yet thermoconductive boron nitride nanocomposite aerogel for thermal energy regulation[J]. ACS Nano, 2019, 13(7): 7860–7870.

[2] Ahmed Tousif, Bhouri Maha, Groulx Dominic, et al. Passive thermal management of tablet PCs using phase change materials: Continuous operation[J]. International Journal of Thermal Sciences, 2018, 134: 101–115.

[3] 黄格省，师晓玉，丁文娟，等．光伏电池封装胶膜材料发展现状与前景分析 [J]. 化工进展，2023, 42(10): 5037–5046.

[4] Wu Zhaohong, Xu Chuan, Ma Chaoqun, et al. Synergistic effect of aligned graphene nanosheets in graphene foam for high-performance thermally conductive composites[J]. Advanced Materials, 2019, 31(19): e1900199.

[5] Jo Jae Ok, Saha Prosenjit, Kim Nam Gyeong, et al. Development of nanocomposite with epoxidized natural rubber and functionalized multiwalled carbon nanotubes for enhanced thermal conductivity and gas barrier property[J]. Materials & Design, 2015, 83: 777–785.

[6] 董梦杰，张继川，刘力，等．导热橡胶研究进展 [J]. 高分子通报，2018(4): 15–26.

[7] Huang Taoqing, Wang Tian, Jin Jun, et al. Design of silicon Rubber/BN film with high through-plane thermal conductivity and ultra-low contact resistance[J]. Chemical Engineering Journal, 2023, 469: 143874.

[8] 张荣，刘卓航，熊文伟，等．氮化硼/聚合物导热复合材料界面热阻调控研究进展 [J]. 材料导报，2023, 37(18): 250–262.

[9] Liu Pingyuan, Li Licheng, Wang Liming, et al. Effects of 2D boron nitride (BN) nanoplates filler on the thermal, electrical, mechanical and dielectric properties of high temperature vulcanized silicone rubber for composite insulators[J]. Journal of Alloys and Compounds, 2019, 774: 396–404.

[10] Cao Ming, Shu Junjie, Chen Peng, et al. Orientation of boron nitride nanosheets in CM/EPDM Co-continuous blends and their thermal conductive properties[J]. Polymer Testing, 2018, 69: 208–213.

[11] Zhong Bo, Zou Jiaxin, An Lulu, et al. The effects of the hexagonal boron nitride nanoflake properties on the thermal conductivity of hexagonal boron nitride nanoflake/silicone rubber composites[J]. Composites Part A: Applied Science and Manufacturing, 2019, 127: 105629.

[12] Yu Liyuan, Gao Shan, Yang Dan, et al. Improved thermal conductivity of polymer composites by noncovalent modification of boron nitride via tannic acid chemistry[J]. Industrial & Engineering Chemistry Research, 2021, 60(34): 12570–12578.

[13] Wu Xian, Liu Heng, Tang Zhenghai, et al. Scalable fabrication of thermally conductive elastomer/boron nitride nanosheets composites by slurry compounding[J]. Composites Science and Technology, 2016, 123: 179–186.

[14] Achour H, Achour A, Solaymani S, et al. Plasma surface functionalization of boron nitride nano-sheets[J]. Diamond and Related Materials, 2017, 77: 110–115.

[15] Seyhan A Tuğrul, Göncü Yapıncak, Durukan Oya, et al. Silanization of boron nitride nanosheets (BNNSs) through microfluidization and their use for producing thermally conductive and electrically insulating polymer nanocomposites[J]. Journal of Solid State Chemistry, 2017, 249: 98–107.

[16] Guo Youkui, Zhao Xusheng, Ma Wenshi. Based on mussel-inspired modified BN fillers and their application in thermally conductive silica rubber[J]. Diamond and Related Materials, 2023, 134: 109777.

[17] Chen Shaohua, Xu Runzhang, Liu Jiaman, et al. Simultaneous production and functionalization of boron nitride nanosheets by sugar-assisted mechanochemical exfoliation[J]. Advanced Materials, 2019, 31(10): e1804810.

[18] Cao Chaochao, Xue Yanming, Liu Zhenya, et al. Scalable exfoliation and gradable separation of boric-acid-functionalized boron nitride nanosheets[J]. 2D Materials, 2019, 6(3): 035014.
[19] Wu Guangyong, Yi Mingdong, Xiao Guangchun, et al. A novel method for producing boron nitride nanosheets via synergistic exfoliation with pure shear ball milling and ultrasonication[J]. Ceramics International, 2019, 45(17): 23841-23848.
[20] Yang Zhijun, Liu Heng, Wu Siwu, et al. A green method for preparing conductive elastomer composites with interconnected graphene network via Pickering emulsion templating[J]. Chemical Engineering Journal, 2018, 342: 112-119.
[21] Kawahara Seiichi, Chaikumpollert Oraphin, Akabori Keiichi, et al. Morphology and properties of natural rubber with nanomatrix of non-rubber components[J]. Polymers for Advanced Technologies, 2011, 22(12): 2665-2667.
[22] Bornstein D, Pazur R J. The sulfur reversion process in natural rubber in terms of crosslink density and crosslink density distribution[J]. Polymer Testing, 2020, 88: 106524.
[23] Saito Takayuki, Yamano Masaki, Nakayama Kazumi, et al. Quantitative analysis of crosslinking junctions of vulcanized natural rubber through rubber-state NMR spectroscopy[J]. Polymer Testing, 2021, 96: 107130.
[24] 杨娜，王农跃，姚艳梅，等．氮化硼和纳米金刚石混杂填充聚酰亚胺导热复合材料的制备与表征 [J]. 高分子材料科学与工程，2017, 33(1): 153-157.
[25] Li Meng, Wang Mengjie, Hou Xiao, et al. Highly thermal conductive and electrical insulating polymer composites with boron nitride[J]. Composites Part B: Engineering, 2020, 184: 107746.
[26] Songsaeng Siripak, Thamyongkit Patchanita, Poompradub Sirilux. Natural rubber/reduced-graphene oxide composite materials: Morphological and oil adsorption properties for treatment of oil spills[J]. Journal of Advanced Research, 2019, 20: 79-89.

第7章 黏土/橡胶复合材料

黏土/橡胶复合材料凭借优异的力学性能、阻隔性、耐磨性和耐老化性，广泛应用于轮胎工业（如低滚动阻力胎面、高气密性内衬层）、密封减震制品（汽车密封条、建筑抗震垫）、阻隔材料（食品包装膜、医用胶塞）、电子电缆（绝缘层、导热护套）、环保领域（可降解橡胶制品）以及特殊功能材料（阻燃建材、抗菌医疗设备）等中，同时通过黏土纳米分散和表面改性技术不断提升性能，在高端制造和绿色科技中展现出广阔的应用前景。

蒙脱土（MMT）为无机物质，是一类典型的2∶1型层状硅酸盐矿物质，由1层硅氧四面体和2层铝氧八面体靠共用氧原子形成“三明治”层状结构，MMT的表面亲水性处理不利于与橡胶等有机相的结合，因此，将MMT用于橡胶基体填充之前，需要对其进行有机改性。常规的采用长链脂肪族季铵盐改性MMT制备橡胶/黏土纳米复合材料（RCNs）[1,2]，是利用阳离子置换的方式将长碳链留在黏土片层间，使亲水的MMT表面疏水化，降低其表面能，弱化黏土片层之间的相互作用，提高力学性能，但也同时存在热稳定性低等缺点。现在反应型表面改性剂越来越引起人们的关注，即通过与黏土片层表面的—OH和Si—O、Al—O键化学反应改性黏土[3-6]，进一步扩大黏土片层间距，制备性能优异的RCNs。如Lu等[7]研究发现插层剂十八烷基胺（ODA）在硫化过程中进一步插层进入黏土片层间，可以缩短硫化反应时间，增大硫化反应速率。

本章采用不同的改性剂对MMT进行改性，或利用阳离子交换，或形成化学键接作用，同时采用球磨法和静态热压法制备黏土/橡胶复合材料，考察MMT的改性及黏土含量对复合材料微观结构、机械性能、分散相态和气体阻隔性能的影响。

7.1 复合材料的制备

7.1.1 原料

① 丁腈橡胶胶乳（NBR）：固含量44%，石家庄宏泰橡胶有限公司。

② 天然胶乳（NRL）：固含量63.5%，石家庄宏泰橡胶有限公司。

③ 丁腈橡胶（NBR26）：中国石油兰州石化有限公司提供。

④ 丁苯橡胶（SBR1502）：中国石化有限公司齐鲁分公司。

⑤ 溴化丁基橡胶（BIIR2222）：美国EXXON公司。

⑥ 蒙脱土（MMT）：浙江长兴县泗安镇出品。

⑦ 有机黏土［I.30P，改性剂为$CH_3(CH_2)_{17}NH_3^+$］：美国NANOCOR公司。

⑧ 有机黏土{I.44P，改性剂为$[CH_3(CH_2)_{17}]_2N(CH_3)_2^+$}：美国NANOCOR公司。

⑨ 二苯基甲烷-4,4′-二异氰酸（MDI）：烟台万华聚氨酯股份有限公司。十六烷基氯化吡啶（CPC）：国药集团化学试剂有限公司。

⑩ 十八烷基三甲基溴化铵（STAB）、双十八烷基二甲基溴化铵（DSAB）：天津市福晨化学试剂厂。

⑪ 氧化锌（纯度99%）、硬脂酸（纯度65%）、促进剂D（纯度97%）、升华硫（纯度99%）均购置于上海阿拉丁生化科技股份有限公司。

⑫ 促进剂DM：纯度99.7%，河南荣欣鑫科技有限公司。

⑬ 十二烷基磺酸钠（SDS）：天津市光复精细化工研究所。

⑭ 去离子水，自制。

⑮ 其他配合剂均为市售品。

7.1.2 基本配方

① NBR 100份（质量份，下同）；MMT 变量；氧化锌 5份；硬脂酸1份；促进剂M 0.5份；促进剂DM 0.2份；促进剂TT 0.2份；升华硫 2份。

② NBR 100份；MMT 变量；CTAB 变量；CPC 变量；氧化锌 5份；硬脂酸 1份；促进剂M 1份；促进剂DM 0.5份；硫黄 2份。

③ SBR 100份；MMT 10份；CPC 变量；氧化锌 5份；硬脂酸 1份；促进剂D 0.5份；促进剂DM 0.5份；促进剂TT 0.2份；硫黄 2份。

④ NRL 100份；MMT 变量；氧化锌 5份；硬脂酸 1份；促进剂M 0.5份；促进剂DM 0.2份；促进剂TT 0.2份；升华硫 2份。

⑤ BIIR 100份；I.30P有机黏土 变量；氧化锌 2.5份；氧化镁 2.5份；硬脂酸 1份；促进剂TT 1份；促进剂DM 1份。

⑥ BIIR 100份；I.44P有机黏土 0、3份、5份、7份、10份、15份；氧化锌 2.5份；氧化镁 2.5份；硬脂酸 1份；促进剂TT 1份；促进剂DM 1份。

⑦ BIIR 100份；I.30P有机黏土 0、5份、10份、15份；氧化锌 3份；氧化镁 0.5份；硬脂酸 1份；促进剂TT 0.25份；促进剂DM 0.75份；升华硫 1份。

⑧ NR 100份；氧化锌 5份；硬脂酸 1份；促进剂D 0.5份；促进剂DM 0.5份；硫黄 2份；I.44P有机黏土，变量（0、1份、3份、5份、7份）。

7.1.3 制备步骤

（1）MDI接枝改性MMT制备橡胶复合材料

按MMT的质量与去离子水的体积比为1g：10mL的比例量取适量的去离子水加入三口烧瓶中，将三口烧瓶置于80℃的恒温水浴中中速搅拌，称取适量的MMT加入三口烧瓶的水溶液中，搅拌0.5h。按MDI与甲苯体积比为1：1的比例溶解MDI。按MMT与MDI的比例分别为4.0g：1mL、2.8g：1mL和2.0g：1mL，在MMT的水溶液中逐滴加入MDI的甲苯溶液，在80℃的恒温水浴中继续搅拌2h，之后降至室温，抽滤，用甲苯洗涤滤饼，于60℃恒温干燥箱中烘干后研磨即可得到不同配比接枝改性的MDI-MMT。

称取一定量NBR（MDI-MMT与NBR的质量比分别为5：100、10：100和15：100）加入MDI-MMT水溶液中，用玻璃棒搅拌均匀；配制8%（质量分数）的$CaCl_2$溶液，逐滴加入MDI-MMT/NBR混合溶液中，继续搅拌，至NBR全部絮凝，呈现上清液；用去离子水反复洗涤絮凝物，剪碎，于60℃的恒温干燥箱中烘干至恒重，得到MDI-MMT/NBR混合物；将含100份NBR的混合物在双辊开炼机上塑炼，随后按氧化锌、硬脂酸、促进剂DM、促进剂D、促进剂TT、升华硫的加料顺序分别加入各种配合剂，混炼均匀，下辊，即得到相应的纳米混合物。将纳米混合物在平板硫化机上硫化，硫化条件为160℃×10MPa×正硫化时间（T_{90}），得到相应的纳米复合材料。

（2）CPC接枝改性MMT制备橡胶复合材料

按MMT的质量与水的体积比为1g：10mL量取适量去离子水加入1000mL三口烧瓶中，将烧瓶放入65℃的恒温水浴锅中开始中速搅拌，然后称取一定质量的MMT缓慢加入烧瓶中；将MMT与有机改性剂按一定的质量比配成溶液（其中，MMT：CPC分别为2.5：1、2.8：1、4.0：1，MMT：CTAB为2.5：1），然后将改性剂溶液加入烧瓶中，开始高速搅拌2h；之后将温度降至室温，静置，抽滤，至无明显的溴（氯）离子存在（用0.1mol/L的$AgNO_3$溶液滴定），在50℃干燥箱中干燥，研磨，过筛，得到改性的有机黏土（OC）。

将100份丁腈橡胶/丁苯橡胶与OC（变量）在双辊开炼机上混炼，随后加入各种配合剂，混炼均匀，下辊，即得到相应的纳米混合物。将纳米混合物在平板硫化机上硫化，硫化条件为150℃×15MPa×正硫化时间（T_{90}），得到相应的纳米复合材料。

（3）烷基铵盐接枝改性MMT制备橡胶复合材料

将MMT与去离子水配成泥浆液（1g∶10mL），在恒温水浴锅（80℃）中搅拌分散30min，将按一定配比（MMT与STAB/DSAB的质量比为2.8∶1）称量好的STAB/DSAB加入已分散均匀的泥浆液中，80℃下继续搅拌分散2h，之后将温度降至室温，静置，抽滤，用硝酸银滴定到无溴离子为止，在60℃干燥箱中干燥，研磨，过筛，得到STAB/DSAB改性的MMT，分别记作STAB@MMT和DSAB@MMT。

将改性后的MMT与去离子水配成泥浆液（1g∶10mL），搅拌分散30min，将一定质量的NRL加入分散均匀的泥浆液中，室温下搅拌分散1h。配制0.1mol/L $CaCl_2$溶液作为絮凝剂加入分散均匀的MMT/NRL溶液中，边加边搅拌，直至胶乳完全絮凝。将胶块剪碎，用去离子水洗涤胶块3遍，放入60℃恒温干燥箱中，烘干至恒重，得到烷基铵盐改性的MMT/NRL纳米复合材料，记作STAB@MMT/NRL和DSAB@MMT/NRL。

（4）I.30P/溴化丁基橡胶复合材料的制备

将100份BIIR与I.30P（变量）在双辊开炼机上混炼，随后按氧化锌、氧化镁、硬脂酸、促进剂TT、促进剂DM的加料顺序分别加入各种配合剂，混炼均匀，下辊，即得到相应的纳米混合物。将纳米混合物在平板硫化机上硫化，硫化条件为160℃×10MPa×正硫化时间（T_{90}），得到相应的纳米复合材料。

（5）I.44P/溴化丁基橡胶复合材料的制备

将100份BIIR与I.44P（变量）在双辊开炼机上混炼，随后按氧化锌、氧化镁、硬脂酸、促进剂TT、促进剂DM的加料顺序分别加入各种配合剂，混炼均匀，下辊，即得到相应的纳米混合物。将纳米混合物在平板硫化机上硫化，硫化条件为160℃×10MPa×正硫化时间（T_{90}），得到相应的纳米复合材料。

（6）球磨法制备OC/溴化丁基复合材料

将一定质量的OC放入球磨罐中并放入数颗直径为1～5mm的珠子，室温下以180r/min的速度球磨14h。将球磨好的OC（标记为@OC）通过筛子收集备用。

将100份BIIR与OC（@GO）（变量）在双辊开炼机上混炼，随后按氧化锌、氧化镁、硬脂酸、促进剂TT、促进剂DM、硫黄的加料顺序分别加入各种配合剂，混炼均匀，下辊，即得到相应的纳米混合物。将纳米混合物在平板硫化机上硫化，硫化条件为175℃ ×10MPa× 正硫化时间（T_{90}），得到相应的纳米复合材料。

（7）静态热压法制备OC/天然橡胶复合材料

将各配合剂与SDS以1∶1的质量比分别放入球磨罐中球磨处理，室温下球磨8h，转速300r/min。称取一定质量的NR胶乳置于烧杯中，室温下机械搅拌，按实验配方依次加入球磨后的OC、氧化锌、硬脂酸、促进剂D、促进剂DM、硫黄，搅拌2h，至形成稳定均匀的分散液。将分散液置于培养皿中，在鼓风干燥箱中60℃下干燥至恒重。采用无转子硫化仪测试硫化曲线，并按145℃ ×10MPa×T_{90}压片，制备得到OC/NR纳米复合材料。

7.1.4 结构表征与性能测试

① 采用红外光谱分析仪（FTIR，TENSOR27型傅里叶变频，德国Bruker公司）观察MMT和改性MMT的特征基团，溴化钾压片，波数400 ～ 4000cm^{-1}，分辨率4cm^{-1}。

② 采用X射线衍射仪（XRD，TD-3000型，丹东通达仪器有限公司生产）测定MMT及复合材料中黏土的晶层间距（d）。其测试条件为工作电压30kV、工作电流20mA，采用X射线在2θ为0.5° ～ 10°的范围内对样品以1°/min的速度进行扫描。

③ 纳米复合材料的拉伸强度、定伸应力等按ASTM D 412—87标准执行；撕裂强度等按ASTM D 624—81标准执行；硬度按ASTM 2240—86标准执行。拉伸速率为500mm/min，测试温度为20 ～ 23℃。

④ 采用扫描电镜（SEM，JSM-7200F型，日本电子株式会社）观察复合材料的拉伸断面形貌。

⑤ 采用橡胶加工分析仪（RPA，TA公司）测定混炼胶的加工特性，振幅扫描测试条件为温度100℃，频率0.1Hz，振幅1% ～ 1200%。频率扫描测试条件为温度100℃，振幅6.98%，频率0.1 ～ 50Hz。

⑥ 采用质谱法气密性检测仪（GPT200型，北京瑞达宇辰仪器有限公司）测试复合材料的气体渗透系数，测试温度40℃。

⑦ 将复合材料在-100℃以下冷冻超薄切片，并收集在铜网上，采用日本日立公司生产的H-800型透射电子显微镜（TEM）观察纳米复合材料的微观分散结构，测试电压为200kV。

⑧ 将厚1mm的BIIRCNs裁成1cm×1cm的小块称重（天平精度需达到0.0001g），室温下放入装有二甲苯的锥形瓶中静置72h，根据复合材料对有机溶剂的阻隔性能测试标准ISO 62—1980，对比前后质量差来判定橡胶的耐有机溶剂性。

⑨ 采用气体渗透仪（VAC-V2型压差法气体渗透仪，济南兰光机电设备有限公司）测定BIIRCNs的气体阻隔性能，胶片厚度为1mm，N_2气氛，温度为40℃，压力为0.57MPa。

⑩ 采用热失重分析仪（TG，HCT-3 型，北京恒久仪器有限公司）测定BIIRCNs的热稳定性，N_2氛围，温度范围从室温至500℃，升温速率10℃/min。

7.2 二苯基甲烷-4,4′-二异氰酸酯（MDI）改性MMT/NBR复合材料

7.2.1 微观结构

图7-1为按MMT与MDI比例为2.8g：1mL制备的MDI-MMT及MMT的红外光谱图。由图7-1可以观察到，在MMT的FTIR曲线上，在3622cm^{-1}处出现O—H伸缩振动峰，1643cm^{-1}处出现O—H弯曲振动峰，1043cm^{-1}处出现Si—O—Si伸缩振动峰，796cm^{-1}处出现Si—O—Al弯曲振动峰，这些均为MMT的特征峰，表明MMT表面含有大量O—H，以少量的层间自由水和大量的结合水状态存在。对比MMT的FTIR图，发现MDI-MMT的FTIR图中O—H的伸缩和弯曲振动峰明显减弱，另外，在2276cm^{-1}处出现明显的N═C═O基团特征吸收峰，1600cm^{-1}处出现苯环C═C骨架伸缩振动吸收峰，1550cm^{-1}和1505cm^{-1}处出现的新的红外吸收峰归属于氨基甲酸酯基团C═O伸缩振动吸收峰、N—H弯曲振动吸收峰和C—N伸缩振动吸收峰。MDI接枝改性MMT后，N═C═O与MMT表面的O—H发生反应，生成氨基甲酸酯接枝于MMT表面，而MMT的层间水与N═C═O发生反应，生成了取代脲。

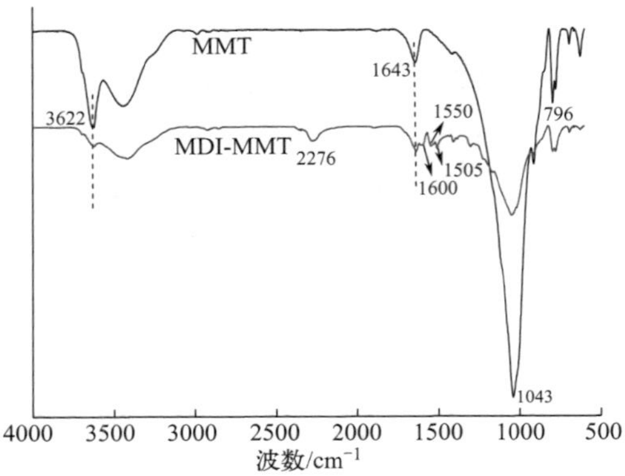

图7-1 MMT与MDI-MMT的红外光谱图

图7-2为MMT、MDI-MMT和NBRCNs的XRD图谱。由图7-2可以看出，MMT的起始衍射峰在2θ为7.28°处（1.21nm），MMT与MDI的比例为4.0g：1mL和2.8g：1mL时，MDI-MMT的衍射峰同在6.15°处（1.44nm），继续增大MDI的用量，即MMT与MDI的比例为2.0g：1mL时，MDI-MMT的衍射峰为5.90°（1.49nm），即MDI-MMT的衍射峰较MMT均向小角度方向偏移，片层间距增大。MMT与MDI的比例为2.8g：1mL时，填充10phr MDI-MMT制备的NBRCNs的d_{001}和d_{002}衍射峰分别为2.40°（3.68nm）和4.82°（1.83nm），表明NBR大分子链插层进入黏土片层间，扩大了黏土的片层间距，形成了插层型结构的复合材料，且d_{002}衍射峰的出现，表明所形成黏土片层的结构整齐有序。

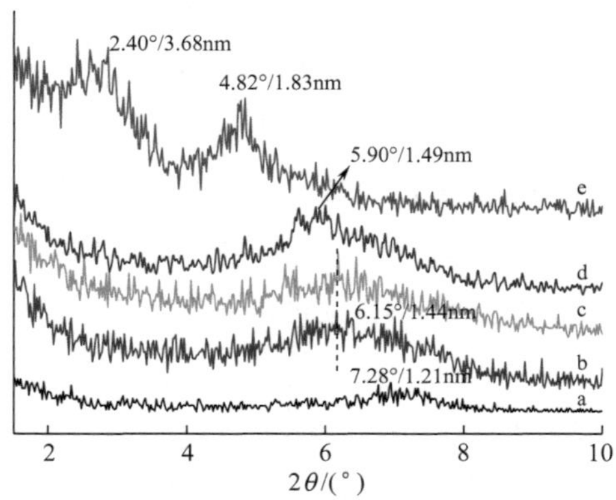

图7-2 MMT、MDI-MMT和NBRCNs的XRD图谱

a—MMT；b—MMT：MDI=4.0：1；c—MMT：MDI=2.8：1；d—MMT：MDI=2.0：1；e—NBRCNs

7.2.2 机械性能

MMT、不同配比MDI-MMT及添加不同含量MDI-MMT制备的NBRCNs的力学性能如表7-1所列。由表7-1可知，不同配比的MDI接枝改性MMT制备的NBRCNs的各项力学性能均优于纯NBR（0/MMT）及10phr MMT（10/MMT）制备的复合材料的各项力学性能，MMT与MDI的配比由4.0g：1mL上升至2.0g：1mL时，NBRCNs的各项力学性能出现先上升后下降的趋势。分析认为，当MMT与MDI的配比为4.0g：1mL时，MDI的含量较少，接枝于MMT表面的氨基甲酸酯和取代脲的数量较少，不足以改变MMT的亲水性能；当MMT与MDI的配比为2.0g：1mL时，由XRD结果可知，MDI较多地接枝于MMT的表面，扩大了MMT的片层间距，但过量的MDI作为有机溶剂导致橡胶大分子链的滑移，力学性能下降，因此，MMT与MDI的配比为2.8g：1mL时，可得到结构和力学性能优良的NBRCNs。

表7-1 MMT、MDI-MMT和NBRCNs的力学性能

份数/黏土/改性比例	拉伸强度/MPa	撕裂强度/(N/mm)	100%定伸应力/MPa	断裂伸长率/%	邵氏A硬度
0/MMT	3.18	15.68	1.83	127	51
10/MMT	3.701	19.91	2.69	252	55
10/MDI-MMT/2.0g：1mL	4.51	17.37	2.68	194	58
10/MDI-MMT/2.8g：1mL	4.99	17.78	2.73	223	56
10/MDI-MMT/4.0g：1mL	4.00	23.87	2.65	168	53
5/MDI-MMT /2.8g：1mL	4.45	12.79	3.24	128	53
15/MDI-MMT/2.8g：1mL	6.10	17.89	3.94	145	59

在MMT与MDI的配比为2.8g：1mL时，随MDI-MMT的含量由5phr、10phr增至15phr时制备的NBRCNs的各项力学性能逐渐上升，15phr MDI-MMT制备的NBRCNs的拉伸强度为6.10MPa，较纯NBR的3.18 MPa提高了92%。充分显示了MDI接枝改性MMT作为橡胶增强剂的优越性。

图7-3为不同MDI-MMT含量的MDI-MMT/NBR混炼胶的振幅扫描曲线。由图7-3（a）可以观察到，复合材料的储能模量随应变和MDI-MMT含量的增加而出现明显下降的趋势，这是因为黏土在橡胶基体中可以自发地发生聚集形成三维填料网络结构，使材料的弹性模量有所提高。当应变较小时，网络的形成速率大于破坏速率，储能模量变化较小；当应变增加至

30%左右时，网络的破坏速率迅速增加，三维网络来不及形成，导致储能模量迅速减小，且MDI-MMT含量越高，粒子间相互作用越强，越容易聚集，三维网络的形成和破坏越明显，Payne效应越明显。纯NBR储能模量的迅速下降是由应变过程中橡胶大分子链的断链所造成的。由图7-3（b）可以观察到，复合材料在小应变时复数黏度基本不变，呈现牛顿平台区；应变增至30%以上，复数黏度急剧下降，出现剪切变稀的行为。由图7-3（c）可以观察到，复合材料随应变和MDI-MMT含量的增加，损耗因子均增加。MDI-MMT与NBR分子链通过物理吸附作用和化学结合作用更充分地接触连接，当橡胶大分子链受到动态作用时，高含量的MDI-MMT更容易聚集在一起，进而提高了填料网络破坏和重建时所消耗的能量，表现为随MDI-MMT含量的增加，复合材料的损耗因子上升。

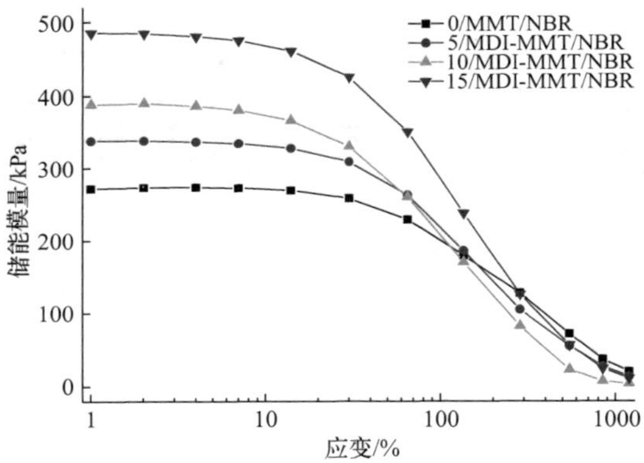

(a)

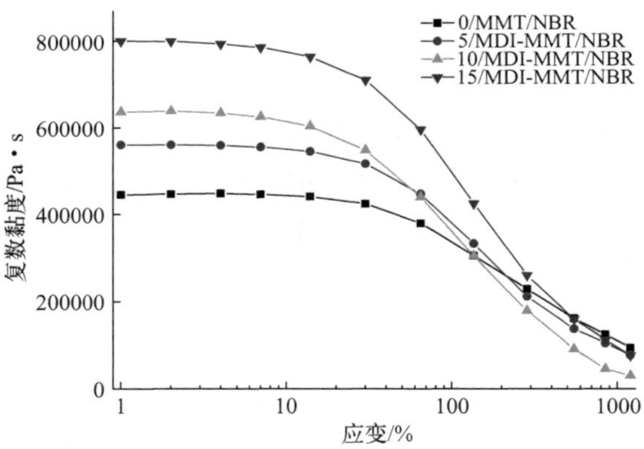

(b)

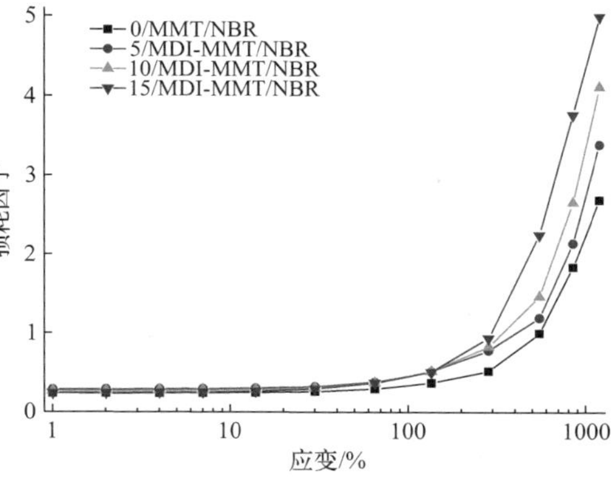

(c)

图7-3　MDI-MMT/NBR混炼胶的振幅扫描曲线

7.2.3　微观形态

图7-4为NBRCNs的SEM图片。由图7-4（a）可以观察到，大的MMT聚集颗粒集中在橡胶基体中，这是由亲水的MMT与有机相基体之间界面相容性差所造成的。由图7-4（b）和（c）可以观察到，MDI-MMT较均匀地分散在NBR基体中，观察不到大的黏土聚集颗粒，即黏土在橡胶基体中分散得较为细致均匀。对比图7-4（b）和（c）可以观察到，15phr的MDI-MMT制备的NBRCNs的SEM图片中，橡胶基体中出现孔洞，分析认为，当黏土填充量较大（15phr）时黏土在橡胶基体中出现团聚现象，导致分散状况稍变差。

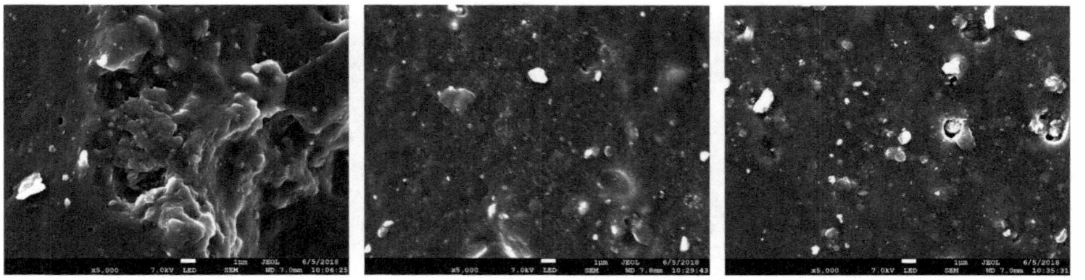

(a) MMT/NBRCNs　(b) 10phr/MDI-MMT/NBRCNs　(c) 15phr/MDI-MMT/NBRCNs

图7-4　NBRCNs的SEM图片

7.3 六烷基氯化吡啶（CPC）改性MMT/橡胶复合材料

7.3.1 微观结构

MMT、CPC及CPC改性MMT的红外光谱如图7-5所示。由图7-5可知，表面改性剂CPC在2914cm^{-1}和2848cm^{-1}处出现C—H（—CH_3和—CH_2）的伸缩振动峰，在1508cm^{-1}和1473cm^{-1}处出现了C═C的伸缩振动峰；而由CPC改性的MMT，除了MMT在3622cm^{-1}处羟基的伸缩振动峰，在1639cm^{-1}处羟基的弯曲振动峰，在1043cm^{-1}处Si—O—Si的伸缩振动峰和在796cm^{-1}处Si—O—Al的弯曲振动峰以外，新增了2922cm^{-1}和2850cm^{-1}处的C—H（—CH_3和—CH_2）的伸缩振动峰，以及1506cm^{-1}和1467cm^{-1}处的C═C的伸缩振动峰，除去各种峰的少量偏移，与表面改性剂的特征峰位置相对应，这表明CPC有机改性MMT成功。

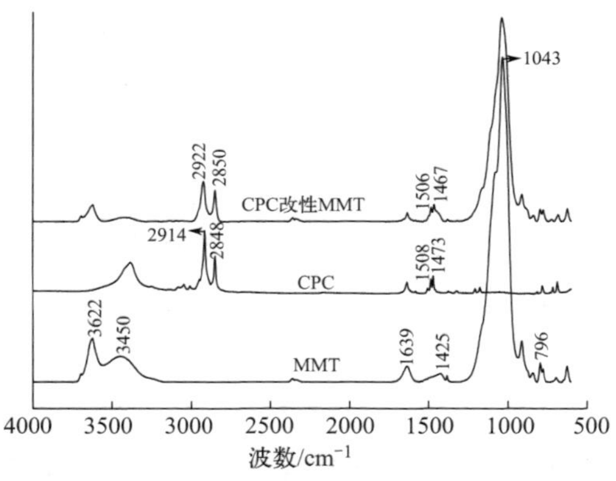

图7-5 MMT、CPC及CPC改性MMT的红外光谱图

MMT与改性剂的质量比为2.5：1时改性所得OC的XRD图谱如图7-6所示，可知MMT的起始衍射峰为7.08°（1.25nm）。MMT：CTAB=2.5：1的比例下改性所得OC的d_{001}衍射峰为4.70°（1.87nm），表明季铵盐的长碳链通过阳离子置换作用进入MMT片层间，使MMT片层间距增大，同时d_{002}衍射峰为2.38°（3.70nm），表明形成的OC片层结构有序化程度较高。当MMT：CPC=2.5：1时，改性所得OC的d_{001}衍射峰为4.26°（2.10nm），同

时 d_{002} 衍射峰2.24°（3.94nm）明显存在，一级和二级衍射峰均比CTAB改性MMT的出峰角度向小角度偏移，表明形成的OC片层结构整齐有序，并且片层间距明显大于CTAB改性MMT。分析认为CPC中的 C_{16} 部分起到了同CTAB相同的阳离子置换作用，而CPC中的吡啶盐部分是一个类似亚苯基结构的刚性部分，随长碳链物理置换作用进入MMT片层间，进一步扩大了MMT片层间距。

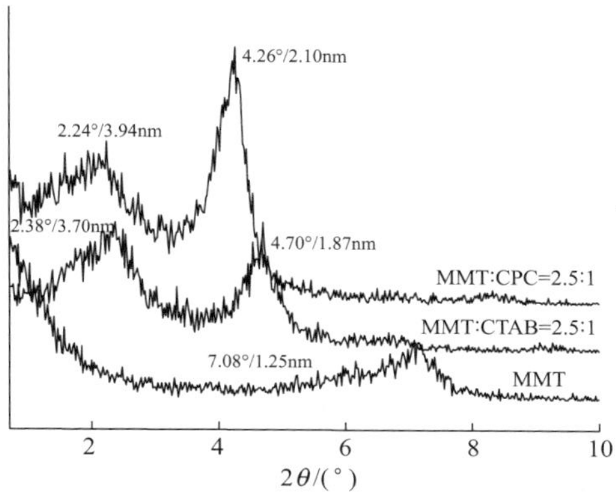

图7-6　黏土的XRD图谱

不同配比（质量比）下CPC改性MMT制备的NBRCNs的XRD图谱如图7-7所示。在MMT：改性剂（质量比）=2.5：1时，CPC与CTAB改性MMT制备的NBRCNs的XRD图谱如图7-8所示。

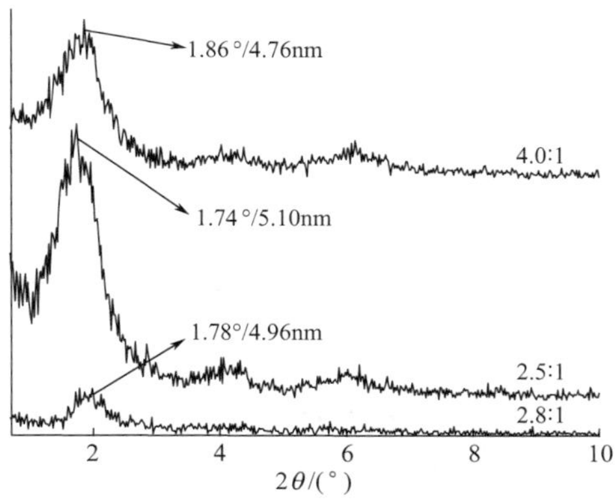

图7-7　不同配比下CPC改性MMT制备的NBRCNs的XRD图谱

由图7-7可知，当MMT与CPC的质量比分别为2.5：1、2.8：1、4.0：1时，复合材料中黏土的d_{001}衍射峰分别为1.74°（5.10nm）、1.78°（4.96nm）、1.86°（4.76nm），d_{002}衍射峰明显变弱，较CPC改性MMT的d_{001}衍射峰4.26°（2.10nm）、d_{002}衍射峰2.24°（3.94nm）均向小角度方向大幅度偏移，表明橡胶大分子链插层进入MMT片层间，进一步扩大了MMT的片层间距，形成了插层型结构的复合材料。

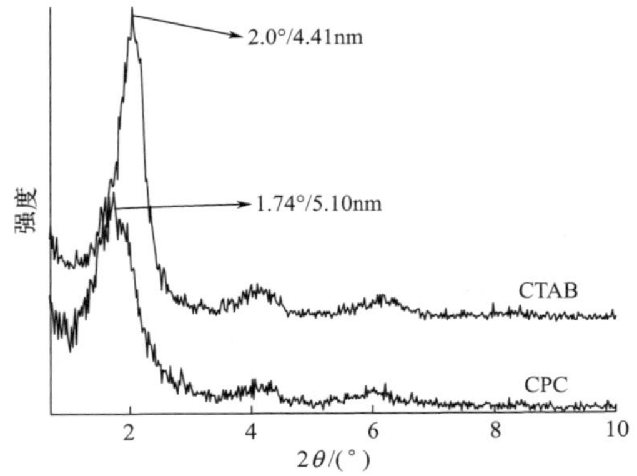

图7-8 CPC与CTAB改性MMT制备的NBRCNs的XRD图谱

由图7-8可知，MMT与改性剂的质量比均为2.5：1时，CPC改性MMT制备的复合材料中OC片层间距5.10nm大于CTAB改性的4.41nm，即CPC改性MMT制备的复合材料中更多的橡胶大分子链插层进入了黏土片层间，形成了插层型结构的复合材料。分析认为CPC中吡啶盐部分的类亚苯基结构空间位阻较大，一旦插入MMT层间，不易从层间压出，有机改性MMT片层间距较大，致使橡胶大分子链更容易进入MMT片层间，得到较大OC片层间距的插层型甚至是部分剥离型结构。

7.3.2 力学性能

NBR及NBRCNs的力学性能如表7-2所列，其中MMT的添加量为10phr。

表7-2 NBR及NBRCNs的力学性能

材料	MMT：改性剂(质量比)	拉伸强度/MPa	100%定伸应力/MPa	300%定伸应力/MPa	断裂伸长率/%	撕裂强度/(kN/m)	邵氏A硬度
NBR	—	1.59	0.57	0.92	746	10.19	45
MMT/NBR	—	1.78	0.66	1.01	792	11.29	47

续表

材料	MMT：改性剂(质量比)	拉伸强度/MPa	100%定伸应力/MPa	300%定伸应力/MPa	断裂伸长率/%	撕裂强度/(kN/m)	邵氏A硬度
CTAB-MMT/NBR	2.5：1	3.28	1.20	1.93	708	16.50	57
CPC-MMT/NBR	4.0：1	3.16	1.10	1.80	751	16.28	55
CPC-MMT/NBR	2.8：1	3.65	1.06	1.79	819	17.84	53
CPC-MMT/NBR	2.5：1	4.72	1.55	2.77	612	26.66	61

由表7-2可知，当MMT：改性剂（质量比）=2.5：1时，CPC与CTAB改性MMT制备的NBRCNs的力学性能明显优于纯NBR及添加MMT制备的NBR复合材料，拉伸强度和撕裂强度分别为4.72MPa、3.28MPa和26.66kN/m、16.50kN/m，较纯NBR的1.59MPa和10.19kN/m分别提高了197%、106%和162%、62%。说明CPC和CTAB作为有机改性剂改性MMT，弱化了黏土片层之间的相互作用，使黏土表面由亲水性变为亲油性，起到了良好的补强作用。

对比分析MMT：改性剂（质量比）=2.5：1时，CPC改性MMT制备的NBRCNs的拉伸强度、撕裂强度、100%/300%定伸应力和邵氏A硬度明显优于CTAB改性MMT制备的NBRCNs的对应性能。分析认为，首先，CPC分子中吡啶盐部分的类亚苯基结构作为刚性粒子起到了明显的补强作用；其次，吡啶中的双键在硫化过程中可能与NBR上的双键反应，产生化学交联，使得纳米复合材料的插层结构更稳定，力学性能提高。但CPC改性MMT制备的NBRCNs的断裂伸长率为612%，低于CTAB改性MMT制备的NBRCNs的708%，也明显低于纯NBR的746%。分析认为，同样是由于CPC分子中吡啶盐部分的类亚苯基结构作为刚性粒子起补强作用的同时对材料的韧性造成了破坏，导致断裂伸长率下降。

当MMT与改性剂CPC的质量比由4.0：1增加到2.8：1、2.5：1时，NBRCNs的拉伸强度和撕裂强度逐渐提高，这一趋势和图7-7中随改性剂的比例变化，NBRCNs中OC片层间距的变化趋势是一致的。

采用CPC改性MMT制备得到的不同用量MMT的NBRCNs的力学性能如表7-3所列。

表7-3　不同用量MMT的NBRCNs的力学性能

MMT含量/phr	拉伸强度/MPa	100%定伸应力/MPa	300%定伸应力/MPa	断裂伸长率/%	撕裂强度/(kN/m)	邵氏A硬度
5	3.21	1.09	1.86	625	17.98	55
10	4.72	1.55	2.77	612	26.66	61
15	3.69	1.38	2.48	546	18.43	57

由表7-3可知，当MMT：CPC（质量比）=2.5：1，MMT添加量为10phr时，NBRCNs的力学性能最优，随MMT添加量的变化，NBRCNs的力学性能呈现先增长后降低的趋势。

SBR及SBRCNs的力学性能如表7-4所列，其中MMT的添加量为10phr。由表7-4可知，当MMT：CPC=2.5：1时，CPC改性MMT制备的SBRCNs的力学性能明显优于纯SBR及添加MMT制备的SBR复合材料，拉伸强度和撕裂强度分别为1.80MPa和11.00kN/m，较纯SBR的1.00MPa和8.50kN/m分别提高了80%和29%。当MMT与CPC的质量比由4.0：1增加到2.8：1、2.5：1时，SBRCNs的拉伸强度和撕裂强度逐渐提高，这一趋势与NBRCNs的性能变化是一致的。

表7-4　SBR及SBRCNs的力学性能

材料	MMT：改性剂(质量比)	拉伸强度/MPa	100%定伸应力/MPa	300%定伸应力/MPa	断裂伸长率/%	撕裂强度/(kN/m)	邵氏A硬度
SBR	—	1.00	0.70	0.90	308	8.50	37
MMT/SBR	—	0.80	0.60	0.70	337	9.70	40
CPC-MMT/SBR	4.0：1	1.40	1.00	1.20	300	9.00	42
CPC-MMT/SBR	2.8：1	1.70	0.80	1.40	356	11.00	42
CPC-MMT/SBR	2.5：1	1.80	0.90	1.60	371	11.00	43

SBR为非极性橡胶，CPC改性MMT添加制备的SBRCNs较纯SBR的拉伸强度和撕裂分别提高了80%和29%，这一补强效果明显低于CPC改性MMT添加极性橡胶NBR制备的NBRCNs，较纯NBR的拉伸强度和撕裂分别提高了197%和162%，因此，CPC改性MMT添加补强制备RCNs，既适用于NBR一类的极性橡胶，也适用于SBR一类的非极性橡胶，但对极性橡

胶的补强效果更优。

7.3.3 微观相态

在MMT：改性剂（质量比）=2.5：1时，CTAB与CPC改性MMT制备的NBRCNs的TEM照片分别如图7-9（a）和（b）所示。

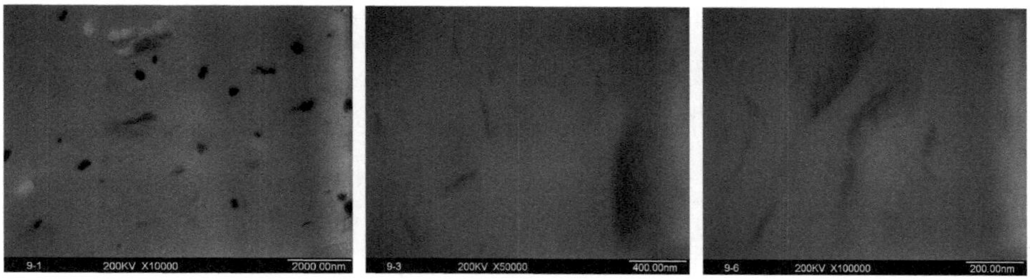

(a) CTAB 改性MMT制备的NBRCNs

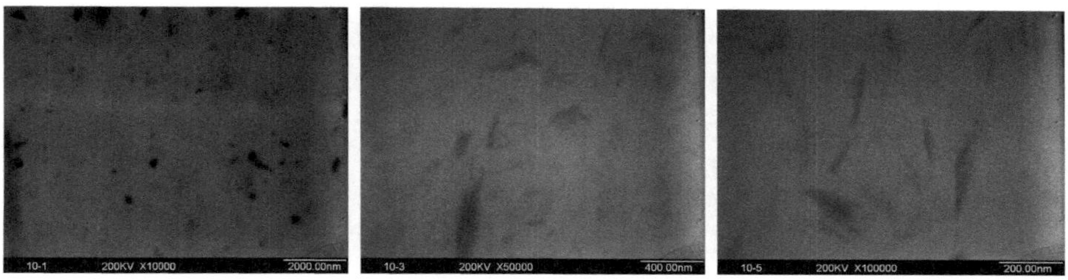

(b) CPC改性MMT制备的NBRCNs

图7-9 NBRCNs的TEM照片

由图7-9可以观察到，CTAB与CPC改性MMT制备的NBRCNs中OC均匀分散于橡胶基体中。CPC改性MMT制备的NBRCNs中，可以明显观察到长度为100～200nm、厚度为10～30nm的OC细致、均匀地分散在橡胶基体中，甚至可以观察到部分剥离的黏土片层；CTAB改性MMT制备的NBRCNs中OC的分散也较为均匀，但片层长度略长，为100～500nm。

7.4 烷基铵盐改性MMT/天然胶乳（NRL）纳米复合材料

7.4.1 烷基铵盐改性MMT的微观结构与相态

图7-10为MMT、STAB@MMT和DSAB@MMT的FTIR图谱。由图7-10可

知，在STAB@MMT和DSAB@MMT的FTIR图谱中，除了MMT在3438cm^{-1}处的—OH伸缩振动峰、1633cm^{-1}处的—OH弯曲振动峰、1045cm^{-1}处的Si—O—Si伸缩振动峰和679cm^{-1}处的Si—O—Al弯曲振动峰外，新增了2922cm^{-1}处碳氢键（—CH_2）的伸缩振动峰、1470cm^{-1}处碳氢键（—CH_3）的伸缩振动峰，除了个别峰少量偏移外，STAB@MMT和DSAB@MMT的特征峰位置与MMT相对应，表明烷基铵盐改性剂已对MMT进行了有机化改性。另外，在STAB@MMT和DSAB@MMT的FTIR图谱中，在3421cm^{-1}处与MMT有相同的基团—OH，可以作为一个反应位点，形成氢键接枝于MMT表面。

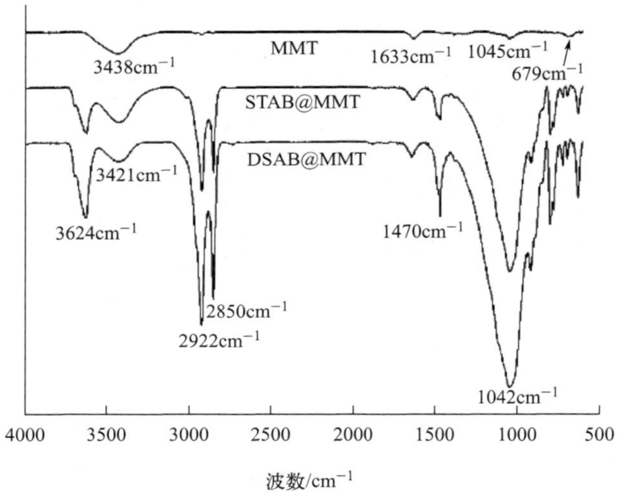

图7-10　MMT、STAB@MMT和DSAB@MMT的FTIR图谱

图7-11为MMT、STAB@MMT和DSAB@MMT的XRD图谱。由图可见，MMT的起始衍射峰为7.24°（1.22nm），STAB和DSAB接枝改性MMT后，d_{001}衍射峰均向小角度方向移动，分别为4.59°（1.95nm）和2.72°（3.25nm），这表明烷基铵盐改性剂的长碳链通过阳离子交换作用接枝于MMT表面，使MMT层间距扩大。另外，对比单双链烷基铵盐的改性效果，双链的DSAB改性后MMT层间距增加了2.03nm，明显优于单链的STAB改性后层间距增加的0.73nm，即双链烷基铵盐的改性效果优于单链烷基铵盐。

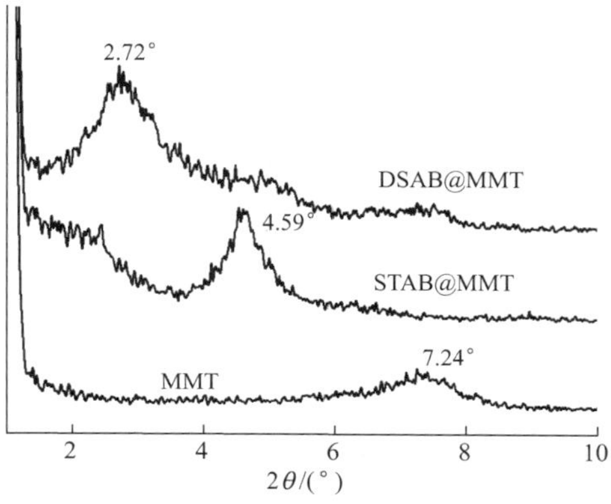

图7-11　MMT、STAB@MMT和DSAB@MMT的XRD图谱

图7-12为STAB@MMT和DSAB@MMT的SEM图。由图可见，经过改性后，MMT呈鳞片状，堆砌比较松散，可以观察到少量剥离的MMT片层。另外，对比单双链烷基铵盐的改性效果，DSAB改性MMT的堆砌更松散，有更多的单片层或少片层的MMT片。

(a) STAB@MMT　　(b) DSAB@MMT

图7-12　STAB@MMT和DSAB@MMT的SEM图

7.4.2　复合材料的微观结构与相态

图7-13为MMT/NRL、STAB@MMT/NRL和DSAB@MMT/NRL的XRD图谱。由图可见，未经改性的MMT/NRL出峰约为5.86°（1.70nm），STAB@MMT/NRL和DSAB@MMT/NRL的出峰分别为2.38°（3.70nm）和1.95°（4.54nm），较MMT/NRL的出峰均向小角度方向偏移，表明橡胶分子

链插层进入MMT层间，形成了插层结构。DSAB改性MMT的层间距优于STAB改性MMT的层间距，与橡胶复合后，DSAB@MMT/NRL的层间距也更大，形成了更多的插层结构甚至剥离结构。

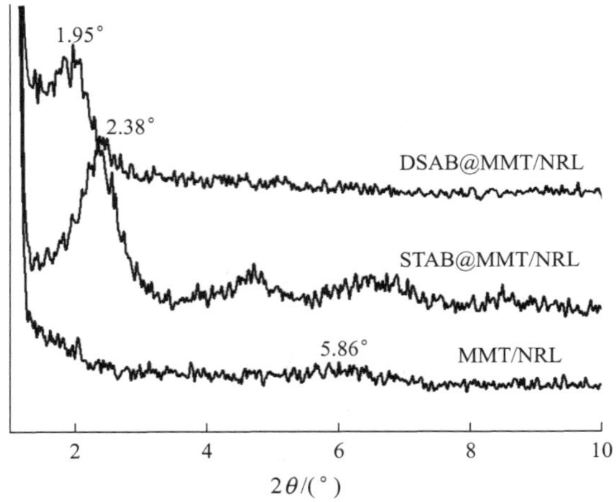

图7-13　MMT/NRL、STAB@MMT/NRL和DSAB@MMT/NRL的XRD图谱（MMT含量为7份）

图7-14为STAB@MMT/NRL和DSAB@MMT/NRL的SEM图。由图可见，MMT在橡胶基体中分散得比较细致均匀，除去少量MMT的团聚外，大部分MMT与橡胶基体界面模糊，结合状况良好。

(a) STAB@MMT/NRL

(b) DSAB@MMT/NRL

图7-14　STAB@MMT/NRL和DSAB@MMT/NRL的SEM图（MMT含量为7份）

7.4.3 机械性能

不同烷基铵盐改性MMT/NRL纳米复合材料的应力-应变曲线见图7-15。由图可见，不同烷基铵盐改性MMT/NRL纳米复合材料的拉伸强度均优于NRL，这是由于MMT作为刚性片层填料实现了负荷的转移，DSAB@MMT含量为7份时制备的复合材料的拉伸强度为28.7MPa，较纯NRL的21.5MPa提高了33%，且明显优于同等STAB@MMT含量时复合材料的拉伸强度。但填充MMT制备的复合材料的断裂伸长率比纯NRL有所降低，这同样是由MMT的刚性片层结构限制了橡胶分子链的移动所带来的。

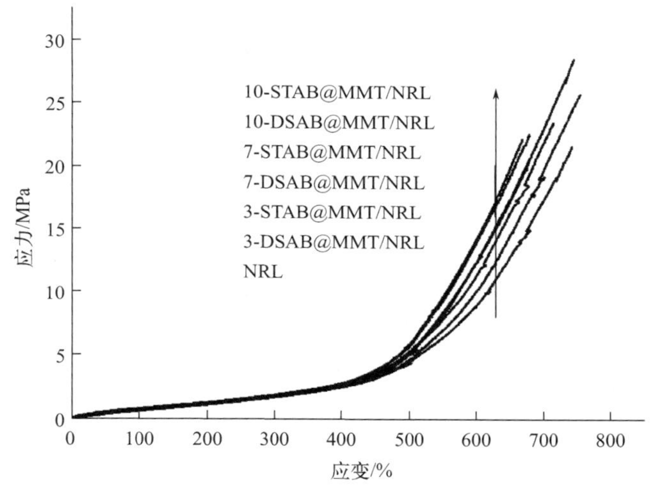

图7-15 STAB@MMT/NRL和DSAB@MMT/NRL的应力-应变曲线图

不同烷基铵盐改性MMT/NRL混炼胶的RPA振幅扫描曲线见图7-16。由图可见，复合材料的储能模量在应变较小时是一个平台区，随应变增加，储能模量急剧下降，且随着MMT含量的增加，这种下降趋势更加明显。这是因为MMT在NRL基体中可以自发地发生聚集形成三维填料网络结构，使材料的弹性模量有所提高，当应变较小时，网络的形成速率大于破坏速率，储能模量变化较小，随应变增加，网络的破坏速率迅速增加，三维网络来不及形成，导致储能模量迅速减小，且MMT含量越高，粒子间相互作用越强，越容易聚集，三维网络的形成和破坏越明显，Payne效应越明显。添加烷基铵盐改性的MMT制备的复合材料的储能模量明显优于NRL，且黏土含量相同时，DSAB@MMT/NRL的储能模量优于STAB@MMT/NRL，表明DSAB@MMT/NRL的界面相互作用强于STAB@MMT/NRL。

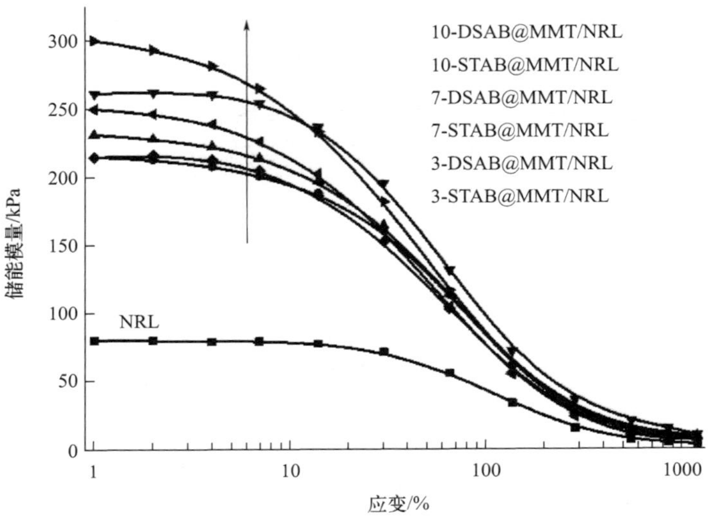

图7-16　STAB@MMT/NRL和DSAB@MMT/NRL的振幅扫描曲线图

7.4.4　气体阻隔性能

MMT含量对STAB@MMT/NRL和DSAB@MMT/NRL气体阻隔性能的影响见图7-17。由图可见，复合材料的气体渗透系数随着MMT添加量的增加迅速降低，纯NRL的渗透系数为$18.6\times10^{-17}m^2/(s\cdot Pa)$，而10份STAB@MMT和DSAB@MMT制备的NRL纳米复合材料的渗透系数分别为$7.6\times10^{-17}m^2/(s\cdot Pa)$和$5.9\times10^{-17}m^2/(s\cdot Pa)$，较NRL分别下降了约59%和68%。良好的气体阻隔性能:

① 由于MMT高的长径比可以阻隔气体分子的透过，延长气体分子在橡胶基体中的扩散路径;

② 由于MMT在橡胶基体中良好的分散可以进一步延长气体分子的扩散路径;

③ 由于改性后的MMT与橡胶基体强的界面相互作用可以减少橡胶的自由体积，进一步降低气体分子的渗透。

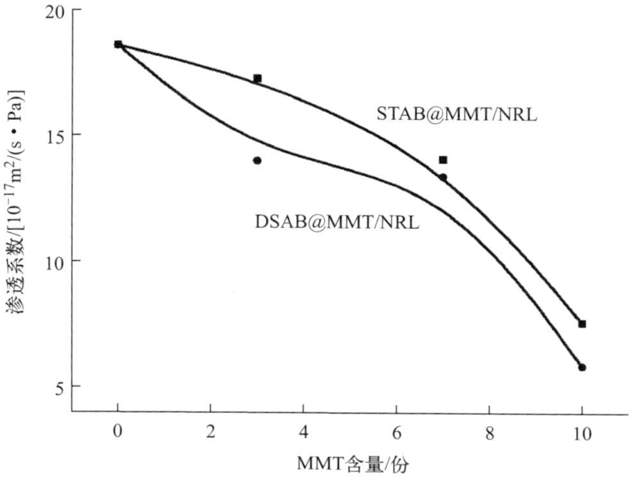

图7-17　MMT含量对STAB@MMT/NRL和DSAB@MMT/NRL气体阻隔性能的影响

7.5 I.30P/溴化丁基橡胶（BIIR）复合材料

7.5.1　微观结构与相态

7.5.1.1　硫化特性

BIIR及添加不同I.30P份数的I.30P/BIIR混炼胶的硫化特性数据和硫化曲线分别如表7-5和图7-18所示。由表7-5可知，最大扭矩（M_H）、最小扭矩（M_L）及M_H−M_L的值随着I.30P含量的增加而增大。M_H−M_L的值代表交联密度的大小，M_L与橡胶混合物的流动能力成反比，即随着I.30P用量的增加，I.30P/BIIR混炼胶的流动能力下降，交联密度增加。焦烧时间（T_{10}）随I.30P用量增加改变不大，硫化时间（T_{90}）随I.30P用量增加而变长，T_{10}以下，橡胶混合物的交联密度很低，以致于有很好的流动性，通常认为，此时纳米黏土粒子的插层结构和空间分散是有大幅度的改变的[8]。T_{90}−T_{10}的值与硫化速度成反比，即随I.30P含量的增加，I.30P /BIIR混炼胶的硫化速度下降，硫化速度越慢，混合物的微观结构可以改变的时间越长[9,10]。

表7-5　BIIR及I.30P/BIIR混炼胶的硫化特性数据

I.30P/phr	M_H/dN·m	M_L/dN·m	M_H-M_L/dN·m	T_{90}/min	T_{10}/min	$T_{90}-T_{10}$/min
0	2.54	0.84	1.70	4:16	1:26	2:50
3	2.74	0.97	1.77	2:54	0:57	1:57
5	2.76	0.96	1.80	3:27	0:59	2:28
7	3.26	1.14	2.12	3:21	0:53	2:28
10	3.48	1.19	2.29	3:46	0:57	2:49
15	3.17	1.15	2.02	5:08	1:08	4:00

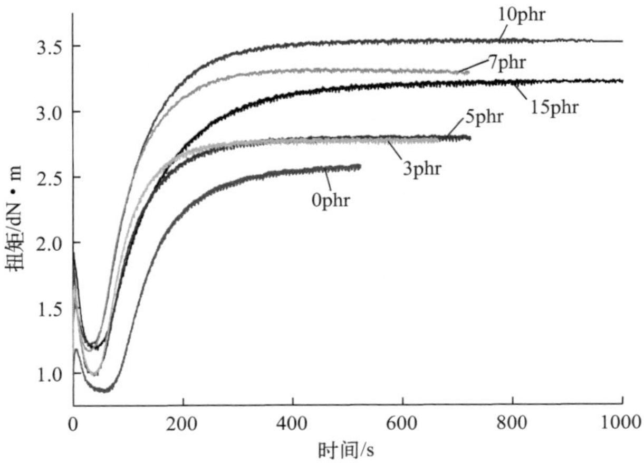

图7-18　BIIR及I.30P/BIIR混炼胶的硫化曲线

另外，由表7-5可知，I.30P添加份数为3～10phr时，T_{10}、T_{90}与纯BIIR相比均下降，即混炼胶的硫化速率上升，黏土大的比表面积和层间大量的官能团与某些硫化助剂相结合形成中间产物，迁移进橡胶基体中参与硫化反应，从而加速硫化反应的进行[11]，因此，通常认为添加有机黏土可以提高黏土/橡胶混合物的硫化速率和交联密度。

7.5.1.2　XRD图谱

I.30P及填充不同份数I.30P制备的BIIRCNs的XRD图谱如图7-19所示。由图7-19可知，I.30P的起始衍射峰为4.54°（2.02nm）。5phr、10phr和15phr的I.30P填充制备的BIIRCNs的d_{001}衍射峰分别为2.00°（4.38nm）、1.94°

（4.50nm）和2.14°（4.16nm），较I.30P的出峰角度均向小角度方向大幅度偏移，表明BIIR橡胶大分子链插层进入了I.30P片层间，扩大了有机黏土的片层间距，形成了插层型结构的复合材料。并且d_{002}衍射峰均在6.4°附近出现，表明所形成的I.30P片层的结构整齐有序[12]。另外，I.30P填充10phr制备的BIIRCNs的层间距为4.50nm，稍大于I.30P填充5phr（4.38nm）和15phr（4.16nm）制备的BIIRCNs的层间距，表明当I.30P填充用量为10phr时制备的BIIRCNs中有更多的橡胶大分子链插层进入了黏土片层间，形成了插层型结构的复合材料甚至是部分剥离型结构。

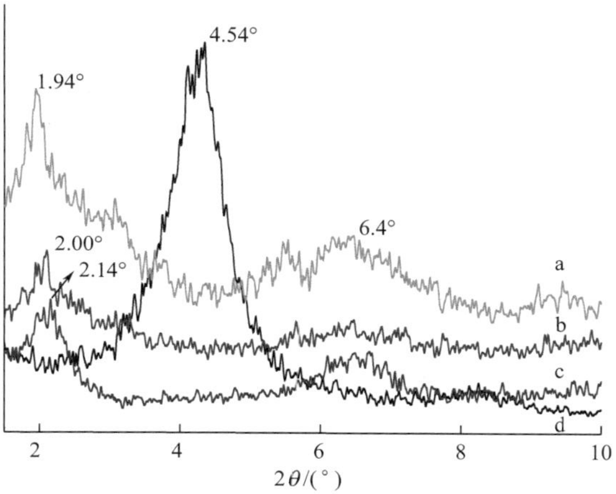

图7-19　I.30P及BIIRCNs的XRD图谱

a—BIIRCNs/10phr I.30P；b—BIIRCNs/5phr I.30P；c—BIIRCNs/15phr I.30P；d—I.30P

7.5.1.3　分散相态

图7-20（a）为I.30P添加量为10phr时制备的BIIRCNs的SEM图。由低倍数的电镜图片可以观察到，I.30P在橡胶基体中分散得较为均匀，观察不到大的黏土聚集颗粒；高倍数的电镜图片显示I.30P与橡胶基体的界面模糊，结合状况良好，表示有机黏土在橡胶基体中分散得较为细致、均匀。图7-20（b）为I.30P添加量为15phr时制备的BIIRCNs的SEM图，由低倍数和高倍数的电镜图片均可以观察到较大的黏土聚集颗粒，即I.30P在橡胶基体中分散得不够均匀，当黏土添加量较大（15phr）时有机黏土在橡胶基体中出现团聚现象，这一结果同BIIRCNs的力学性能是一致的。

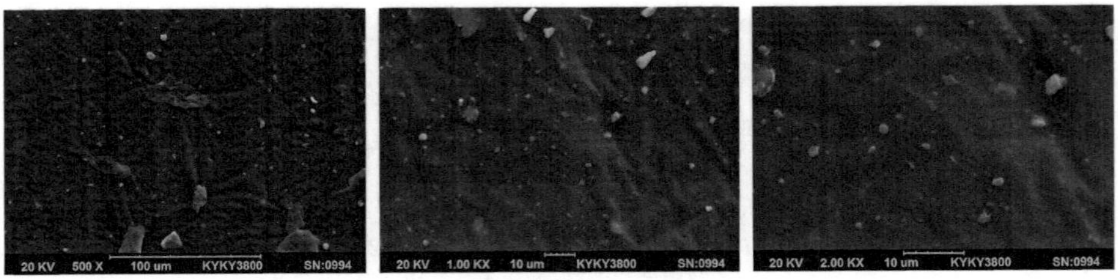

(a) 10phr

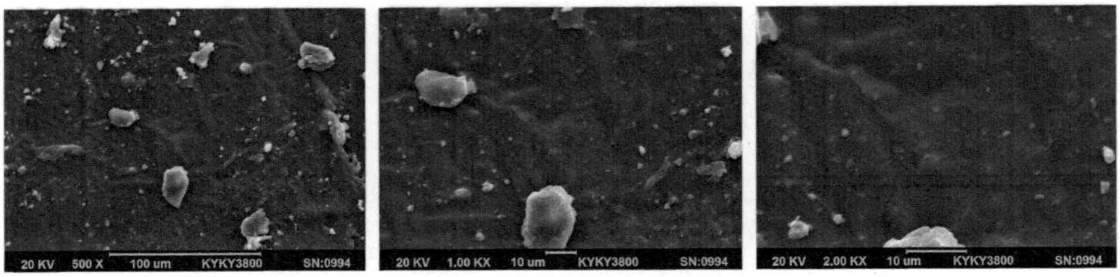

(b) 15phr

图7-20　BIIRCNs的SEM图片

图7-21为I.30P添加量为10phr时制备的BIIRCNs的TEM图片。由图7-21可以观察到，在低倍数TEM照片中，I.30P均匀分散于橡胶基体中。在高倍数TEM照片中，可以观察到，视野范围内，I.30P片层（图中黑灰色部分）均匀地分散在橡胶基体中，可以明显观察到长度为100～400nm、厚度为10～30nm的有机黏土细致、均匀地分散在橡胶基体中，甚至可以观察到部分剥离的黏土片层。

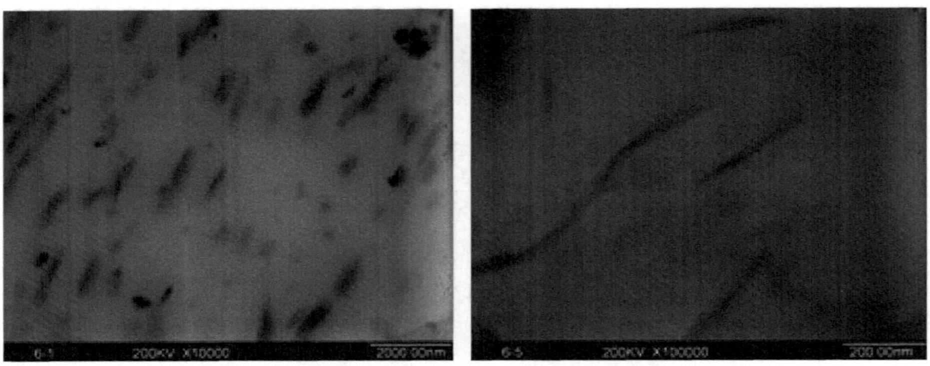

(a) 低倍数　　(b) 高倍数

图7-21　BIIRCNs的TEM图片

7.5.2 性能表征

7.5.2.1 力学性能

BIIR及添加不同份数I.30P制备的BIIRCNs的力学性能如表7-6所列。由表7-6可知，添加I.30P为3～15phr时，BIIRCNs的各项力学性能较纯BIIR（0phr）均有不同程度的提高，其中添加I.30P为10phr时，BIIRCNs的拉伸强度和撕裂强度分别为6.80MPa和12.13N/mm，较纯BIIR的3.14MPa和7.42N/mm分别提高了117%和63%，100%/300%定伸应力和邵氏A硬度也符合这一趋势，充分说明了有机黏土作为橡胶补强剂的优越性。另外，由表7-6可以观察到，随I.30P添加量由3phr到15phr的变化，BIIRCNs的力学性能呈现先增长后降低的趋势，当黏土添加量较大（15phr）时复合材料的力学性能下降，分析认为填料增加至一定量时会出现团聚的现象，黏土在橡胶基体中分散不均匀，导致力学性能下降。

表7-6 BIIR及BIIRCNs的力学性能

I.30P/phr	拉伸强度/MPa	撕裂强度/(N/mm)	断裂伸长率/%	100%定伸应力/MPa	300%定伸应力/MPa	邵氏A硬度
0	3.14	7.42	667	0.24	0.50	25
3	4.13	9.23	622	0.35	0.62	30
5	5.81	10.01	741	0.37	0.82	31
7	5.10	9.77	708	0.39	0.83	32
10	6.80	12.13	705	0.46	0.97	33
15	5.20	12.75	645	0.59	1.26	36

7.5.2.2 BIIRCNs的气液阻隔性能

填充不同份数I.30P制备的BIIRCNs对溶剂二甲苯的吸附量（溶胀度）如表7-7所列。填充不同份数I.30P制备的BIIRCNs的气体渗透系数如图7-22所示。由表7-7可知，BIIRCNs的溶胀度明显低于纯BIIR，说明复合材料对有机溶剂的阻隔性能较纯BIIR有明显的改善，并且，随着I.30P份数的增加，复合材料对有机溶剂的吸附量有所下降。由图7-22可知，BIIRCNs的气体渗透系数均小于纯BIIR，当I.30P填充10phr时气体渗透系数较纯BIIR下降70.6%。另外，由BIIRCNs的气液阻隔性能均可以观察到，当I.30P填充10phr时，BIIRCNs的气液阻隔性能最佳；当I.30P填充至15phr时，溶胀度变化不大，气体渗透系数反而有小幅度的上升，分析认为，当I.30P添加量较大（15phr）时有机黏土在橡胶基体中出现团聚现象，导致气体渗透系数有所上升，这一结论同力学性能及扫描电镜的表征是一致的。

表7-7　BIIRCNs的液体阻隔性能

I.30P/phr	0	3	5	7	10	15
浸泡前质量/g	0.162	0.164	0.189	0.193	0.187	0.248
浸泡后质量/g	0.833	0.801	0.936	0.939	0.881	1.187
溶胀度/%	414	388	395	387	371	378

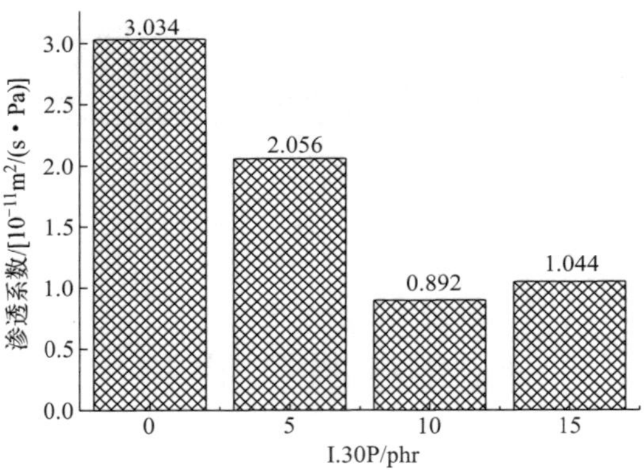

图7-22　BIIRCNs的气体阻隔性能

BIIRCNs具有优良的气液阻隔性能，这主要是因为具有较大长径比的有机黏土均匀分布在橡胶基体中，使得气体或液体分子在橡胶基体中扩散时，必须绕过这些片层，从而增加了气液分子行进的有效路径[13,14]，另外，有机黏土的片层结构降低了分子的热运动，减少了气体和液体分子在橡胶基体中的扩散，故气、液分子进入和逸出橡胶基体都会受限[15]，从而使复合材料的气液阻隔性能提高。

7.6 I.44P/BIIR复合材料

7.6.1 微观结构与相态

7.6.1.1 硫化特性

BIIR及添加不同OC份数的OC/BIIR混炼胶的硫化特性数据如表7-8所列。由表7-8可知，最小扭矩（M_L）随OC用量的增加变化不大，最大扭矩（M_H）及M_H–M_L的值随着OC用量的增加而增大。M_L与橡胶混合物的流动能力成反比，M_H–M_L的值代表交联密度的大小，即随着OC用量的增加，OC/BIIR混炼胶的流动能力变化不大，但交联密度增加。焦烧时间（T_{10}）和硫化时间（T_{90}）均随OC用量的增加而延长。T_{90}–T_{10}的值与硫化速度成反比，即随OC用量的增加，OC/BIIR混炼胶的硫化速度下降，硫化速度越慢，混合物的微观结构可以改变的时间越长。但硫化速率变慢，不利于提高生产效率以及节约能耗。

表7-8　BIIR及OC/BIIR混炼胶的硫化特性数据

OC/phr	M_H/dN·m	M_L/dN·m	M_H–M_L/dN·m	T_{90}/min	T_{10}/min	T_{90}–T_{10}/min
0	2.54	0.84	1.70	4:16	1:26	2:50
3	2.72	0.87	1.85	6:34	2:02	4:32
5	2.84	0.87	1.97	7:09	2:05	5:04
7	2.85	0.84	2.01	9:26	2:32	6:54
10	2.80	0.86	1.94	9:27	2:29	6:58
15	2.88	0.97	1.91	16:48	4:02	12:46

7.6.1.2 XRD图谱

OC及不同份数OC制备的BIIRCNs的XRD图谱如图7-23所示，OC的起始衍射峰为3.62°（2.44nm）。5phr、10phr和15phr的OC填充制备的BIIRCNs的d_{001}衍射峰分别为2.23°（3.96nm）、2.60°（3.39nm）和2.54°（3.47nm），较OC的出峰角度均向小角度方向大幅度偏移，表明BIIR橡胶大分子链插层进入了OC片层间，扩大了OC的片层间距，形成了插层型结构的复合材料。另外，OC含量为5phr制备的BIIRCNs的层间距3.96nm大于OC含量为10phr（3.39nm）和15phr（3.47nm）制备的BIIRCNs的层间距，且10phr和15phr

OC制备的BIIRCNs均可观察到明显的d_{002}和d_{003}衍射峰，表明BIIRCNs中OC片层的结构整齐有序，而5phr OC制备的BIIRCNs仅在6.5°附近出现d_{002}衍射峰，即BIIRCNs中OC片层结构的无序程度更大一些，表明当OC含量为5phr时制备的BIIRCNs中有更多的橡胶大分子链插层进入了OC片层间，形成了插层型结构甚至是部分剥离型结构的复合材料。

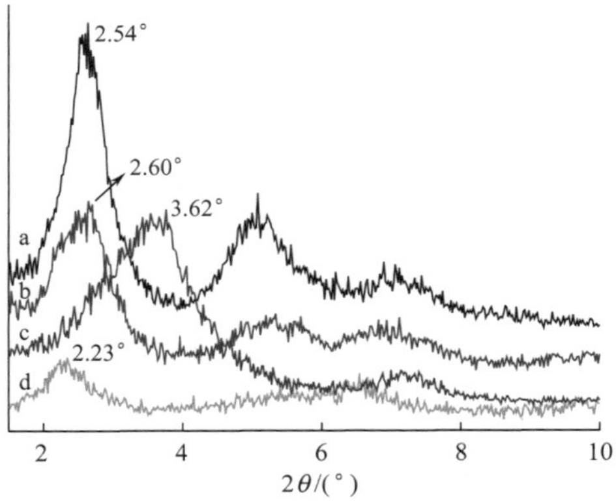

图7-23　OC及BIIRCNs的XRD图谱

a—BIIRCNs/15phr OC；b—BIIRCNs/10phr OC；c—OC；d—BIIRCNs/5phr OC

7.6.1.3　分散相态

图7-24（a）和（b）分别为OC填加5phr和10phr时制备的BIIRCNs的SEM图片。由低倍数的电镜图片可以观察到，OC在橡胶基体中分散得较为均匀，观察不到大的黏土聚集颗粒；高倍数的电镜图片显示OC与橡胶基体界面模糊，结合状况良好，表示OC在橡胶基体中分散得较为细致、均匀。对比5phr和10phr OC制备的BIIRCNs的SEM图，视野范围内，10phr OC制备的BIIRCNs的SEM图片中，OC的颗粒尺寸更大一些，即分散性相比5phr OC制备的BIIRCNs稍差。

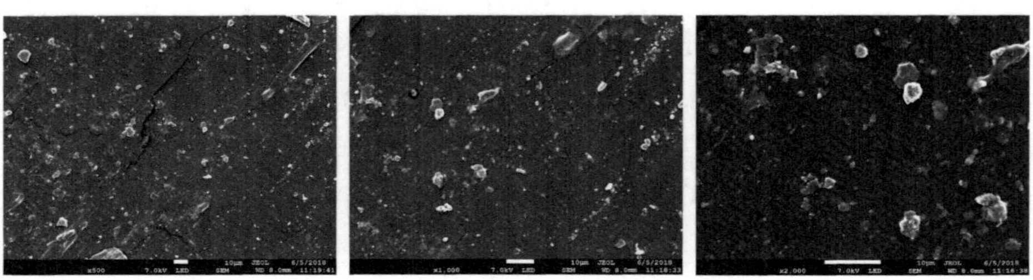

(a) 5phr

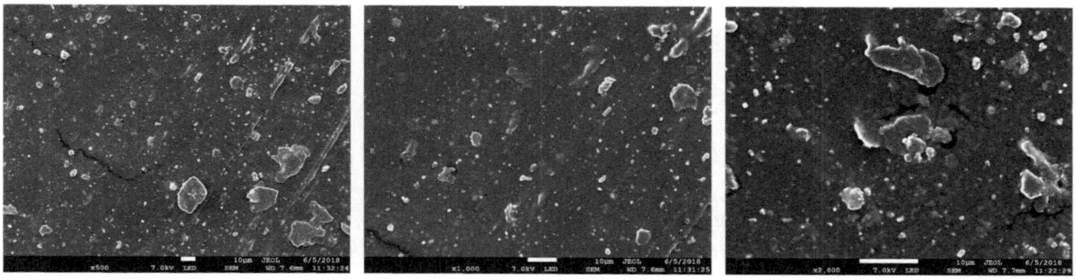

(b) 10phr

图7-24　BIIRCNs的SEM图片（从左到右倍数依次增大）

图7-25为OC含量为5phr和10phr时制备的BIIRCNs的TEM图片。由图7-25可以观察到，5phr OC制备的BIIRCNs的TEM照片中，OC（图中黑灰色部分）较均匀地分散于橡胶基体中，可以明显观察到长度为100～400nm、厚度为10～30nm的OC细致、均匀地分散在橡胶基体中，甚至可以观察到部分剥离的OC片层。而10phr OC制备的BIIRCNs的TEM照片中，除部分分散良好的OC片层外，可以明显观察到OC颗粒的聚集体，即OC分散性下降。

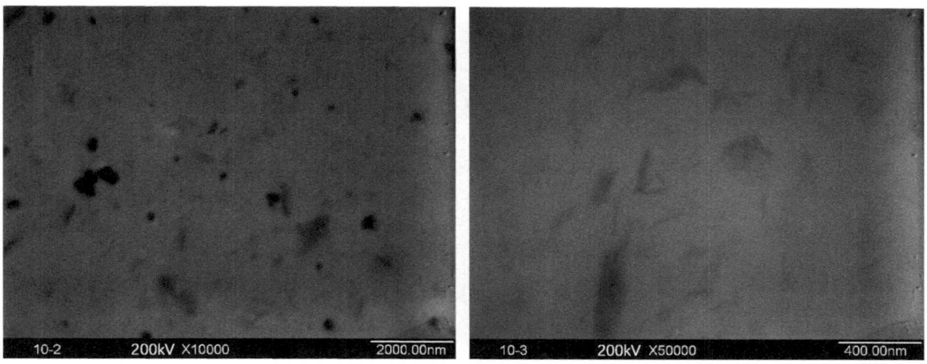

(a) 5phr

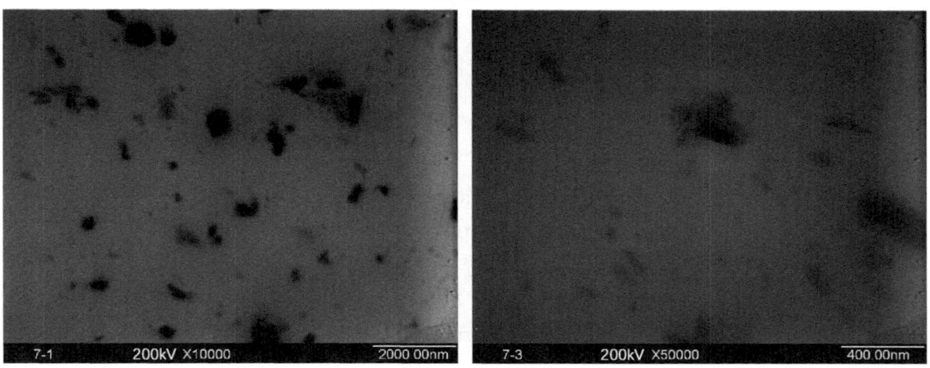

(b) 10phr

图7-25　BIIRCNs的TEM图片

7.6.2 性能表征

7.6.2.1 热稳定性能

图7-26为BIIR及含量分别为5phr和10phr的OC制备的BIIRCNs的热失重曲线。分别以材料热失重5%和50%的分解温度作为初始分解温度和分解速率最快的温度，作为材料热稳定性优良的标准。由图7-26可知，BIIR的初始分解温度为311℃，5phr BIIRCNs和10phr BIIRCNs的初始分解温度均为333℃；BIIR的最大分解速率温度为392℃，5phr BIIRCNs和10phr BIIRCNs的最大分解速率温度分别为397℃和405℃，即OC的加入提高了BIIRCNs的热稳定性，且OC的含量越高，热稳定性越好。一方面，OC作为硅酸盐类矿物质本身具有良好的热稳定性；另一方面，OC分散在BIIR基体中，增强了两者之间的相互作用并降低了BIIRCNs的自由离子含量，也使复合材料的振动频率在一定程度上降低，因此聚合物的热振动受到限制，并且聚合物链分解所需的能量也增加，故提高了BIIRCNs的热稳定性。

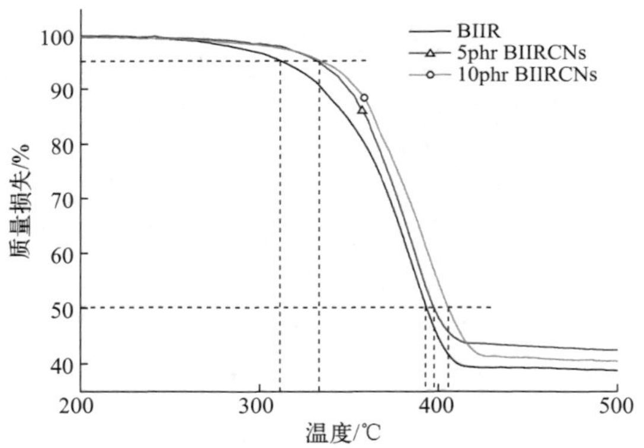

图7-26 BIIRCNs的热失重曲线

7.6.2.2 气液阻隔性能

填加不同份数OC制备的BIIRCNs的气体渗透系数如图7-27所示。由图7-27可知，BIIRCNs的气体渗透系数均小于纯BIIR，当OC为10phr时，气体渗透系数较纯BIIR下降76.5%，当OC填加至15phr时，气体渗透系数有小幅度的上升。BIIRCNs具有优良的气体阻隔性能，主要是因为具有较大长径比的OC均匀分布在橡胶基体中，使得气体分子在橡胶基体中扩散时，必须绕过这些片层，从而增加了气体分子行进的有效路径。另外，OC的片层结构降低了分子的热运动，减少了气体分子在橡胶基体中的扩散，从而气体分子进入和逸出橡胶基体都会受限，使复合材料的气体阻隔性能提高。

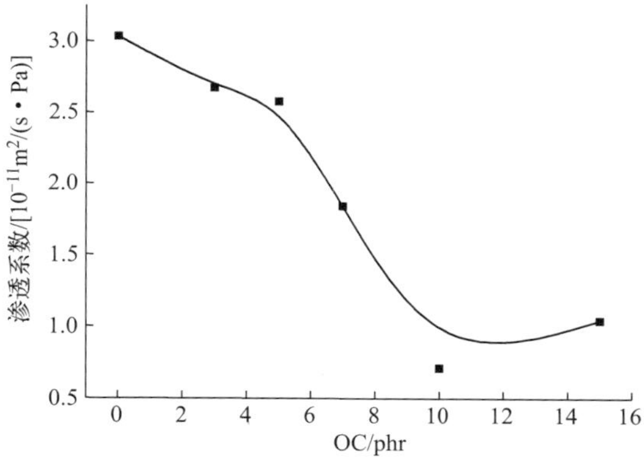

图7-27　BIIRCNs的气体阻隔性能

填充不同份数OC制备的BIIRCNs对溶剂二甲苯的吸附量（溶胀度）如表7-9所列。由表7-9可知，BIIRCNs的溶胀度明显低于纯BIIR，说明复合材料对有机溶剂的阻隔性能较纯BIIR有明显的改善，随着OC份数的增加，复合材料对有机溶剂的吸附量先下降后上升。当OC份数为5phr时，BIIRCNs的溶剂阻隔性能最佳；当OC份数为15phr时，BIIRCNs的溶剂阻隔性能下降到BIIR相当的水平。分析认为，这是由于OC含量较高时，OC在橡胶基体中出现团聚现象。

表7-9　BIIRCNs的液体阻隔性能

OC/phr	0	3	5	7	10	15
浸泡前质量/g	0.728	0.855	0.894	0.853	0.966	0.813
浸泡后质量/g	3.848	4.114	3.626	3.856	4.466	4.232
溶胀度/%	529	481	406	452	462	521

BIIRCNs具有优良的液体阻隔性能，这主要是因为具有较大长径比的OC均匀分布在橡胶基体中，使得液体分子必须绕过这些片层，延长了液体分子在橡胶基体中的行进路径。另外，OC的片层结构降低了分子的热运动，减少了液体分子在橡胶基体中的扩散，液体分子进入和逸出橡胶基体都会受限，从而使复合材料的液体阻隔性能提高。

7.6.2.3 力学性能

BIIRCNs的力学性能如表7-10所列。由表7-10可知，添加不同份数OC制备的BIIRCNs的各项力学性能较纯BIIR均有不同程度的提高，其中OC含量为5phr时，BIIRCNs的拉伸强度和撕裂强度分别为7.60MPa和11.26N/mm，较纯BIIR的3.14MPa和7.42N/mm分别提高了142%和52%，充分说明了OC作为橡胶补强剂的优越性。另外，随OC含量的增加，BIIRCNs的拉伸强度呈现先上升后下降的趋势，分析认为，这是由于OC含量较高时，OC在橡胶基体中出现团聚现象，导致力学性能下降。

表7-10 BIIRCNs的力学性能

I.44P/phr	拉伸强度/MPa	撕裂强度/(N/mm)	断裂伸长率/%	100%定伸应力/MPa	300%定伸应力/MPa	邵氏A硬度
0	3.14	7.42	667	0.24	0.50	25
3	4.76	9.85	881	0.27	0.48	26
5	7.60	11.26	739	0.41	0.71	30
7	4.84	11.39	889	0.40	0.68	31
10	4.00	12.48	841	0.49	0.81	33
15	4.34	12.95	863	0.61	0.93	35

7.6.2.4 机械加工性能

图7-28为不同OC含量的OC/BIIR混炼胶的RPA振幅扫描曲线。由图7-28（a）储能模量的振幅曲线可以观察到，复合材料的储能模量在应变较小时是一个平台区，当应变在20%附近时储能模量急剧下降，且随着OC含量的增加，这种下降趋势更加明显。这是因为OC在BIIR基体中可以自发地聚集形成三维填料网络结构，使材料的弹性模量有所提高，当形变较小时网络的形成速率大于破坏速率，储能模量变化较小；当应变增加至20%左右时，网络的破坏速率迅速增加，三维网络来不及形成，导致储能模量迅速减小，且OC含量越高，粒子间相互作用越强，越容易聚集，三维网络的形成和破坏越明显，Payne效应越明显。OC具有较高的比表面积，形成网络结构的能力较强，OC含量越高，初始储能模量的值越高。纯BIIR储能模量的迅速下降是由应变过程中橡胶大分子链的断链造成的。

由图7-28（b）复数黏度的振幅曲线可以观察到，复合材料在小应变时复数黏度基本不变，呈现牛顿平台区；应变增至20%以上，复数黏度急剧下降，出现剪切变稀的行为。

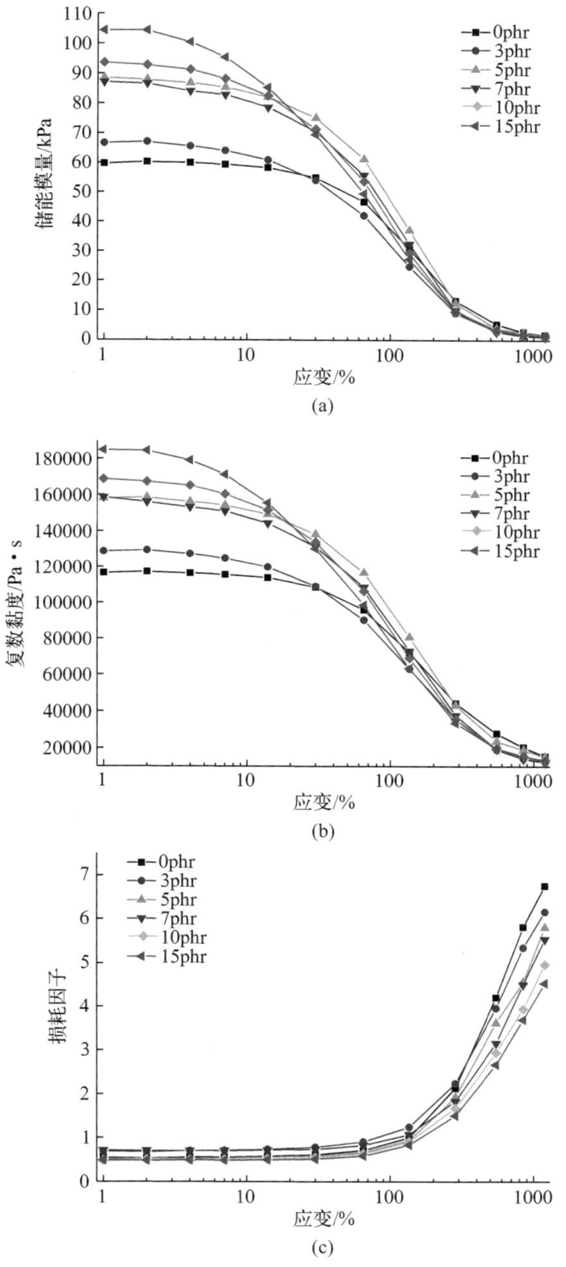

图7-28　OC/BIIR混炼胶的振幅扫描曲线

由图7-28（c）损耗因子的振幅曲线可以观察到，复合材料的损耗因子在小应变时变化不大，随应变增至100%以上，OC与BIIR基体间内摩擦较大，损耗因子急剧上升。同时，可以观察到，在相同的应变下，随着OC含量的增加，复合材料的损耗因子逐渐下降。BIIR体系在受热运动时，主要为橡胶分子链的运动，橡胶分子链的运动会造成非常大的内部损耗，在BIIR基体中加入OC后，很多橡胶分子链搭载在OC片层上，使得橡胶分子链被隔开，分子链之间的相互摩擦变小，降低了橡胶分子链在运动过程中的内耗，且OC的含量越高，隔离效应越明显，损耗因子的值越低。

图7-29为不同OC含量的OC/BIIR混炼胶的RPA频率扫描曲线。由图7-29（a）储能模量的频率曲线可以观察到，复合材料的储能模量均随剪切速率的增加而增大，复合材料的储能模量在低频区对剪切速率的依赖性随OC含量的增加而下降，呈现出类固行为响应，在高频区趋于一点。同一剪切速率下，OC含量越高，储能模量越大，这是由于三维网络的形成和破坏越明显。由图7-29（b）复数黏度的频率曲线可以观察到，复数黏度随剪切速率的增加也表现出剪切变稀，两者之间有良好的线性关系。由图7-29（c）损耗因子的频率曲线可以观察到，复合材料的损耗因子均随剪切速率的增加而减小，同一剪切速率下，OC含量越高，损耗因子越小，这是由于OC的含量越高，隔离效应越明显，橡胶分子链的运动造成的内部损耗越低。

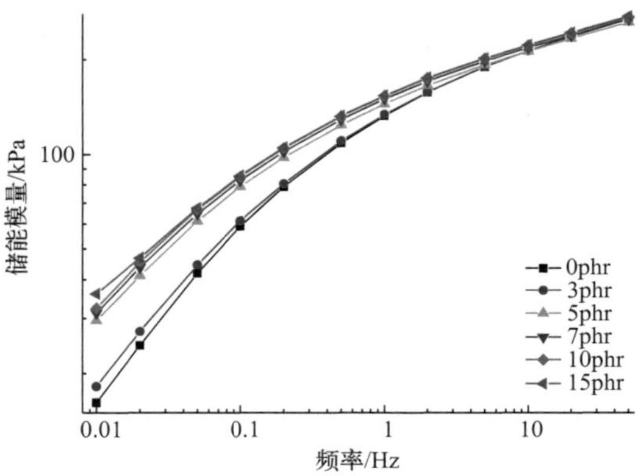

(a)

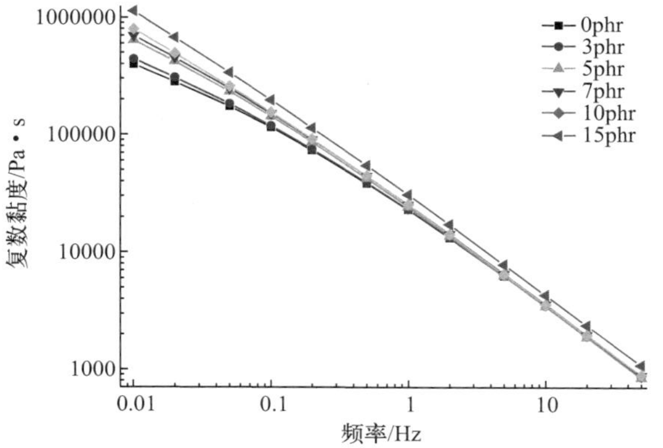

(b)

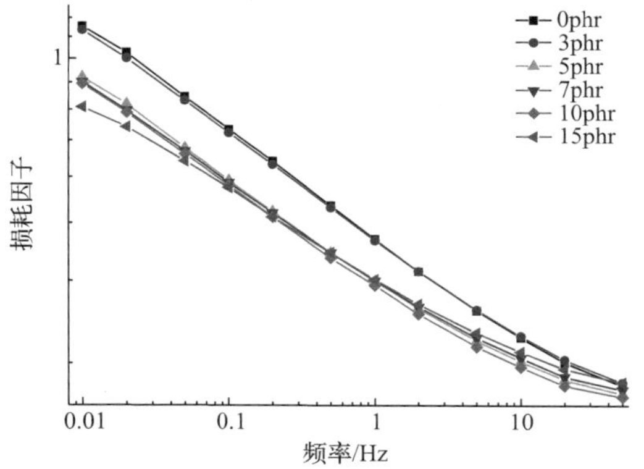

(c)

图7-29 OC/BIIR混炼胶的频率扫描曲线

7.7 球磨法制备I.30P/BIIR复合材料

7.7.1 微观结构与相态表征

图7-30为OC及复合材料的XRD图谱。由图7-30（a）可以看出，OC在4.06°有一尖锐的衍射峰，由布拉格方程$2d\sin\theta=n\lambda$计算出层间距为2.18nm，经球磨机处理的OC衍射峰较为平缓，且出峰角度前移至3.65°左右，层间距扩大为2.42nm，即研磨处理过程有效地扩大了OC的片层间距，甚至达到了部分剥离结构。如图7-30（b）所示，将OC及@OC与BIIR通过熔体插层

法制备得到复合材料的d_{001}衍射峰分别为2.27°和2.18°，层间距分别为3.93 nm和4.05nm，较黏土的层间距有了大幅度前移，即开炼机的剪切作用将橡胶分子链插层进入黏土片层间，扩大了黏土片层间距。对比OC及@OC制备的纳米复合材料，@OC/BIIR纳米复合材料的层间距更大。

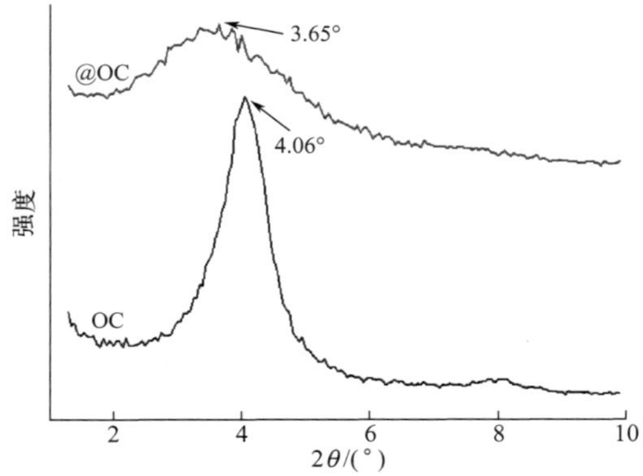

(a) OC和@OC

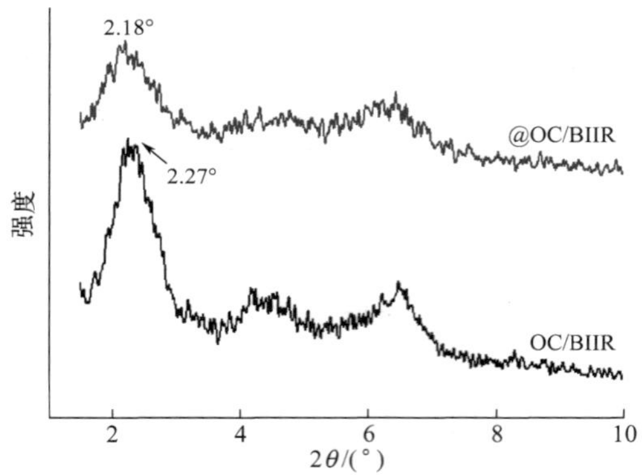

(b) OC/BIIR和@OC/BIIR复合材料

图7-30　OC、@OC、OC/BIIR、@OC/BIIR纳米复合材料的XRD谱图

图7-31（a）和（b）分别为OC及@OC的SEM图片，可以观察到，OC呈鳞片状，堆砌比较紧密，经球磨机处理后，OC堆砌更松散，呈絮状结构，甚至可以观察到少量剥离的黏土片层。将两种黏土与BIIR制备得到复合材料后，由图7-31（c）和（d）可以观察到，黏土在橡胶基体中整体分散得比较细致均匀，经球磨机处理后，OC的粒径变小，在橡胶基体中分散得更加均匀，且与橡胶基体结合状况良好，界面模糊。

(a) OC

(b) @GO

(c) OC/BIIR

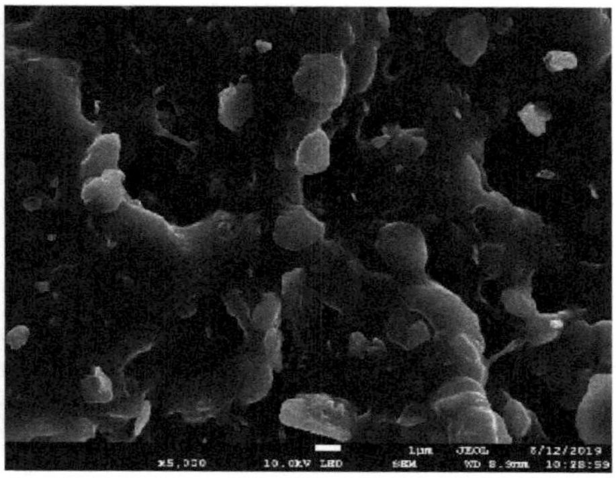

(d) @OC/BIIR

图7-31　OC、@GO、OC/BIIR和@OC/BIIR纳米复合材料的SEM图片

7.7.2　性能表征

图7-32（a）和（b）为不同份数（质量份）的两种OC制备的BIIR纳米复合材料的力学性能。由图可知，纯BIIR的拉伸强度为6.2MPa，添加OC及@OC制备的复合材料的拉伸强度均优于纯BIIR，这是由于OC作为刚性片层填料实现了负荷的转移。随黏土含量的增加，复合材料的拉伸强度均呈现先上升后下降的趋势，黏土含量为10phr时，OC/BIIR与@OC/BIIR纳米复合材料的拉伸强度分别为8.7MPa与9.7MPa，表明经球磨机处理后的黏土在橡胶基体中更好地分散，实现了更好的补强作用。另外可以观察到，随黏土含量填充份数的增加，复合材料的断裂伸长率依次降低，这归因于黏土的刚性片层结构限制了橡胶分子链的移动。

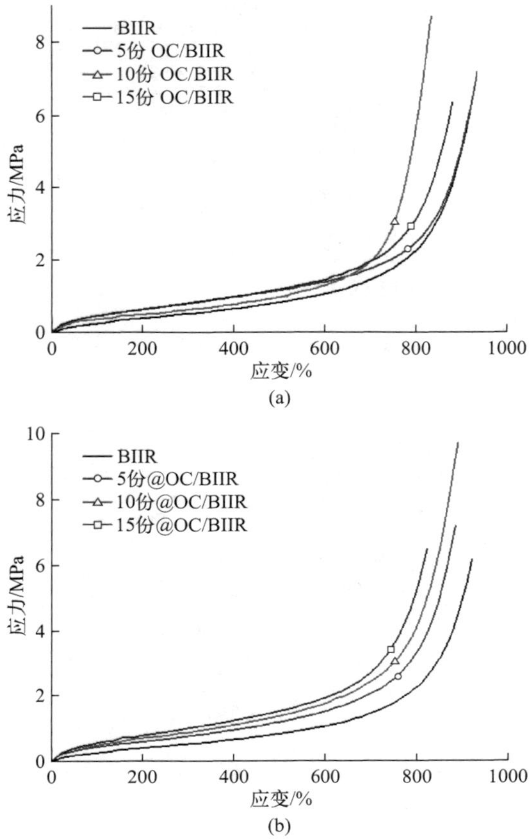

图7-32　OC/BIIR纳米复合材料和@OC/BIIR纳米复合材料的应力-应变曲线

图7-33为不同类型黏土制备的BIIR混炼胶的RPA振幅扫描曲线。复合材料的储能模量在应变较小时是一个平台区，随应变增加，储能模量急剧下降，且随着黏土含量的增加，这种下降趋势更加明显。这是因为黏土在BIIR基体中可以自发地聚集形成三维填料网络结构，使材料的弹性模量有所提高，当应变较小时，网络的形成速率大于破坏速率，储能模量变化较小，随应变增加，网络的破坏速率迅速增加，三维网络来不及形成，导致储能模量迅速减小，且黏土含量越高，粒子间相互作用越强，越容易聚集，三维网络的形成和破坏越明显，Payne效应越明显[16,17]。经球磨机处理的黏土制备的复合材料的储能模量均高于同等份数填充的未处理黏土，这是由于经球磨机处理后的黏土与BIIR基体的界面结合作用更强，分散更加均匀，

三维网络结构更加完善，补强作用更明显。

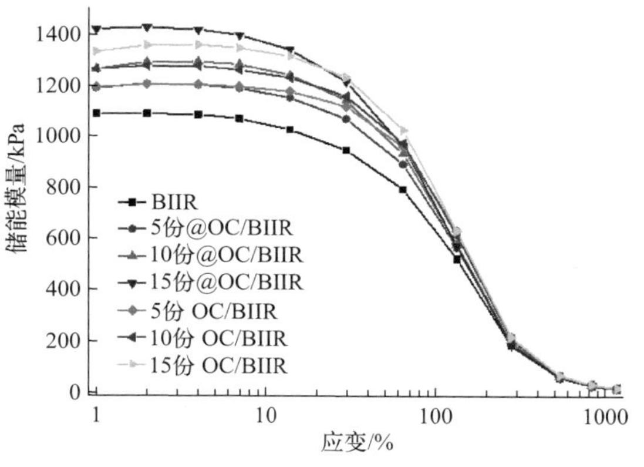

图7-33　复合材料的振幅扫描曲线

图7-34为不同类型黏土制备的BIIR复合材料的气体阻隔性能。由图可知，复合材料的气体渗透系数随着黏土含量的增加迅速降低，纯BIIR的渗透系数为$8.2\times10^{-17}m^2/(s\cdot Pa)$，而15phr OC和@OC制备的BIIR纳米复合材料的渗透系数分别为$5.3\times10^{-17}m^2/(s\cdot Pa)$和$3.5\times10^{-17}m^2/(s\cdot Pa)$，较BIIR分别下降了约35%和约57%。经球磨机处理后的黏土制备的复合材料的气体阻隔性能优于未经处理的，这是由于经球磨机处理后，黏土片层间距更大，分散更加均匀，可以延长气体分子在橡胶基体中的扩散路径；另外，黏土与橡胶基体强的界面相互作用可以减小橡胶的自由体积[18-20]，进一步降低气体分子的渗透率。

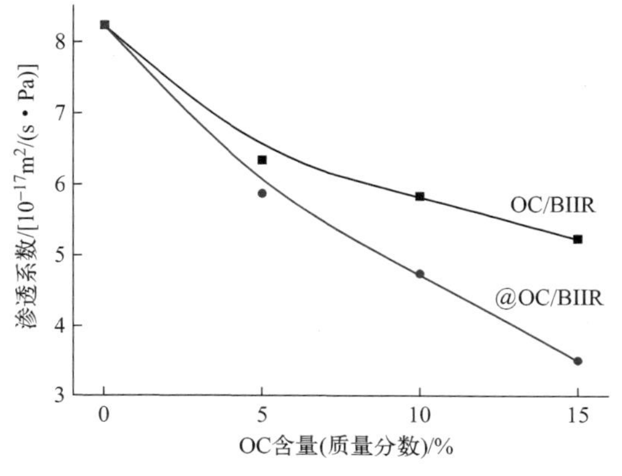

图7-34　复合材料的气体阻隔性能

7.8 静态热压法制备I.44P/NR复合材料

7.8.1 微观结构与相态

7.8.1.1 硫化特性

图7-35为不同含量OC制备的OC/NR纳米复合材料在145℃下的硫化曲线，表7-11为对应曲线的硫化特性参数。

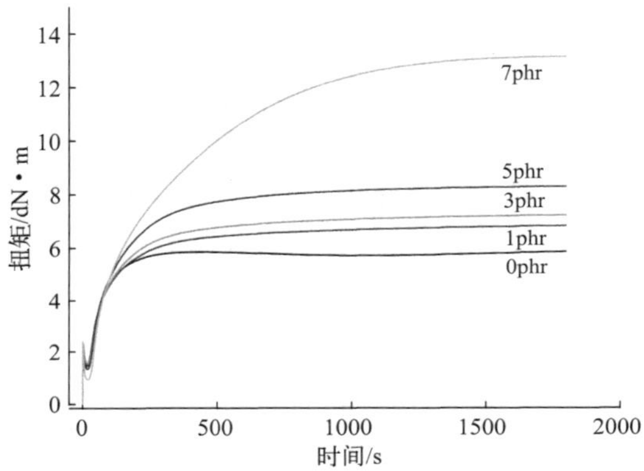

图7-35 OC/NR纳米复合材料的硫化曲线

表7-11 OC/NR纳米复合材料的硫化特性参数

测试项目	OC/phr				
	0	1	3	5	7
M_H/dN·m	5.74	6.68	7.07	8.12	12.87
M_L/dN·m	1.43	1.40	1.50	1.31	0.91
M_H-M_L/dN·m	4.31	5.28	5.57	6.81	11.96
T_{90}/s	173	376	410	425	841
T_{10}/s	32	30	34	35	44
$T_{90}-T_{10}$/s	141	346	376	390	797

由图7-35及表7-11可知，随着OC用量的增大，OC/NR混炼胶的最大扭矩M_H和扭矩差值（M_H-M_L）也随之增大，即随着OC用量的增加，橡胶的交联密度增大。随OC用量的增加，其焦烧时间T_{10}有小幅度的增加，但总

体变化不大，正硫化时间T_{90}随OC用量的增加而有所延长。T_{90}和T_{10}的差值随OC含量的增加而明显上升，即随着OC用量的增加，OC/NR复合材料的硫化速率下降。即加入OC后，造成了橡胶的延迟硫化，且用量越多，时间延长越明显[21,22]。这是由于橡胶基体中一部分硫化助剂容易被OC吸附，另外黏土的片层结构阻隔了橡胶基体与硫化助剂之间进行反应，使硫化助剂不能迅速完全地参与交联反应，从而造成了橡胶的延迟硫化。

7.8.1.2 XRD图谱

图7-36为OC及不同OC含量的OC/NR纳米复合材料的XRD图谱。从图7-36中可以看出，黏土的衍射峰角度为3.12°，随着OC的加入，复合材料的出峰角度依次前移至3.12°、2.67°、2.67°和2.28°，通过布拉格方程（$2d\sin\theta=n\lambda$，λ=0.154nm）计算可知OC层间距为3.07nm，对应的OC/NR纳米复合材料的层间距分别为3.07nm、3.35nm、3.35nm和3.93nm。说明一部分的橡胶大分子链插入OC片层中间，形成了一定的插层结构。

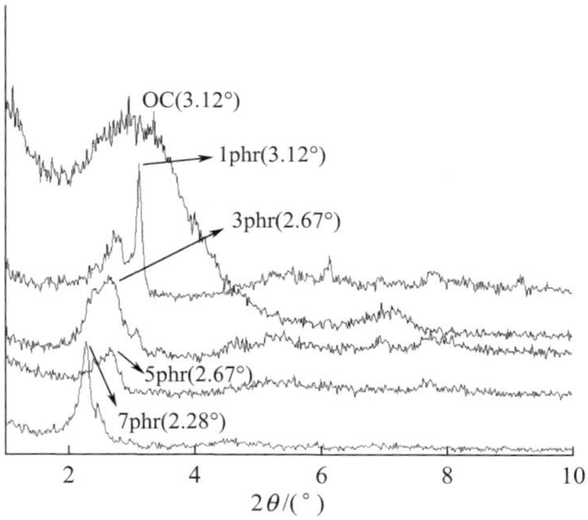

图7-36 OC及OC/NR纳米复合材料的XRD图谱

7.8.1.3 分散相态

图7-37（a）和（c）分别为静态热压法制备的OC/NR纳米复合材料的拉伸断面形貌和透射电镜照片，可以观察到OC纳米片均匀分散在NR胶乳中，组装在亚微米级别的NR胶乳颗粒周围形成隔离网络结构。将烘干后的混合胶加入双辊开炼机进行机械剪切作用（熔体法），制备的OC/NR纳米复合材料的拉伸断面形貌和透射电镜照片分别如图7-37（b）和（d）所示。经过双辊开炼机的机械剪切作用后，明显观察到OC纳米片呈现出取向结构。

两种方法制备的复合材料的SEM图片都可以观察到，OC在橡胶基体中分散得比较均匀，且没有明显的填料拔出的现象，说明OC与橡胶基体结合良好，具有较强的界面作用力。

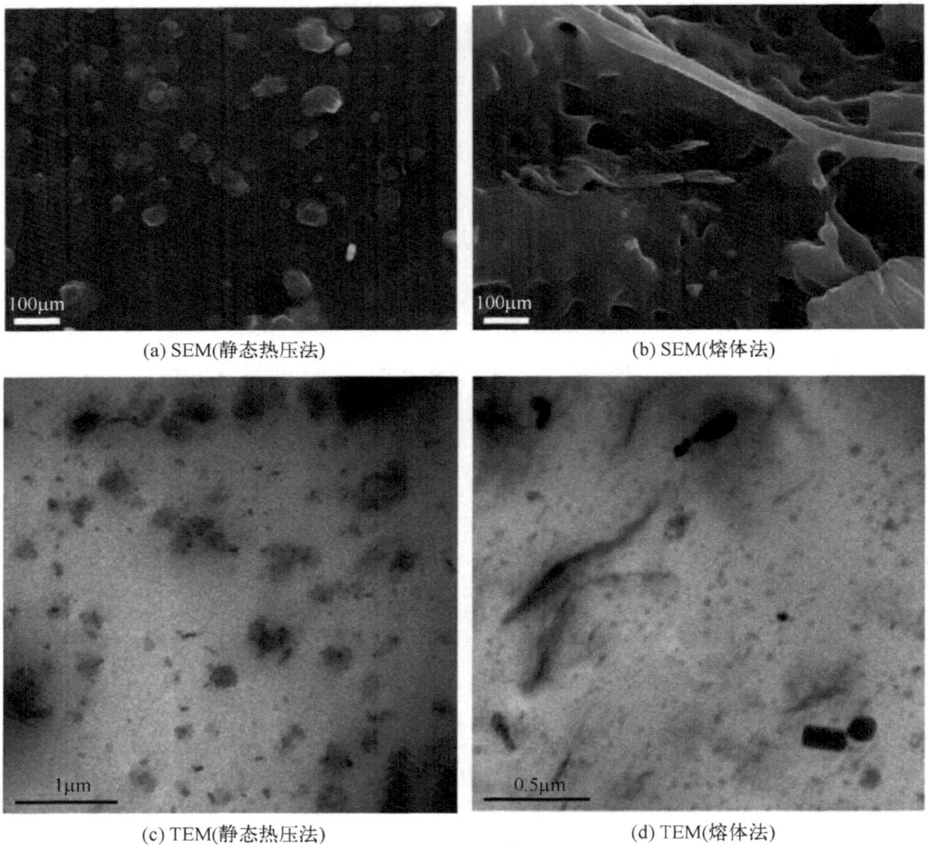

(a) SEM(静态热压法)　(b) SEM(熔体法)

(c) TEM(静态热压法)　(d) TEM(熔体法)

图7-37　OC/NR纳米复合材料的SEM图和TEM图

7.8.2　性能表征

7.8.2.1　机械性能

图7-38为OC/NR纳米复合材料的应力-应变曲线。由图7-38可知，加入OC后OC/NR纳米复合材料的拉伸强度较纯NR有明显上升，其中填充1份和3份OC的OC/NR纳米复合材料的拉伸强度分别为21.1MPa和21.4MPa，相对于纯NR的16.1MPa来说分别提高了31%和33%。结果表明，黏土以纳米尺寸分散在橡胶基体中，具有较大的比表面积，因此其力学性能在填料

用量较小的情况下就可以有较大的提高。另外可以观察到，随着OC用量的增加，OC/NR纳米复合材料的拉伸强度呈现出先上升后下降的趋势，这可能是因为黏土含量较高的情况下，黏土聚集体数目增多，应力集中，从而导致复合材料的力学性能下降。另外，OC的刚性片层结构限制了橡胶大分子链的移动，随着OC用量的增加，复合材料的断裂伸长率依次下降。

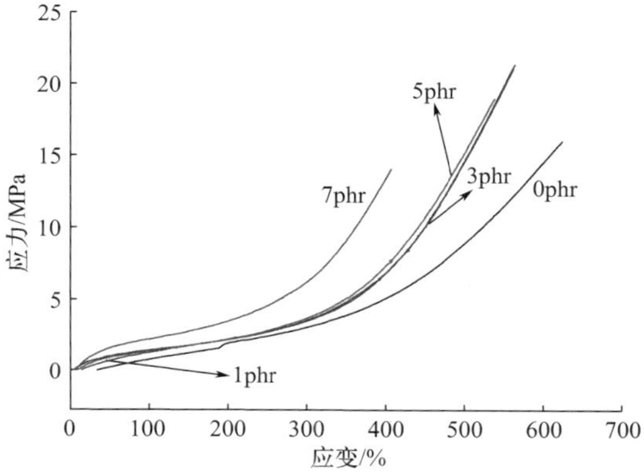

图7-38　OC/NR纳米复合材料的应力－应变曲线

图7-39为不同OC含量的OC/NR纳米复合材料的RPA振幅扫描曲线。由图7-39可以观察到，复合材料的储能模量在应变较小时是一个平台区，随应变增加，储能模量急剧下降，且随着OC含量的增加，这种下降趋势更加明显，即Payne效应越来越明显，刚性的OC片层聚集成三维网络的形成和破坏越明显。

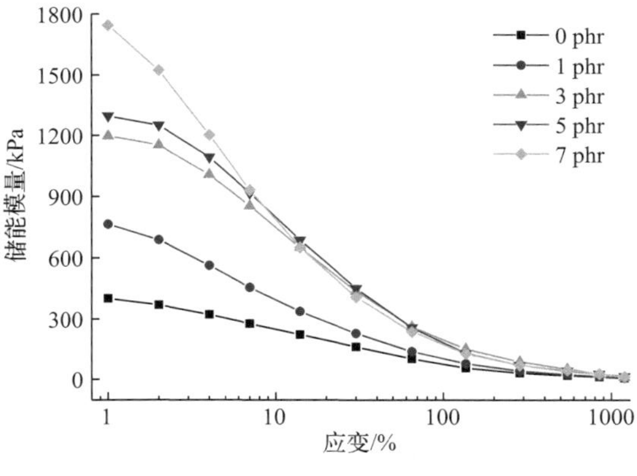

图7-39　OC/NR纳米复合材料的振幅扫描曲线

7.8.2.2 气体阻隔性能

图7-40为静态热压法和熔体法制备的不同OC含量的OC/NR纳米复合材料的气体渗透系数。由图可知，随着OC用量的增加，气体渗透系数明显下降。纯NR的气体渗透系数为$13.2 \times 10^{-17} m^2/(s \cdot Pa)$，而OC的添加量为7phr时，静态热压法制备的OC/NR纳米复合材料的气体渗透系数为$6.9 \times 10^{-17} m^2/(s \cdot Pa)$，而将复合材料经开炼机剪切后的渗透系数为$7.4 \times 10^{-17} m^2/(s \cdot Pa)$，较纯NR的渗透系数分别下降了47.7%和43.9%，说明具有较大长径比的黏土片层，均匀地分布在橡胶基体中，延长了气体分子在橡胶中扩散路径的同时限制了橡胶大分子链段的运动，从而减慢了小分子的渗透与扩散。而静态热压法制备的OC/NR复合材料中，OC呈现隔离网络结构，比经开炼机剪切后的取向结构更有益于阻隔气体小分子的扩散以及延长路径。

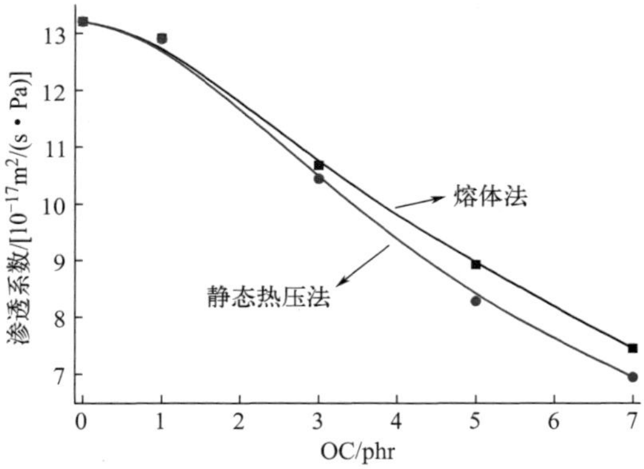

图7-40 不同方法制备的OC/NR纳米复合材料的气体渗透系数

综上，MMT的表面亲水性处理不利于与橡胶等有机相的结合，因此，将MMT用于橡胶基体填充之前，需要对其进行有机改性。本章采用不同的改性剂对MMT进行改性，或利用阳离子交换，或形成化学键接作用，同时采用球磨法和静态热压法制备黏土/橡胶复合材料，考察MMT的改性及黏土含量对复合材料微观结构、机械性能、分散相态和气体阻隔性能的影响。

① MMT与MDI的比例为2.8g：1mL时，MDI-MMT的衍射峰为6.15°（1.44nm），较MMT的衍射峰7.28°（1.21 nm）向小角度方向偏移，片层间距增大。此配比下，10phr的 MDI-MMT制备的NBRCNs的d_{001}和d_{002}衍射峰

分别为2.40°（3.68nm）和4.82°（1.83nm），表明NBR大分子链插层进入黏土片层间，扩大了黏土的片层间距，形成了插层型结构的复合材料。MDI接枝改性MMT后，N═C═O与MMT表面的O—H发生反应，生成氨基甲酸酯接枝于MMT表面，而MMT的层间水与N═C═O发生反应，生成了取代脲。MDI-MMT在NBR基体中分散得较为细致均匀，MMT与MDI的比例为2.8g：1mL时，15phr的MDI-MMT制备的NBRCNs的拉伸强度为6.10MPa，较纯NBR的3.18MPa提高了92%。复合材料的储能模量随应变和MDI-MMT含量的增加而出现明显的下降趋势，即MDI-MMT含量越高，Payne效应越明显。复合材料在小应变时复数黏度基本不变，呈现牛顿平台区，应变增至30%以上，复数黏度急剧下降，出现剪切变稀的行为。复合材料随应变和MDI-MMT含量的增加，损耗因子均上升。

② CPC改性MMT的d_{001}衍射峰为4.26°（2.10nm），d_{002}衍射峰为2.24°（3.94nm），均比CTAB改性MMT的出峰角度向小角度偏移。CPC改性MMT制备的NBRCNs中OC的片层间距5.10nm大于CTAB改性MMT制备的NBRCNs中OC的片层间距4.41nm，表明形成了更多的插层结构。MMT与改性剂的质量比为2.5：1时，CPC改性MMT制备的NBRCNs的拉伸强度、撕裂强度分别为4.72MPa、26.66kN/m，较CTAB改性MMT制备的NBRCNs的3.28MPa、16.50kN/m分别提高了44%和62%。CPC改性MMT制备的NBRCNs的分散相态更加细致、均匀，因此，CPC是优于CTAB的有机改性剂，削弱了黏土片层间的作用力，提高了黏土在橡胶基体中的分散性。且CPC改性MMT添加在NBR等极性橡胶中的补强效果优于添加在SBR等非极性橡胶中。

③ 分别采用不同碳链的烷基铵盐改性MMT，经双链DSAB改性后，层间距更大，片层结构更加松散，甚至能观察到部分剥离的片层，改性效果优于单链STAB改性。DSAB@MMT/NRL纳米复合材料比STAB@MMT/NRL纳米复合材料形成了更多的插层结构，分散相态更加细致、均匀，拉伸强度也更高。同时，Payne效应更明显，表明DSAB@MMT与NRL形成的界面相互作用更强。MMT高长径比的片层结构能有效地降低气体分子的渗透系数，且分散得更加均匀，界面相互作用更强的DSAB@MMT制备的复合材料的气体阻隔性能更优，添加10份DSAB@MMT可使复合材料的气体渗透系数较NRL下降约68%。

④ 添加有机黏土通常可以提高黏土/橡胶混合物的硫化速率和交联密度，但随I.30P含量的增加，I.30P/BIIR混炼胶的硫化速度下降，交联密度增加。当I.30P填充量为10phr时，BIIRCNs中黏土片层间距增至4.50nm（I.30P的起始层间距为2.02nm），表明形成了插层型结构的复合材料。在此填充份数下，BIIRCNs的拉伸强度和撕裂强度分别为6.80MPa和12.13N/mm，较纯BIIR的3.14MPa和7.42N/mm分别提高了117%和63%，100%/300%定伸应力和邵氏A硬度也符合这一趋势，且I.30P在橡胶基体中的分散相态较为细致、均匀。具有较大长径比的I.30P均匀分布在橡胶基体中，使复合材料的气液阻隔性能提高，当I.30P填充10phr时，BIIRCNs气体渗透系数较纯BIIR下降70.6%。

⑤ 随着有机黏土（OC）用量的增加，OC/BIIR混炼胶的焦烧时间（T_{10}）和硫化时间（T_{90}）均逐渐延长，硫化速率下降，交联密度增加。OC的加入提高了BIIRCNs的热稳定性。当OC含量为5phr时，BIIRCNs的溶剂吸附量较纯BIIR下降30%；当OC为10phr时，BIIRCNs的气体渗透系数较纯BIIR下降76.5%。当OC含量为5phr时，BIIRCNs中OC片层间距增至3.96nm（OC的起始层间距为2.44nm），且OC在橡胶基体中的分散相态较为细致、均匀，表明形成了插层型结构甚至是部分剥离型结构的复合材料。在此填充份数下，BIIRCNs的拉伸强度和撕裂强度分别为7.60MPa和11.26N/mm，较纯BIIR的3.14MPa和7.42N/mm分别提高了142%和52%，充分说明了OC作为橡胶补强剂的优越性。由OC/BIIR混炼胶的振幅扫描曲线可知，复合材料的储能模量在应变较小时是一个平台区，当应变在20%附近时，储能模量急剧下降，且随着OC含量的增加，这种下降趋势更加明显，即Payne效应更加明显。

⑥ 经过简单球磨处理后的黏土层间距增大，堆砌更松散，呈现絮状结构，甚至可以观察到部分剥离的黏土片层结构；用球磨处理后的黏土填充BIIR制备的复合材料中黏土层间距更大，分散得更加细致、均匀。10phr球磨法处理黏土制备的BIIR复合材料的拉伸强度为9.7MPa，高于OC直接填充制备的复合材料的8.7MPa，较纯BIIR的6.2MPa分别提高了56%和40%。球磨法处理黏土制备的BIIR混炼胶的Payne效应更加明显，且储能模量高于同等份数未处理黏土填充制备的混炼胶。15phr OC和@OC制备的BIIR纳米复合材料的气体渗透系数较BIIR分别下降了约35%和约57%。球磨法处

理后的黏土在橡胶基体中分散得更加均匀，与橡胶基体的界面结合作用力更强，导致更优异的力学性能、更完善的填料网络结构和更优异的气体阻隔性能。

⑦ 采用静态热压法制备不同OC含量的OC/NR纳米复合材料，OC的填充份数为3phr时，复合材料的拉伸强度为21.4MPa，优于纯NR的16.1MPa，说明通过简单的静态热压可得到力学性能优良的纳米复合材料。将OC填充至NR中，复合材料的交联密度增大，但片层的OC会阻隔橡胶基体与硫化助剂的反应，使硫化助剂不能迅速参与交联反应，造成橡胶的延迟硫化。XRD图谱分析表明，OC在NR中形成了插层结构。由SEM和TEM图片可以观察到，静态热压法制备的复合材料，OC纳米片均匀分散在NR胶乳中，组装在亚微米级别的NR胶乳颗粒周围形成隔离网络结构，而经过双辊开炼机的机械剪切作用后，OC在橡胶基体中呈现取向结构。隔离网络结构相比取向结构，更有益于阻隔气体小分子的扩散以及延长路径，7phr OC/NR纳米复合材料的气体渗透系数较纯NR的渗透系数分别下降了47.7%和43.9%，即静态热压法制备的隔离网络结构复合材料有望应用于高气体阻隔性能橡胶复合材料中。

参考文献

[1] Kato M, Tsukigase A, Tanaka H, et al. Preparation and properties of isobutylene - isoprene rubber - clay nanocomposites[J]. Journal of Polymer Science, Part A: Polymer Chemistry, 2006, 44:1182-1188.

[2] Saritha A, Joseph K, Thomas S, et al. The role of surfactant type and modifier concentration in tailoring the properties of chlorobutyl rubber/organo clay nanocomposites[J]. Journal of Applied Polymer Science, 2012, 124:4590-4597.

[3] 王小群，马骏，李海．聚醚铵改性蒙脱土对纳米蒙脱土/聚丙烯复合材料微观结构的影响[J]．复合材料学报，2015,32(1):85-93.

[4] 谢友利，张猛，周永红．蓖麻油酸钠改性蒙脱土的制备及其表征[J]．化工新型材料，2013,41(4):140-142.

[5] Li P Y, Wang L, Song G J, et al. Characterization of high-performance exfoliated natural rubber/organoclay nanocomposites[J]. Journal of Applied Polymer Science, 2008, 109: 3831-3838.

[6] 张皓均，杨保平，郭军红，等．含丁二烯链段的不饱和合成橡胶的研究进展[J]．合成橡胶工业，2015, 38(2): 161-164.

[7] Lu Y L, Ye F Y, Mao L X, et al. Micro-structural evolution of rubber/clay nanocomposites with vulcanization process[J]. Express Polymer Letters, 2011, 5: 777-787.

[8] 王钰涛，唐颂超，李远，等．凹凸棒土/三元乙丙橡胶纳米复合材料的制备与性能[J]．合成橡胶工业，2016, 39(1): 15-19.

[9] Lu Y L, Li Z, Mao L X, et al. Impact of curing temperature on microstructures and properties of isobutylene-isoprene rubber/clay nanocomposites[J]. Journal of Applied Polymer Science,

2010, 110(2): 1034−1042.
[10] 杨晋涛，范宏，卜志扬，等．蒙脱土填充补强丁苯橡胶及对橡胶硫化特性的影响 [J]. 复合材料学报，2005, 22(2): 38−45.
[11] Ma X F, Wu C G, Wang Z P. Micro−structural evolution of rubber/clay nanocomposites with vulcanization process[J]. Express Polymer Letters, 2011, 5(9): 777−787.
[12] 蔡诗萌，梁玉蓉，刘舒婷，等．不同类型有机蒙脱土增强顺丁橡胶纳米复合材料的结构与性能 [J]. 合成橡胶工业，2016, 39(4): 317−321.
[13] Kazuhisa Y, Arimitsu U, Okada A. Synthesis and properties of polyimide−clay hybrid[J]. Journal of Polymer Science Part A Polymer Chemistry, 1993, 31(10): 2289−2294.
[14] Liang Y R, Cao W L, Li Z, et al. A new strategy to improve the gas barrier property of isobutylene−isoprene rubber/clay nanocomposites[J]. Polymer Testing, 2008, 27(3): 270−276.
[15] Ahmed M A, Kandil U F, Shaker N O, et al. The overall effect of reactive rubber nanoparticles and nanoclay on the mechanical properties of epoxy resin[J]. Journal of Radiation Research and Applied Sciences, 2015, 8(4): 549−561.
[16] Payne A R. The dynamic properties of carbon black−loaded natural rubber vulcanizates[J]. Part Ⅰ. J Appl Polym Sci, 1962, 6: 53−57.
[17] Zheng L, Wang D Y, Xu Z C, et al. High barrier properties against sulfur mustard of graphene oxide/butyl rubber composites[J]. Compos Sci Technol, 2019, 170: 141−147.
[18] Cai F, You G H, Zhao X Y, et al. The relationship between specific structure and gas permeability of bromobutyl rubber: A combination of experiments and molecular simulations[J]. Macromol Theory Simul, 2019, 1900025.
[19] Liao K H, Kobayashi S, Kim H, et al. Influence of functionalized graphene sheets on modulus and glass transition of PMMA[J]. Macromolecules, 2014, 47: 7674−7676.
[20] Yang S Q, Wu H, Li C H, et al. Constructing oriented two−dimensional large−sized modified graphene oxide barrier walls in brominated butyl rubber to achieve excellent gas barrier properties[J]. Appl Mater Interfaces, 2020, 12: 3976−3983.
[21] He S J, Wang Y Q, Wu Y P, et al. Preparation, structure, performance, industrialization and application of advanced rubber/clay nanocomposites based on latex compounding method[J]. Plastics, Rubber and Composites, 2013, 39(1): 33−42.
[22] 王君，周松，王博，等．纳米蒙脱土对交联聚丙烯酸钠 / 丁腈橡胶吸水膨胀橡胶性能的影响 [J]. 合成橡胶工业，2017, 40(2): 147−151.

第8章 二维片层填料/橡胶复合材料的发展趋势

8.1 二维片层填料/橡胶复合材料的发展成果

二维片层填料因独特的结构和物理化学性质，在补强橡胶复合材料中展现出多种优异特性，如超大的比表面积、突出的力学补强作用、独特的气体阻隔性能、导电导热等功能的可设计性，可实现力学增强、功能化和环境适应性的协同提升，广泛应用于橡胶密封材料、高性能轮胎、柔性传感器等领域。

笔者通过GO诱导橡胶自交联、熔体插层法、胶乳共沉淀法、静态热压法和球磨法等多种方法将GO、BN、MMT等二维片层填料与橡胶基体复合，制备界面相互作用强、分散良好、性能优异的橡胶复合材料。探讨了界面相互作用对复合材料性能的影响机制的科学问题，深化了对复合材料"结构-性能"对应关系的理解。主要成果如下:

① 采用GO诱导NR物理自交联的方法制备了GO/NR复合材料。首先将GO分散液与NR乳液自组装混合均匀制备混合物，然后利用NR胶乳良好的成膜性能和NR粒子周围蛋白质的N—H与GO的C═O和C—O—C通过氢键或范德瓦耳斯力形成了物理交联，制备得到了高综合性能的复合膜材料。采用PVP对GO进行修饰，是形成稳定混合液的前提条件，FTIR表征与XPS表征证实了NR胶乳颗粒周围蛋白质的存在及与GO的相互作用，核磁交联密度法测定证实了复合材料的物理交联密度随GO含量（质量分数，下同）的增加先上升后趋于稳定。复合材料的微观结构和分散相态表征表明，GO纳米片均匀分散在NR基体中，2.0% GO/NR复合膜断面呈现出明显的隔离网状结构。机械性能测试表明，随GO含量的增加，填料与橡胶基体的相互作用变强，Payne效应变强，2.0% GO/NR复合膜的拉伸强度最高为9.5MPa，较纯NR膜的6.0MPa提高了58%。不同测试条件下复合材料的气体渗透系数均随GO含量的增加而直线下降，5.0% [2.15%（体积分数）] GO/NR复合膜的渗透系数为$3.6\times10^{-17}m^2/(s\cdot Pa)$，较NR下降了约80%，且由改进的Nielson模型可预测GO纳米片的平均长径比约为596，因为优越的长径比和气体阻隔性能，可考虑将此方法制备的GO/橡胶基复合材料推广应用至各类高气体阻隔性橡胶密封材料中。

② 采用GO诱导NBR化学自交联的方法制备了GO/NBR复合材料。首

先将GO分散液与NBR乳液自组装混合均匀制备混合物，然后在高温下利用GO含氧官能团裂解释放自由基诱导NBR交联制备GO/NBR复合材料。复合材料的交联机理研究证实了GO含氧官能团在高温下裂解，持续释放了两种类型的自由基，导致橡胶分子链的化学交联和物理交联，但交联反应对GO含量及处理温度具有依赖性。复合材料的微观结构和分散相态表明，GO纳米片包裹在亚微米级的NBR粒子周围形成了隔离网络结构。DMA实验结果表明，交联后的GO/NBR复合材料，储能模量更高，T_g值上升，3.0% GO/NBR复合材料的T_g值比纯NBR提高了11.0℃，且交联后3.0% GO/NBR复合材料的拉伸强度（3.23MPa）几乎是未经交联复合材料（0.8MPa）的4倍，即交联反应有效地增强了GO纳米片与NBR基体的界面相互作用和更有效的应力转移。随GO含量的增加，复合材料的气体渗透系数直线下降，当GO的含量为3.0%［1.39%（体积分数）］时，交联复合材料的气体渗透系数为$4.14\times10^{-17}m^2/(s\cdot Pa)$，相对于纯NBR下降了56%，且由改进的Nielson模型可预测GO纳米片的平均长径比约为486。这些结果都归因于GO诱导NBR产生化学交联带来的交联网络结构和制备过程中形成的隔离网络结构对小分子气体扩散所形成的有效屏障，可考虑将此方法制备的GO/橡胶基复合材料推广应用至丁腈胶乳手套、耐油密封垫圈、药物封装瓶、个人防护等制品中。

③ 采用GO诱导NBR化学自交联的方法，借助微孔滤膜抽滤进行层层组装制备得到了层内隔离网络、层间取向的双重网络结构的GO/NBR复合膜。首先将GO分散液与NBR乳液自组装混合均匀，微孔滤膜抽滤，滤液在出口处在负压作用下在滤膜上进行层层组装得到混合膜，烘干成型后，利用GO高温分解释放自由基，引发橡胶高温自交联。复合材料的微观结构和分散相态表明，GO纳米片通过自组装均匀地覆盖在亚微米级别的NBR胶乳颗粒周围形成隔离网络结构，且GO纳米片呈现出局部取向结构。10%和20% GO/NBR复合膜以NBR为基体；而30%和40% GO/NBR复合膜出现了相反转，GO纳米片重叠在一起，为复合膜的连续相，此时复合膜的拉伸强度分别增至8.9MPa和10.3MPa，较纯NBR膜分别提高了11.1倍和12.8倍之多，同时失去弹性。而DMA实验结果表明，GO含量分别为30%和40%时，复合膜的T_g较NBR分别上升0.85℃和3.11℃。以上实验结果均是GO诱导NBR分子链交联及隔离网络结构的形成所带来的。GO含量增至30%和40%

时，复合材料出现了相反转，隔离网络与取向的双重网络结构形成，更大限度地延长了气体分子的扩散路径，形成了良好的屏障，GO/NBR复合膜的气体渗透系数较纯NBR下降两个数量级。此方法制备的双重隔离网络结构复合膜有望应用于高压、高温等特殊条件下的气体阻隔器件中。

④ 采用马来酸酐（MAH）和己内酰胺（CPL）对GO进行接枝改性，利用MAH水解后的羧基与GO片层的羟基发生化学键接作用，利用CPL的酰胺基团与GO的含氧官能团形成氢键或范德瓦耳斯力，GO表面特性由亲水变为亲油，提高填料在橡胶基体中的分散性，提高复合材料抵抗变形的能力，考察接枝改性后GO的用量对复合材料微观相态结构、力学性能和动态机械性能的影响。MAH-GO/NR复合材料的拉伸强度、定伸应力和邵氏A硬度均优于纯NR，1.0% MAH-GO/NR复合材料的拉伸强度为25.63MPa，较NR的14.13MPa提高了81.4%。随着CPL@GO含量的增加，复合材料的拉伸强度出现先上升后下降的趋势，2.0% CPL@GO/NR复合材料的拉伸强度为26.10MPa，较纯NR的17.30MPa提高了50.9%，但GO含量继续增加，填料在橡胶基体中的聚集体数量增加，分散性变差，拉伸强度降低。动态热机械性能分析表明，随着CPL@GO含量的增加，复合材料在玻璃态的储能模量依次增加，且复合材料损耗正切角的峰值依次降低，表明GO经接枝改性后与NR复合，增强了两相界面相互作用。40℃时，3.0% CPL@GO/NR复合材料的气体渗透系数为$7.48\times10^{-17}m^2/(s\cdot Pa)$，较纯NR的$17.44\times10^{-17}m^2/(s\cdot Pa)$，下降了57.1%，即GO的加入有效降低了复合材料的气体渗透系数，同时两相界面相互作用有效抑制了温度升高所带来的自由体积上升的现象。

⑤ 采用葡萄糖辅助球磨六方氮化硼（BN），通过B—O化学键将葡萄糖成功接枝在BN分子上，制备得到BN-OH纳米片。将不同含量的BN-OH纳米片与天然胶乳（NR）粒子通过胶乳共沉淀制备得到了均匀的隔离网络结构，在NR胶乳粒子周围蛋白质的辅助下BN-OH纳米片与NR分子链通过氢键等形成了物理交联。在一定范围内，随BN-OH纳米片填充量的增加，BN-OH/NR复合材料的拉伸强度、定伸应力增加，储能模量上升，损耗因子下降，Payne效应增强，表明了BN-OH纳米片良好的补强作用和强两相界面结合作用力。BN-OH纳米片良好分散形成的隔离网络结构，以及蛋白质辅助物理交联所形成的强有力的界面相互作用，阻隔了气体分子的扩散，

同时热量沿搭接在一起的BN-OH纳米片释放出去，使BN-OH/NR复合材料具有良好的导热性能和气体阻隔性能。

⑥ MMT与MDI的比例为2.8g∶1mL时，10phr的MDI-MMT制备的NBRCNs的d_{001}和d_{002}衍射峰分别为2.40°（3.68 nm）和4.82°（1.83nm），表明NBR大分子链插层进入黏土片层间，扩大了黏土的片层间距，形成了插层型结构的复合材料。MMT与CPC的比例（质量比）为2.5∶1时，CPC改性MMT制备的NBRCNs的拉伸强度、撕裂强度分别为4.72MPa、26.66kN/m，较CTAB改性MMT制备的NBRCNs的3.28MPa、16.50kN/m分别提高了44%和62%；CPC改性MMT制备的NBRCNs的分散相态更加细致、均匀，因此，CPC是优于CTAB的有机改性剂，削弱了黏土片层间的作用力，提高了黏土在橡胶基体中的分散性。分别采用不同碳链的烷基铵盐改性MMT，经双链DSAB改性后，层间距更大，片层结构更加松散，甚至能观察到部分剥离的片层，改性效果优于单链STAB改性。当I.30P填充量为10phr时，BIIRCNs中黏土片层间距增至4.50nm（I.30P的起始层间距为2.02nm），表明形成了插层型结构的复合材料。在此填充份数下，BIIRCNs的拉伸强度和撕裂强度分别为6.80MPa和12.13N/mm，较纯BIIR的3.14MPa和7.42N/mm分别提高了117%和63%，100%/300%定伸应力和邵氏A硬度也符合这一趋势，且I.30P在橡胶基体中分散相态较为细致、均匀。具有较大长径比的I.30P均匀分布在橡胶基体中，使复合材料的气液阻隔性能提高，当I.30P填充10phr时，BIIRCNs气体渗透系数较纯BIIR下降70.6%。当I.44P为10phr时，BIIRCNs的气体渗透系数较纯BIIR下降76.5%，更优于I.30P的填充效果。经过简单球磨处理后的黏土层间距增大，堆砌更松散，呈现絮状结构，甚至可以观察到部分剥离的黏土片层结构；将球磨处理后的黏土填充到BIIR中制备得到的复合材料中黏土层间距更大，分散得更加细致、均匀。采用静态热压法制备不同含量的OC/NR纳米复合材料，OC纳米片均匀分散在NR胶乳中，组装在亚微米级别的NR胶乳颗粒周围形成隔离网络结构，而经过双辊开炼机的机械剪切作用后，OC在橡胶基体中呈现取向结构。隔离网络结构相比取向结构，更有益于阻隔气体小分子的扩散以及延长路径，7phr OC/NR纳米复合材料的气体渗透系数较纯NR的渗透系数分别下降了47.7%（静态热压法）和43.9%（双辊开炼机机械剪切），即静态热压法制备的隔离网络结构复合材料有望应用于高气体阻隔性能橡胶复合材料中。

8.2 二维片层填料/橡胶复合材料面临的挑战

（1）分散性与界面相容性问题

二维片层填料在橡胶基体中的分散性和界面相容性是当前面临的首要挑战。石墨烯、GO等材料由于具有极高的比表面积和强烈的π-π相互作用，极易发生团聚现象，难以在橡胶基体中实现均匀分散。这种团聚不仅降低了填料的有效利用率，还会在复合材料中形成应力集中点，严重影响材料的力学性能。MMT虽然经过有机化改性后分散性有所改善，但在高填充量下仍难以避免片层的重新堆叠。BN由于惰性表面特性，与橡胶基体的界面相互作用较弱，导致应力传递效率低下。解决这一问题的常见方法包括填料表面改性和橡胶基体功能化。然而，表面改性可能破坏填料的固有特性，如石墨烯的导电性会因氧化处理而显著降低。同时，过度的表面改性会增加生产成本和工艺复杂性。此外，橡胶基体的高黏度特性使得传统机械混合方法难以实现纳米级分散，需要开发新型的分散技术如溶液共混、原位聚合或三辊研磨等，但这些方法往往难以实现工业化大规模生产。

（2）性能平衡与结构控制难题

二维片层填料/橡胶复合材料在性能平衡方面面临严峻挑战。理论上，这些填料可以同时提高橡胶的力学强度、气体阻隔性、导热性和耐磨性，但实际应用中往往出现“此消彼长”的情况。例如，为提高力学性能而增加填料含量会导致复合材料加工流动性恶化，使制品难以成型；过度追求高导热性可能牺牲材料的柔韧性和疲劳寿命；改善气体阻隔性能常伴随着动态生热增加的问题。这种性能之间的相互制约关系使得材料设计变得极为复杂。结构控制是另一个关键难题。二维填料在橡胶中的取向分布对复合材料的性能有决定性影响。理想情况下，填料应平行排列以最大化阻隔性能，但实际加工过程中受剪切流场和温度场影响，很难实现精确的取向控制。硫化过程中橡胶的交联反应会进一步改变填料的分布状态，使得预先设计的结构难以保持。此外，填料网络结构的形成阈值受多种因素影响，难以精确调控，导致复合材料的性能出现非线性突变，不利于产品质量的稳定性控制。

（3）规模化生产与成本效益矛盾

从实验室研究到工业化生产的跨越是二维片层填料/橡胶复合材料面临的最大障碍之一。首先，实验室中采用的高纯度石墨烯或单层氮化硼成本极其昂贵，难以满足橡胶工业对原料成本的控制要求。GO虽然成本相对较低，但还原过程需要额外的能耗和装置，且可能引入环境问题。有机黏土的规模化生产相对成熟，但高端改性产品仍依赖进口，成本居高不下。这些因素严重制约了二维填料在橡胶工业中的广泛应用。其次，生产工艺的放大效应也是重大挑战。实验室小试成功的分散工艺在放大到工业生产规模时往往失效，如超声波分散在大型反应釜中难以实现均匀的能量分布，三辊研磨在大批量连续生产时存在温度控制难题。此外，二维填料的加入会显著改变橡胶的流变特性，使得传统橡胶加工设备（如密炼机、开炼机）需要特殊改造，增加了生产线改造成本。硫化工艺参数的重新优化、生产过程中填料分散状态的在线监测等技术难题也有待解决。最后，成本效益比是决定这类复合材料能否商业化成功的关键因素。目前大多数高性能二维填料的价格仍远高于传统填料（如炭黑、白炭黑），而它们带来的性能提升是否足以抵消成本增加，需要针对具体应用场景进行细致评估。开发低成本、高质量的二维填料规模化制备技术，以及优化复合材料的配方设计以提高填料利用率，是突破这一瓶颈的潜在方向。

8.3 二维片层填料/橡胶复合材料未来发展方向

（1）多尺度协同设计与智能调控

未来二维片层填料/橡胶复合材料的发展将趋向于多尺度协同设计，通过精确调控填料在纳米、微米和宏观尺度的分布与排列，实现材料性能的突破性提升。研究人员将致力于开发新型“梯度分布”和“仿生结构”复合材料，例如模仿珍珠母的“砖-泥”结构，使石墨烯或BN片层在橡胶基体中形成有序排列，同时保持层间橡胶的柔性连接，从而使它兼具高强度和高韧性。在导热复合材料方面，通过构建三维互连的BN或石墨烯导热网络，可大幅提升橡胶的导热性能，解决传统橡胶制品散热难题。智能调控技术将成为重要发展方向，包括响应性填料表面设计和环境适应性复合材料开发。例如，在GO表面接枝温敏或pH响应性聚合物，可使复合材料具备温度或酸碱度响应特性，应用于智能密封、自适应阻尼等领域。4D打印技术的引入将实现复合材料结构随时间或环境刺激的可控变化，拓展其在柔性电子、软体机器人等前沿领域的应用。此外，结合人工智能和机器学习算法，对复合材料的结构-性能关系进行大数据分析和预测，将大幅提高材料设计的精准度和效率，缩短研发周期。

（2）绿色制备与可持续性发展

环境友好型制备工艺将成为二维片层填料/橡胶复合材料未来的核心发展方向。当前石墨烯和GO的制备过程常涉及强酸氧化和高温还原，存在环境污染和能源消耗大的问题。未来将重点开发绿色还原技术，如生物还原法利用植物提取物或微生物代谢产物作为还原剂，以及光催化还原、电化学还原等低能耗工艺。对于BN和有机黏土，将发展水相剥离和低有机溶剂用量的改性技术，减少挥发性有机物（VOCs）排放。橡胶基体方面，生物基橡胶如天然橡胶、青胶蒲公英橡胶的使用比例将提高，与二维填料复合形成全生物基高性能材料。循环利用技术将成为研究热点，解决复合材料难以回收的痛点。一个方向是通过设计可逆共价键或动态非共价相互作用的界面，开发可解离-再组装的复合材料，实现填料的回收再利用。例如，在石墨烯表面引入Diels-Alder反应基团，使其与橡胶基体形成热可逆交联，在特定温度下可实现材料解离和填料回收。另一个方向是开发可降解橡胶基体，如聚酯型橡胶，在生命周期结束后可通过水解或生物降解方式处理，而高价值的二维填料得以回收。这些技术将显著提升复合材料的环境友好性和经济可持续性。

（3）多功能集成与新兴应用拓展

未来二维片层填料/橡胶复合材料将向多功能集成方向发展，突破传统橡胶制品的性能局限。导电-导热双功能复合材料是典型代表，如通过石墨烯和BN的协同复配，可同时获得优异的导电性能和导热性能，应用于新能源汽车电缆绝缘层、电子器件散热垫片等领域。传感-自修复一体化材料也将受到关注，如在GO表面修饰功能性基团，使其既能感知应变、温度等信号，又能在损伤处通过可逆相互作用实现自修复，用于智能轮胎、可穿戴设备等高端应用中。新兴应用领域的拓展将推动材料创新。在柔性电子领域，开发超薄、高强度的石墨烯/橡胶复合薄膜，用于可折叠显示屏的基板或封装材料中；在航空航天领域，耐极端温度的氮化硼/硅橡胶复合材料将用于航天器密封件中；在生物医疗领域，抗菌GO/医用橡胶复合材料可用于导管、手套等产品中；在能源领域，高导热、绝缘的氮化硼/橡胶复合材料在锂电池隔热片中的应用前景广阔。此外，随着5G技术的发展，低介电损耗的二维填料/橡胶复合材料将成为高频通信设备的关键材料。这些高端应用将反向推动基础研究的深入和制备技术的革新。

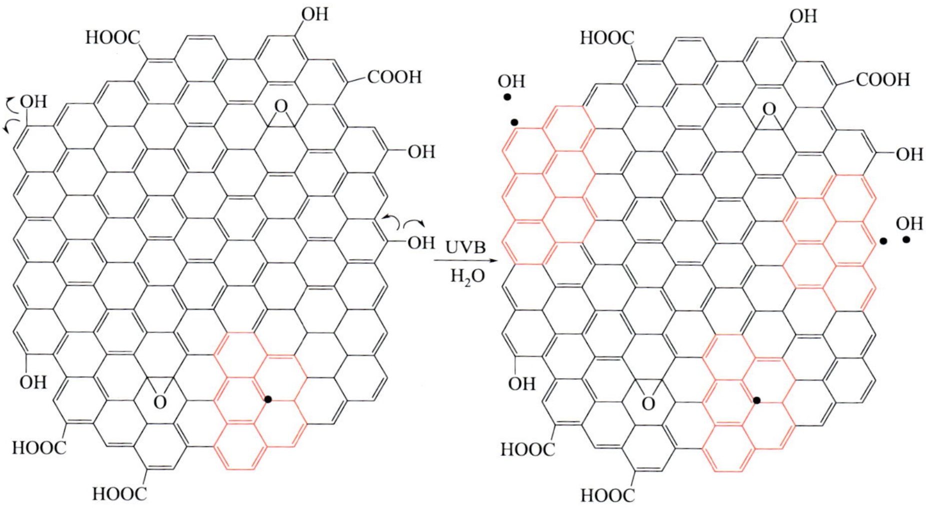

图1-2 利用UVB辐射制备可调谐的石墨烯自由基示意图

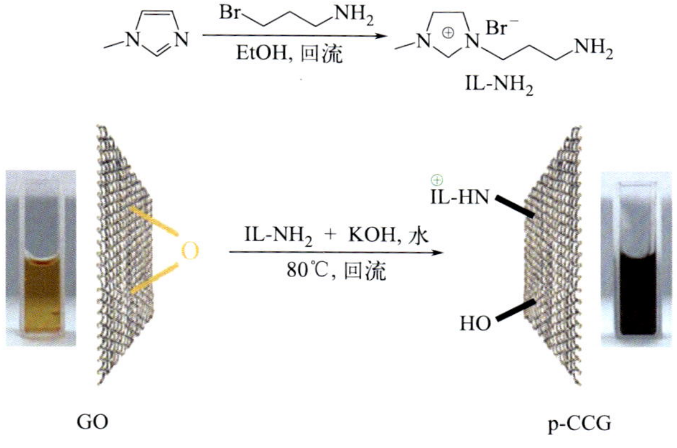

图1-4 含氨基的离子液体接枝改性GO示意图

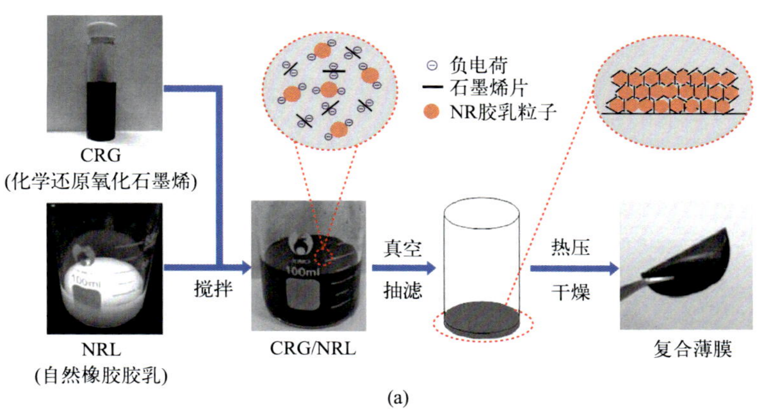

图1-6

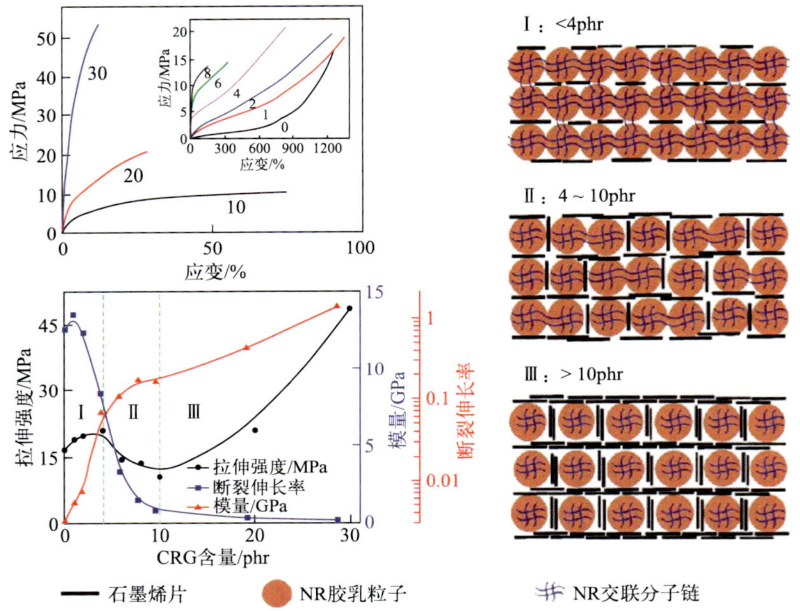

(b)

图1-6　CRG/NR纳米复合材料的制备流程图（a）以及不同含量的CRG制备的NR复合材料的机械性能及可能的结构示意图（b）

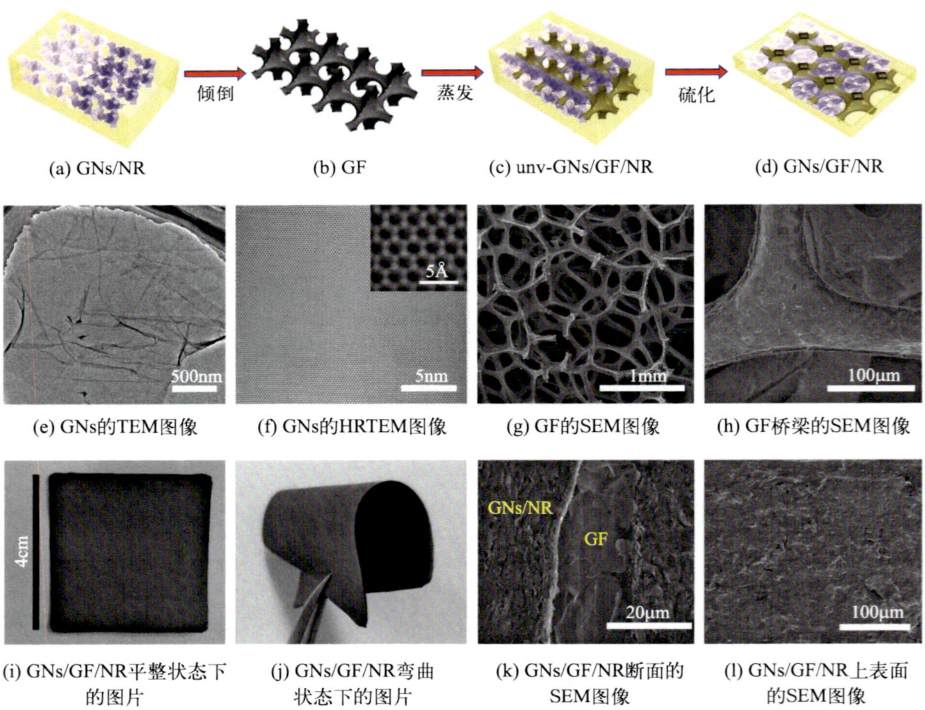

图1-8　GNs/GF/NR复合材料的制备流程与结构表征

GNs—石墨烯纳米片；unv-GNs—未硫化的石墨烯纳米片；GF—石墨烯泡沫；NR—天然橡胶

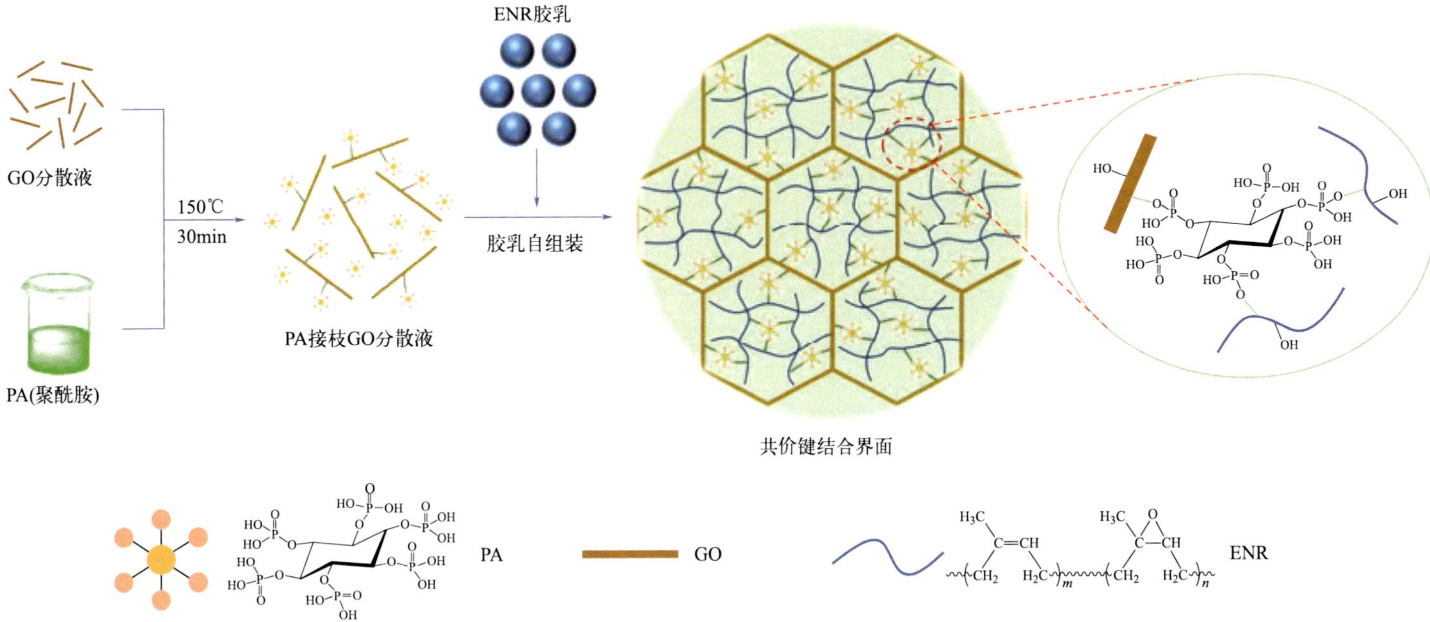

图1-7　制备具有共价键结合界面和良好组织的PA-co-GO/ENR纳米复合材料的机理示意图

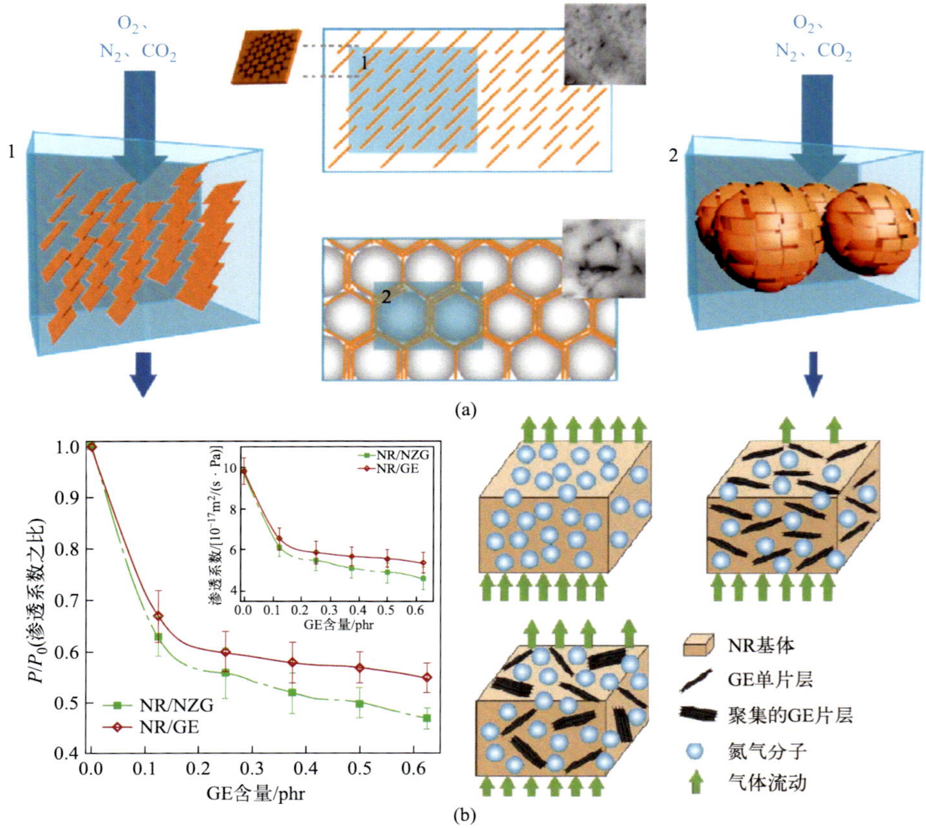

图1-9　隔离网络结构与非隔离网络结构气体阻隔性的结构示意图（a）以及ZnO修饰GO纳米片制备的NR复合材料的氮气渗透系数与结构模型示意图（b）

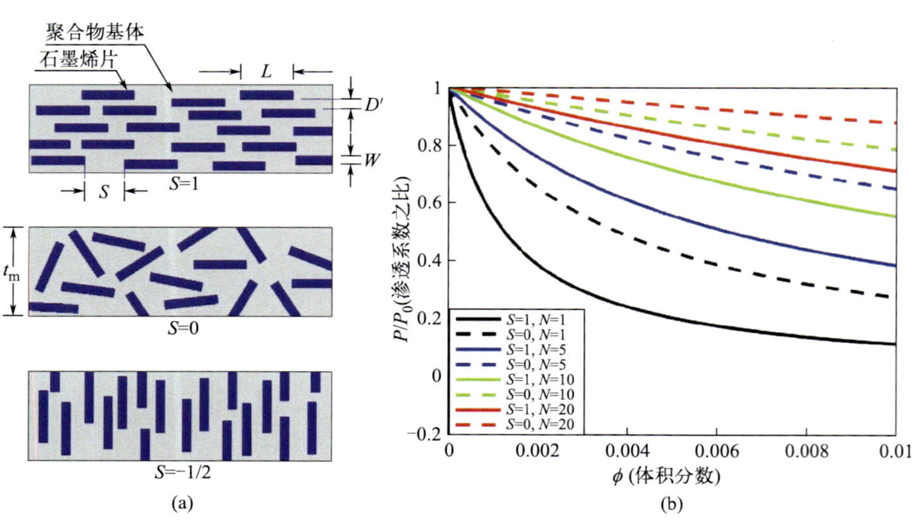

图1-10　石墨烯层在纳米复合膜中的不同取向（a）以及取向与石墨烯层数（N）对复合材料气体阻隔性能的影响（b）

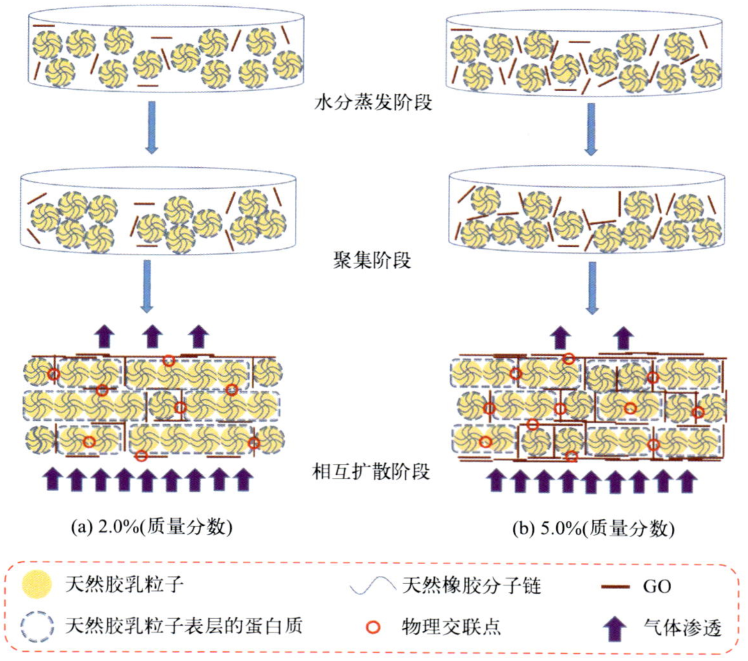

图2-1　GO/NR复合膜的制备机理及微观结构示意图

(a) 静置前　　(b) 静置24h后

图2-2　各分散液静置前及静置24h后的光学图片

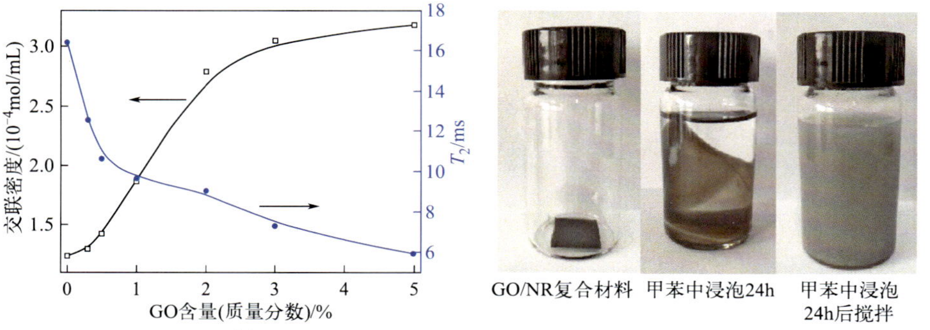

(a)　　(b)

图2-7　GO/NR复合膜的物理交联密度和弛豫时间 T_2（a）以及光学照片（b）

(a) 2.0% GO/NR

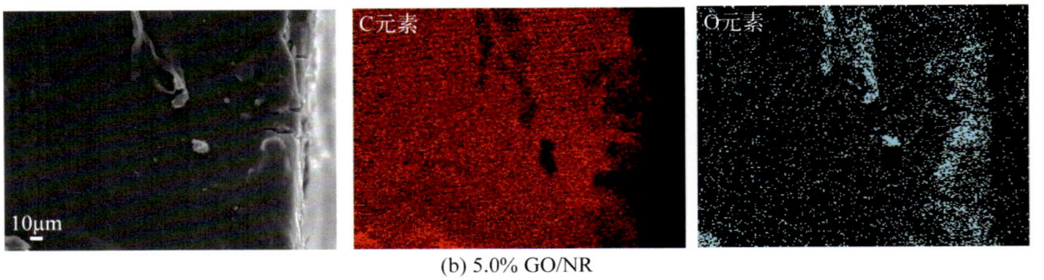

(b) 5.0% GO/NR

图2-15　2.0%和5.0% GO/NR复合材料的SEM映像图

(a) BN-OH/NR复合材料　(b) BN-OH/NR复合材料溶于甲苯中浸泡12h后　(c) BN-OH/NR复合材料溶于甲苯中浸泡12h后充分搅拌

图6-5　BN-OH/NR复合材料的光学照片